自然と人を尊重する

自然史のすすめ

北東北に分布する群落からのチャレンジ

越前谷　康 著

JN209132

 海青社

八幡平（1613 m）から岩手山（2038 m）オオシラビソとダケカンバ混交林／大規模地すべり跡地

八幡平畚岳（1578 m）頂上にハイマツ低木林、山腹にチシマザサ群落、ナンゴクミネカエデ落葉低木群落（赤茶色）
／偽高山帯的相観

森吉山（1454 m）1300 m付近斜面のオオシラビソ、ダケカンバ、チシマザサ群落と一体のミネカエデ・ナナカマドのモザイク

鳥海山（2236）矢島口 1550 mのナナカマド（赤）、ミネカエデ（黄）、ミヤマヤナギ（緑）、ミヤマハンノキ（濃い緑）の落葉低木林、後方に幹の白いダケカンバ／オオシラビソを欠く偽高山帯

森吉山系佐渡　高木スギ林の上限900m湿性ポドソル鉄型土壌／クロベ、キタゴヨウ、ブナ混交のスギ高木林

森吉山系ヒバクラ岳1280mのスギ低木林／後方オオシラビソ点在、手前ミヤマナラのマント群落とヌマガヤ群団

栗駒山（1626 m）1180 m付近の硫気荒原のミネズオウ、ガンコウランのマット／コメバツガザクラ群団は逃避地Refugiaの硫気荒原に多く分布

鳥海山（2236 m）扇子森（1759 m）の周氷河作用の風衝砂礫地／ミヤマクロスゲ、ミヤマキンバイ、オクキタアザミ等、後方濃い緑はハイマツ

は じ め に

　2011 年 3 月 11 日に東北地方太平洋岸を襲った千年に一度といわれる超巨大地震—巨大津波は、沿岸住民の多くの生命を奪い生活基盤を破壊した。そのうえ福島第一原子力発電所の被災は深刻な放射能汚染を引き起こし、東北に住む人々を恐怖に陥れた。多くの国民にとって、科学技術の進んだ日本においては「巨大な地震・津波のメカニズムがわかり安全対策が進められている」、「原子力発電所の安全技術は確立されている」と思い込んでいた。ところが実際はそうではなかった。われわれは「自然の猛威にこれほどまで無力であったのであろうか」、「科学技術は人類のために本当に役立っているのであろうか」、「科学技術の専門家集団や企業、政府の社会的存在と責任は何であったのであろうか」、について改めて考えさせられることとなった。

　現代の科学は、物理・化学で対応可能な自然現象の分野で組織化と専門分化により 20 世紀に飛躍的に成果を収め、今日の文明を築いたといわれている。科学の成果による技術化はどんどん進み産業・軍事に利用され、その象徴は原子力エネルギーの利用であった。このような再現可能な物理・化学的現象の解明は長足な進歩を遂げ、この流れは生物学にも強く影響した。20 世紀中盤に DNA 二重らせん構造の発見以来生命科学の発展は目を見張るものがあり、一時分子生物学が生物学を席巻したかにみえた。しかし、現代社会は生命操作、人工知能、情報などの科学の技術化や倫理観になんとなく不安・疑問を抱くようになったのも事実である。くわえて、現代科学は膨大な専門情報の蓄積により全体像がつかみにくく、科学は専門家のものであってもわれわれが容易に近づくことができず、いつの間にか私たちはすっかり疎外されてしまった。無論科学自身に責任があるわけではなく、グローバルな経済合理性が時代の潮流を支配し、科学は富を生み出すツールとして期待され、経済的価値で評価される時代になったからである。

　私が長い間関心を寄せてきた生態学でも要素還元主義の大きな影響を受け、記載中心の博物学的色彩の濃い分野から枚挙主義、現象論など批判を受け次々と排除されてきた。しかも、人類生存による地球環境の劣悪化は生態系の問題であるのに、いつの間にか生態学と関係なく医学・工学の統合的な環境科学を誕生させている。そのうえ、今起きている地球規模の生物多様性の危機は、ノスタルジア、アナクロニズムと批判されたフィールドの生物学を新たな視点から正統に位置づけなければならなくなっている。

　21 世紀は、生物学発展の時代だという人が多い。そのためには、要素還元的な現代生物学と複雑系の自然史はともに学問的価値を認め合い、「統合」されていくことが必要である。さらには地球上の生命の大切さを優位に置く学問の方向性こそが新たな潮流を生み出し、生物学を大きく飛躍させていくと確信する。

　日々生活しているわれわれは、地球環境の劣化や生物多様性の喪失といったことを、身近な問題として意識することはない。本書を公にする大きな理由は、アカデミズムの現代生物学と別の流れの学問として地方研究者の自然史を正統に評価し、郷土の自然を理解する身近な住民の学問として位置づけることにある。このため、自然史という学問については、次の 2 つの点を広く理解してもらう必要がある。

第1に、あらたな自然史は現代科学と異なり、研究手法は切り刻むことがなく、成果は産業・軍事のためでない自然と人を尊重する学問である。この自然史は、変化し続ける郷土の自然を明らかにし、これからの地域住民と自然の関係を築き上げていくためにある。

　もともと科学は、自然現象の本質を知りたいという好奇心が出発点であり、博物学といわれてきた自然史の調査研究も同様である。この自然史は、現代科学が不得手な歴史性と地理性を持った時間・空間を扱う学問である。自然史のデータは時間の断続性や空間の部分性とならざるを得ず実験による再現ができない分野である。現実の自然史を進めるためには、類型概念（パターン）を取り入れ連続化（プロセス）していくために、実証主義の現代科学が「物語」と批判する推論を大胆に取り入れる必要がある。これからの自然史は、現代科学の成果を取り入れつつも、複雑系の視点や隣接分野を含め立場の異なる研究者がともに「統合」を意識して革新的な概念形成とツールを開発し、学問の中で独自性を発揮していく必要がある。そのうえで、自然史の社会的存在意義は、「われわれ一人ひとりが生物の一員であるという倫理観を持って、多様な自然と人間社会のシステムとの共存」を地域住民とともに実現していくところにある。

　われわれは、現代社会の「あくせくした情報過剰時代」から自己を解き放ち、自然の持つゆったりしたリズムと巨大な空間の中に生命を感じ取る感性を、楽しんで磨いていこうではないか。自然に生かされているわれわれにとって、自然史の第一歩はこの感性を身につけることである。

第2に、郷土には、将来にわたり郷土の自然史をつないでいく地方の研究者が必ず必要である。自然史の研究は、研究者個々人の興味や能力によって異なり自由気ままなところがあるとはいえ、時間をかけても社会が意識して研究者を支える必要がある。

　自然史は、しばしば探検心のともなうフィールドの楽しい調査研究であるが奥が深い。野外調査で自然と向き合っているとき感ずる「ほっとした心が和む気持ち」、「小さい発見の喜びによる高揚した気持ち」は、野外調査をする多くの人に共通する気持ちではなかろうか。さまざまな植物の世界を理解していくことは、自然に対する好奇心と忍耐力を持つ住民であれば誰でも容易になし得ることである。しかし、自然を注意深く観察しデータの蓄積をもとにして、共通するパターンの発見とプロセスを明らかにしていくことは、たやすいことでない。このためには、どうしても長年月にわたるデータの蓄積による観察の繰り返しと幅広い分野の成果を取り入れた思考の積み重ねが必要である。

　自然を対象に研究している人はよく理解しているが、調査研究を掘りさげていくとわかって来る一方で、次々とわからないことも多く出てくる。自然史を研究する人は、難しいことであるが「定説を疑え！」、「思い込みに固執するな！」を研究の基本姿勢とし、謙虚に自然から「自分自身で学びとる」ことが大切である。とはいえ、自然史における地方の研究者は専門研究者と異なり、本業のかたわらほとんどの学問分野で独学せざるを得ないし、一人前になり成果を出せるようになるまでには長期間かかる。

　自然史研究とはこうした学問である。自然災害や撹乱の多い我が国では、ローカルな自然の変化を見続けていく人材が郷土に必ず必要である。郷土の自然史の研究者を社会全体として理解し支えなければならない。深刻な地方の自然史研究者不足の現状を見るにつけ、将来につないでいけるかどうか重大な岐路に立たされている。

　本書は自然史に取り組むこれからの研究者が、誇りと夢を持って未知の分野に挑戦していくきっかけになることを期待して、次のねらいを持って私の考える群落についてまとめたものである。できれ

ば、植生の分布やその成り立ちをよく知りたい研究者が、本書で総合的な植生学をより深化させてくれるのであれば、これにすぐる喜びはない。

（1）私自身これまで長年知りたいと思っているテーマは、「地球上で起こった幾多の地史的変動や気候変動をしてきたなかで植物は進化を遂げながら、どのようにして群落を造り今日に至ったのであろうか——その歴史的時間性」、「植物はなぜ類似した構造・組成の群落を形成し多彩な植生を造って分布しているのであろうか——その地理的空間性」についてである。群落を理解するうえで大切なことは、群落の自律的形成秩序にしたがい「群落は、過去—現在—未来の歴史的時間と地理的空間に展開するネットワークである」と意識することが必要である。このため本書は、歴史的時間を学問の成果を利用できる最終氷期以降に、地理的空間を秋田から北東北に絞り、植物社会学を基本に群落のパターンと移動のプロセスについてまとめてみたものが本書である。

（2）このような視点から本書では、「群落はジーンフローに依存しながら集合体を形成しネットワークとして存在し、気候変動がネットワークを制御し植生の空間パターンを生成している」ことや、単純な方法で群団（群集の単位性のある集合）間のネットワークを捉え「秋田の群団間ネットワーク図」を表している。このような検討をするためには、地域のフロラや植生の分布データが網羅的に蓄積整備されていなければできることではない。幸いにもフロラについては藤原陸夫（2000）の「秋田県植物分布図」があり、植生についてはこれまで都市域から亜高山帯まで7200件の植生データが蓄積されている。この一定レベル以上のビッグデータによって、はじめてネットワーク視点から群落の検討が可能となり、新たな展望が開けることについて述べる。

（3）「秋田の植生の特徴は何か」について述べる。近年各国の植生データが整備されつつあるため、一地方であっても地理的比較により植生の特徴が把握できるようになってきている。ここでは具体的に、日本海側の植生で特徴的な意味を持つ「偽高山帯（針葉樹林を欠く亜高山帯）とは一体何なのか」、「スギはどこをたどって分布を拡大してきたのか」、「人為によって植生はどう変えられたのか」などについて、これまでと異なった角度からとらえ明らかにしている。

（4）変化する自然に関して記録しておくことは大切で、記録しなければ後世に何も残らない。

近世以前から広大な原野のあった秋田では、植生景観がたったここ30年間で広葉樹二次林とスギ人工林に、歴史上はじめてといっていい大変貌を遂げている。当然植生の変化は、水資源の豊かさや自然災害の頻度に影響し、野生生物の分布域や生息数にも大きな影響を与えている。20世紀後半から21世紀初頭にかけて大きく変化した秋田の植物的自然の記録は、現世代の人々より、むしろ将来の子孫のためにある。この記録を残し続ける意義は、将来世代の人々が「自然とともに生きる方向性」を確認しながら社会・経済システムを軌道修正していくためにある。

北東北の植生から群落とは何かを求め続け、本書にまとめあげ得たことは、素直に私の喜びとする。しかし、未だ道半ばでやり遂げ得なかったことが心に残る。秋田を含む北東北は広く調査不十分な地域がまだ多く残されているし、群落の自律的秩序やネットワーク論も不十分である。すべてはこれからの若い人材に期待しよう。新たな人材の出現により、統合的に群落の本質に近づき北東北の自然が明らかにされ、自然史を広く地域の住民に浸透させてくれることだろう。これこそがまだ身近に自然が多く残り、南北に長く過去大きな植生移動のあった東北地方だからできる活躍分野である。

自然と人を尊重する

自然史のすすめ

北東北に分布する群落からのチャレンジ

目　　次

Appendices —— CD-ROM ファイル

　Ⅰ　これからはじめる研究者のための植生調査法（MS-Word 形式）

　Ⅱ　秋田の植生関連引用・参考文献目録（MS-Excel 形式）

　Ⅲ　氷期のレガシー種の分布（MS-Word 形式）

　Ⅳ　統合群団常在度表（MS-Excel 形式）

　Ⅴ　群団連関表（MS-Excel 形式）

　Ⅵ　二次林総合常在度表（MS-Excel 形式）

　Ⅶ　秋田の植生体系　暫定（MS-Excel 形式）

図 表 目 次

7　秋田の森林植生の特徴は、ブナとスギにある

8　歴史的に大きく変貌を遂げた秋田の植生景観

本書を利用するにあたって

　私達はどんな自然環境に住んでいるのかについて、多くの人々は意識することは少ない。自然に関心を持ってもらう近道は、日常風景としての「郷土の植生」を手がかりにして関心を引き出すことにあると考え、秋田県林務部退職後「東北植生研究会（会員6名）」を発足させた。東北植生研究会の当初のねらいは、1) 秋田の植生はどんな特徴を持っているだろうか、2) 長期間にわたる記録のため、柔軟で汎用性のあるデータベースをどう築き上げ、どう運用したらよいのであろうか、3) 住民とともに活動するにはどうすればよいか、にあった。しかし、主宰者の力量不足と高齢のため会として機能しなくなり、1)を主体に公にしたものである。

　(1) 調査地域の範囲について
　調査に当たっては、秋田の植生をより明確にするため行政区域の秋田県の範囲でなく、地形学でいう基本的空間単位の米代川・雄物川・子吉川流域界の範囲としている。また植生データに不足がある場合は、群落を明らかにするため隣県の青森県、岩手県、宮城県、山形県の一部の群落の調査も行っている。

　(2) 使用している学名について
　近年DNAの比較による分子系統学が急速に発達し、米倉浩司(2009)によると系統分類学の一大変革期にあり、「APG(Angiosperm Phylogeny Group 被子植物系統発生グループ)分類体系」は、今後世界の標準となるとしている。
　この分類体系の変更を受けて藤原陸夫は2010年から米倉浩司のAPG分類体系を採用したため、本書の学名は邑田・米倉(2012)「日本維管束植物目録」に準拠し修正している。ただ、既発表の群集名などは、先取り権の尊重と混乱をさけるためそのままとしている。例えばサクラ属は*Prunus*から*Cerasus*へ変更されたことによるオクチョウジザクラ―コナラ群集の群集名 *Pruno pilosa-Quercetum serratae*、タデ属*Polygonum*から*Fallopia*へ変更されたことによるオオヨモギ―オオイタドリ群団の群団名 *Artemisio-Polygonion sachalinensis* のように変更していない。

　(3) データファイルを収納している付属のCD-ROMについて――Appendices
　① 電子媒体のCD-ROMの長期保存は紙媒体と比べ不安が大きい。しかし、膨大な印刷量とコスト削減およびデータの有効活用の利便性を考慮すると、これから植生データは電子媒体を選択すべきである。
　② 収録した植生調査法、引用文献、統合群団常在度表等は、Word・Excelファイルである。群団間ネットワークの基礎となる群落区分表と調査票については、盗採など自然保護上の問題や個人情報の保護の問題から非公開にしているため収録していない。群落区分表と植生調査票は簡易データベースで取り扱い、OSに依存しない長期的なデータ保存の汎用性を考慮しテキストファイルにしている。この簡易データベースは、テキストファイルの機能であるGrepのフォルダー検索（秀丸エディタ）に

より、地域ごとの調査票の抽出や標高別、植物種などいろいろな情報を取得できる。また、データの再現性のため調査位置情報（緯度・経度世界測地系WGS84）は重要で、自然史の基本ですべてのデータに記録してある。今後、植生データのデータベース化は重要な課題で、どのようにしていくか慎重に検討を重ね、少なくとも研究者には公開しデータの共有化を目指していく方向が必要である。

　　CD-ROMに収録したファイルは次のとおりである。

Ⅰ　これからはじめる研究者のための植生調査法（MS-Word形式）

　　　植生調査法について、わかりやすく手順を追って説明している。また実際の調査にあたり、いくつかの自然の観察ポイントについてもふれている。

Ⅱ　秋田の植生関連引用・参考文献目録（MS-Excel形式）

　　　秋田の植生の文献目録を基本に関連する第四紀学、植生史等620件を収録している。電子媒体なのでいろいろな活用が可能である。

Ⅲ　氷期のレガシー種の分布（MS-Word形式）

　　　レガシー種として主要北方林種・沿海州エゾマツ群団種の秋田の垂直分布をまとめている。

Ⅳ　統合群団常在度表（MS-Excel形式）

　　　秋田の自然植生35群団について、群団要素別に統合した常在度表をまとめている。

Ⅴ　群団連関表（MS-Excel形式）

　　　統合群団常在度表の要素を数値化して、群団間の関連についてまとめている。

Ⅵ　二次林総合常在度表（MS-Excel形式）

　　　コナラ二次林、ミズナラ二次林とこれと関係する自然植生のチシマザサ―ブナ群団、エゾイタヤ―シナノキ群団について常在度表にまとめている。

Ⅶ　秋田の植生体系　暫定（MS-Excel形式）

　　　現存する秋田の植生について、ZM派のヒエラルキーで体系化しまとめている。ただし、ネットワークの群団に群落をまとめる必要から、未決定の上級単位を整理しかつ断片的群落レベルまで収録している。このため体系としては問題が残されており、未完成である。

（4）本書で活用した簡易データベース（全件数7202件）について

　本書データベースの調査者別の調査箇所件数（単独と引用以外、複数人のチームを含む調査者件数のため重複が多い）は次のとおりで、大部分の調査は秋田自然史研究会の会員による。なお、引用データは、位置情報が明らかなデータに限定している。

　越前谷康＊：6596件、藤原陸夫：1023件、白沢芳一＊：519件、松田義徳＊：372件、高橋祥祐：274件、青木満＊：263件、和田覚＊：163件、高田順：144件、菊池卓弥＊：76件、藤原一絵：42件、奥田重俊：14件、宮脇昭ほか：8件、内藤俊彦：7件、阿部裕紀子：3件（＊印は東北植生研究会会員）

1 秋田の植生研究小史

　近代科学が成立するはるか以前の狩猟採取時代から、人類は自らの生存のため必要な衣食住の素材として植物を巧みに利用してきた。自然の存在が圧倒的に大きかった時代は長く、人類は生きるための必須の知恵として、植物の種類の識別と植物の生育地に対する知識を増やし、伝承してきた。このことは、我が国だけでなく世界に共通する人類史である。ただ、その知識が、現代科学が持つ一定の方法論による体系化が行われていなかっただけで、植物に対する知識の集積と活用は、立派な植生研究の一部であった。

　私のこれまでの経験でも、炭焼やマタギなど山村の人が持っている植物に対する豊かで確かな知識には、何度となく驚かされ教えられてきた。今日では、地域に伝承できる人材はもはや皆無に近くなり、きのこ・山菜以外地域が持っていた豊かな植物の知識・知恵はほとんど失われつつある。

　一方で近代科学の方法論に立脚する生態学が発展するにともなって、民族・考古学にまたがる博物学的知識は省みられることのない存在となった。秋田の植生研究を小史としてまとめるに当たって、自然に依存してきたわれわれ祖先にも、生活者の目で観察していた研究者は、多数いたということを忘れてはならない。

　ここでは、時代を大きく二分して近代科学が成立した以降の明治期から第二次世界大戦までの林学主体の植生研究と戦後から現在に至る生態学主体の植生研究に区分して述べることとする。

1.1 明治時代から昭和前期

　近代科学として明治期の森林植物研究は、田中壤の「校正大日本植物帯調査報告」(1887)に始まり、林業発展のために必要な植物帯の調査研究であった。我が国の植生や秋田の植生にとって今日でも先見の明といえるのは次の点である。

　第1に各植物帯について第1期から第4期の「樹種の変換」を述べていること(欧米の遷移説で有名なClements(1916)、Tansley(1923)に先んじていた)。第2に本州北部太平洋側の第2帯(黒松帯)と第3帯(ブナ帯)との間に「間帯」を設けたこと(アカマツ、コナラ、クヌギを挙げている。その後の中間温帯論に関係)。第3に第4帯(シラベ帯)では、針葉樹をまったく欠く山岳が日本海側に多いこと(岩木山、和賀岳、鳥海山、栗駒山、月山等が挙げられている。その後偽高山帯論に発展)。第4に秋田スギ天然林の分布域が秋田の北半分に偏り、青森県境の矢立付近で絶えヒバに代わる。その原因は、気候・土質の調査でわかると述べたこと(齋藤員郎は夏の乾燥差にあるという)。第5に近年伐木や野火によってアカマツが特に増殖していること(後に本多静六のアカマツ亡国論に影響)。

　明治期のまだ本草学の影響が残り近代科学が未成熟な頃、今でいえば林野庁ノンキャリア組の田中が全国(本州・四国・九州)の植生をよく観察しまとめ上げた業績は大きく、我が国植生地理学の出発点に位置づけられる。なお、日本の林学はドイツ林学に範をとり、明治期のドイツ留学組とミュンヘン大学のHeinrich v. Mayr(1854-1901)によって基礎が固められた。秋田の林業にとって田中壤に同行したMayrの「秋田県山林問答(1886県令青山への報告書で県保存)」は、秋田スギの天然更新など忘れ

てならない記録である。

　明治期の植生帯論として集大成されたのが、本多静六による「改正日本森林植物帯論」(1912)である。本多は、田中の成果を踏まえながらも調査範囲を台湾、朝鮮半島、北海道、南サハリン、千島列島に拡大し植生帯を再検討した。国立公園の設立、明治神宮の森の造成、本多造林学の大著などスケール観のある林学者で我が国林学の基礎を築いた。なお、明治期の田中、Mayr、本多の植物帯論ほかは、大日本山林会の「大日本植物帯調査報告書」(復刻版 1998)に収録されている猪熊泰三(1967)および長池敏弘(1977)の論評に詳しい。

　昭和前期は、当時秋田営林局に在職していた佐伯直臣の「秋田地方に於ける低地植生の推移と特殊植物に就いて」(1932)の業績が大きい。この著書を含め佐伯の遺稿集として出版されたのが「東北の植生」(1950)である。佐伯直臣の成果は、第1にClements(1928)の影響を受け秋田の低地植生の遷移系列(Sere)を示したこと、第2にデータを欠くが低地植生を分類していること、第3に指標植物(indicator plant)について先んじてまとめたことにある。当時山林局(現在の林野庁)では林業技術の発展のため英国派の相観を主体とした植生調査が各営林局で、スカンジナビア派のCajander(1909)に基づく地位と指標植物の研究が大学や試験研究機関で行われようとしていた時代であった。

　同時代には秋田営林局の岩崎直人の学位論文である「秋田県能代川上地方に於ける杉林の成立、ならびに更新に関する研究」(1939)の詳細な研究がある。天然秋田スギの一斉林は、スギの伏条更新と広葉樹の選択的伐採により形成されたことを、秋田範林政の克明な史実を基に伏条等の調査研究により明らかにしている。天然秋田スギの成立過程を研究する人にとっては、今でも必須の文献である。

　一方でこの時代は秋田師範学校(今の秋田大学)であった村松七郎により、秋田県全域のフロラについて「秋田県植物誌」(1932)が発刊され、その後近年まで唯一の文献であった。また、秋田師範、女子師範によってまとめられた「総合郷土研究」(1939)は、昭和初期の秋田の自然、人文、社会等を総合的にまとめたもので、私に記録することの大切さを教えてくれた文献である。植生に関しては、植生の概要と簡単な植相図(相観による植生図)が記載されている。なお、この時期のフロラ研究史は、村井三郎の「秋田県植物研究史」(秋田自然史研究 No.8, 1977)にまとめられている。

　このように明治期から昭和前期までは、林学主体の各営林局で我が国の植生調査・研究が行われてきたが、惜しむらくは業務資料のため公表されることはなかった。その後、戦時経済や戦後経済の旺盛な木材需要のため多くの成果は活かされることなく、戦後は適地適木の土壌調査に包括され、植生研究の主体は大学の生態学に道を譲った。

1.2　昭和中期から現代

　戦後の植生研究は、日本経済社会がようやく安定軌道に乗りはじめた1950年代(昭和25年)以降に始まる。

　1950年代は、四手井綱英(1952、1956、1957)と大田哲(1956、1957)の偽高山帯の成立に関する論争が行われ注目を集めたが、その後も諸説が提示され今日におよんでいる。常緑広葉樹林の北限については秋田営林局の「林曹会報」が1950年から「蒼林」になり舘脇操(1951、1952)のブナ林、タブ林、ヤブツバキについて紀行文がある。その後、植物社会学の面から平慎三(1978)、藤原一絵(1982)、服部保(1985)の調査研究が行われている。海岸のクロマツ林については、吉岡那二(1958)が全国的生態学研究を行っている。クロマツ林について、土壌と植生について越前谷康ほか(1976)、植物社会学面から阿部裕紀子(2002)がある。

1960 年代は、秋田県にとって世紀の大事業といわれた八郎潟干拓の事前調査の一環として加藤君雄(1965)によって、1960 年から水草群落の生態・フロラ等についてまとめられ、1976 年には干拓後の調査により比較検討されている。秋田県の水草群落の研究の第 1 号で、記録としても意義がある。岩田悦行・石塚和雄(1967)は、干拓地内の植生遷移について調査研究している。

1970 年代は、中部ヨーロッパの ZM 派(Zürich-Montpellier school チューリッヒ・モンペリエー学派)による植生調査がはじめて秋田でも行われた年代である。

秋田営林局刊「蒼林」に連載された高橋啓二・日比野紘一郎による「桃洞におけるスギ天然性林の成立過程と環境」(1970、1971)は、自然植生に近いスギ群落としてはじめての組成調査、花粉分析など文献として価値が高い。桃洞のスギ林については、その後 2007 年大田敬之ほかにより成立過程が検討されている。独立峰として東北で一番高い鳥海山の本格的植生調査は、石塚和雄・橘ヒサ子・齋藤員郎(1972)によって行われ、群落型の垂直分布を明らかにした。

秋田県ではじめての ZM 派による植生調査報告は、宮脇昭ほかの「男鹿半島の植生」(1973)である。次いで宮脇昭ほかは「八幡平の森林植生」(1978)の調査報告をまとめた。

一方、秋田県在住の研究者で ZM 派の植生調査が行われたのは、1973 年に藤原陸夫(旧姓望月)・越前谷康による五城目町の二次林の調査がはじめてである。なお越前谷康は、同年目黒の自然教育園で奥田重俊より植生調査法の講習を受けている。1974 年、高田順・越前谷康・高橋祥祐・藤原陸夫による「秋田市金足女潟の植生」は、植物社会学に基づく秋田県はじめての調査報告書である。調査に際しては、奥田重俊から現地指導、組成表の指導を受け当時としてはレベルの高いものであった。この調査報告に関わった 4 名は、その後の秋田での植生調査を主導し、秋田自然史研究会の設立にも尽力した。

このメンバーでは、越前谷康が 1975 年秋田市大滝山の二次林を主体とした報告、1976 年田沢湖町玉川のハルニレ林の報告がある。高田順は、1975 年鹿角市北野のシラカンバ林、藤原陸夫の 1976 年朝日岳、1979 年羽後町五輪坂の報告がある。1976 年は、越前谷・高田・高橋・藤原によって湯沢市泥湯の植生がまとめられている。

この年代は、環境庁による自然環境保全基礎調査が始まり、このメンバーが主体になってとりまとめられた。秋田県に関係する調査としては大場達之による「葛根田川上流域の植生」(1974)、論文として齋藤員郎による「東北日本亜高山帯針葉樹林の類型と分布」(1977)がある。

1980 年代も ZM 派の植生調査報告は、活発に行われた。高田順は、1980 年鳥海山冬師の植生を、1989 年横手盆地残存林の植生をまとめている。越前谷康は、1982 年天王町出戸の砂丘地帯のミズゴケ湿原について、1985 年には、越前谷・武田で駒ヶ岳の高海抜高のスギ群落について調査報告している。藤原陸夫は 1982 稲川町大滝沢の低海抜高のブナ林について、1983 年本荘市親川のタブ林、石沢峡のケヤキ林について、同年六郷町潟尻の植生について報告している。また藤原・越前谷・高橋・後藤は、1982 年太田町間木渓谷の植生を、1987 年越前谷・藤原・白沢は、鹿角市湯瀬渓谷の植生をまとめ報告している。1984 年藤原・越前谷は、秋田県の社寺林の調査を公表している。

加藤君雄・内藤俊彦・飯泉茂は森吉山地の「小又峡周辺地域の植生」(1980)を、内藤俊彦は白神山地の「粕毛川源流部自然環境調査報告書」(1985)を報告している。秋田に関係する論文としては、石川慎吾の「東北地方の河辺に発達するヤナギ林について」(1982)がある。この時代で画期的な業績は、宮脇昭編の「日本植生誌 8 東北」(1987)であり、この書によって東北の植生が集大成された。

この年代は、環境省の自然環境基礎調査の植生図(5 万分の 1)作成が藤原・越前谷・高橋、東北大学の菊池・内藤が主体になって行われ、1981、1984、1986、1988 の 4 年間で秋田県全域が公表された。

　秋田在住の研究者による植物社会学による植生調査報告は藤原等によるフロラ付が多いのが特徴であるが、こういった調査活動は1980年代でほぼ終了する。

　1990年代から2010年までは秋田県在住の研究者の調査報告には見るべきものはない。県外の竹原明秀による「芝谷地の植生」(1991)、「長走風穴および周辺地域の植生」(1993)の調査報告、若松伸彦・菊池多賀夫の「奥羽山脈栗駒山に断片的にみられるオオシラビソ林の立地環境について」(2006)の論文がある程度で極めて少ない。秋田県に関係する論文としては、福嶋司ほかの「日本のブナ林群落の植物社会学的新体系」(1995)、星野義延の「日本のミズナラ林の植物社会学的研究」(1998)がある。2000年で特筆すべき業績は、藤原陸夫のこれまで長年のデータの集積に基づいた「秋田県植物分布図」の大冊がある。さらには、2017年これまでの集大成として阿部裕紀子と共著で「北東北維管束植物分布図」が公表され、これにK. Ito, A. Hinomaによる「FLOLA OF HOKKAIDO」の分布図をあわせると北日本の植物分布が広域に把握できることになった。これらの分布図集は、フロラ研究者だけでなく北東北の植生を研究するものにとって必須の書である。

　秋田在住者の植物社会学を基本とした植生調査報告は、1970年代からおよそ15年間で幕を閉じたことになる。その原因は、植生調査を担ってきた調査研究者が本業で責任ある立場に立たされていったこと、環境重視の時代背景のもと地方研究者から環境系のコンサルタントの業務に移っていったこと、宮脇昭の「日本植生誌 東北」(1987)の出版で植生が明らかになったこと等が考えられる。しかし根本的には、グローバリゼーションの成果主義が大学にも浸透し時間のかかる自然史を重視していられない経済合理主義の時代潮流にある。

　一方、地方では時間がかかり社会的要請の少ない植生分野では、残念なことであるが後継者をほとんど育て得なかった。植生を担ってきた秋田自然史研究会のメンバーはその後フロラ研究に戻る人が多く、植生調査のデータ収集をおこなう人は限られてしまった。このような事情は、秋田県ばかりでなく多くの県でも似たり寄ったりであったと思われる。

　なお東北地方全般の植生研究史については、飯泉茂による「宮脇昭編 日本植生誌 東北」(1987)に詳しい。

2 植物社会学の現状と地方研究者にとっての意義

2.1 植物社会学の方法論的いくつかの問題点

植物社会学 Plant Sociology（植物群落に関する学問）に限らず、地形学、地質学、土壌学、第四紀学など自然史は、歴史的時間と地理的空間に関する学問である。これらの学問の基礎となる野外調査は断続性と部分性に依拠せざるを得ないため、学問的成果はその結果から全体を推論するという方法論になる。このため自然史の対象はそれぞれ異なるものの、共通した問題点を持っていて植物社会学もそのひとつである。

植物社会学におけるZM派（チューリッヒ・モンペリエー学派）は、良く考えられた学問体系であるが、いくつかの研究手法上の問題点がある。ここでは、植物社会学でこれまでいわれてきた問題点を、私の考えも入れまとめてみた。誤解をもたれては困るが、どんな学問体系にも問題点はある。例えば、植物社会学と関係する個体群・群集生態学では、競争関係を基本に数量的に扱いやすい個体数、種数の構造を基に単純モデルで展開するため、理論研究と実証研究とのギャップが指摘されているし、広域な地理的空間の調査にも向いていない。

植物社会学の我が国への導入以来、多くの先人の労苦によって我が国の植生が明らかにされ、そのエポックメーキングは宮脇昭ほかによる「日本植生誌」である。これにより我が国の植生体系はほぼ完成したと見られ、植物社会学はその後しだいに過去に持っていたエネルギーを失っている。

現代の植物社会学は、植物群落を総合的に研究する植生学（植生科学 vegetation science や植生生態学 vegetation ecology）の一分野として位置づけられている。また植物社会学の応用面は、環境科学の一分野として環境評価、環境保全など技術化され活用されている。しかし、学問本流での発展は見られなくなっている。この原因は、植生分類に多大の労力と時間がとられ学問的成果を挙げにくく、若い人材にとって学問的魅力の乏しい段階に留まってしまったことによる。

1 植生分類は、類型概念のため分類のあいまいさが常につきまとう

生態学に多い類型概念について梅棹忠夫（1950）は、常にその外延的周辺がぼけてしまうと批判したことがある。また、秋元信一（1992）は、「科学の要件として客観性が重要だとみなす立場からは、科学の基礎として類型学はふさわしくない……類似性によってグループ分けされた体系は、主観的分類となる」と述べている。このように類型概念に基づいた学問体系は、方法論として根本的な問題が指摘されてきた。

とはいえ、自然史のように地史的時間軸で地球規模のスケールの空間を対象とする研究分野は再現性がなく、また地球上で起こる自然現象の多くは非線形の複雑系である。くわえて種の存在のあいまいさは、未だに種の定義を困難にしている。このように、自然史にはつねにあいまいさが付きまとっている。

このため自然史は、「物理・化学的手法で捉えやすい現代科学と系譜の異なる学問である」と明確に認識する必要がある。複雑な自然を対象とする自然史の研究戦略の第一歩は同一パターンを探し求め

ることなので、類型概念は研究手法として有力な概念である。しばしばその成果の客観性が問われることになったとしても、植生の基本単位を認識し分類することは、植物分類学とともに生態学に最も必要な基礎的情報である。

　植物分類学とZM派の植生分類は、一見するとヒエラルキー体系で似ている。しかし、植物分類学は最近DNAに基づいた系統分類を展開し系統学Phylogenyであるのに比べ、ZM派の植生分類は**すべて明確に標徴種(群落の独自性・個別性を判断する種)で分類**できない限り従来からの類型学Typologyである。植生分類ではそもそも「植物はなぜ他種と群落を造るのか」、「なぜ群落は分類できるのか」について分類の生態学的根拠がはっきり示されず、標徴種の生態的意味やそれらを生み出す生態学的メカニズムは何なのか明らかでない。

　植生の分類はR. H. Whittaker(1975)のいうように、理論的というよりも実用性、有用性といった別次元の観点から評価されるべきである。植物社会学は、この分類を基に地理的・生態的・地史的な面から群落の本質を明らかにしていくことにこそ本来の意義がある。

2　植生の単位観と連続体観という植生観の相違よりも、研究者によって群集の標徴種・区分種(判別種)は必ずしも一致しないことと、植生体系に問題がある

　植生を分類するということは単位観にたたなければならず、現存する植生の連続性と相反することになる。このことに関しては、連続体観の立場のR. H. Whittaker(1975)自身、分類＝ZM派との間には現実になんら衝突するものでなく相互補完的なものと述べている。また伊藤秀三(1973)は、「むしろ植生研究の戦略論ということができる」としている。実際、植生を調べてみると「植生には不連続性と連続性がある」ことは容易に理解できる。現在は特に植生観の問題として取り上げる研究者はいなくなってきている。

　問題は、研究者によって同じ群集、群団、オーダー、クラスの標徴種および区分種群が異なり、必ずしも一致しない点である(植生用語は、Appendix Iにある)。

　第1は、植生標本の採り方である。例えば、ある湿原の群落を明らかにしようとしたとき、研究者によって標本の採る場所、標本の大きさ、標本数、調査時期が異なる。このため調査結果の群落や組成は、必ずしも一致するとは限らない。仮に群落区分のテーブル操作が客観的(実際は主観が入る)であっても、調査自体は主観を排除できない。この点が群落区分のあいまいさを生み出す大きな原因である。

　第2に、群落の母集団と標本数の関係が明確にできない。群落には稀な分布もあれば、ごくふつうの分布もある。調査が進まないと母集団は想定のしようがないし、どの程度の標本数で群集をきめることができるのか、また実際に想定した標本点を調査できるかどうかもわからない。フロラや群落の分布は、平均や分散のある正規分布と異なり、5.4.1で述べるベキ乗則にしたがったピークのない不均一な分布である。このため、各群落のサンプリングが正しく母集団を反映しているという保証は得られにくいという点が大きな問題である。このこともあって群集規定に際しては、群落の種組成がほぼ安定域に達した標本数以上(種数―面積曲線と類似)とするのが実用的判断である。これらのことは、TWINSPAN(Two Way Indicator Species Analysis)などの統計的解析にもいえ、解析結果について母集団とサンプリングの関係が問題となる。

　このサンプリングの問題も植物社会学に固有の問題でなく、自然史共通の問題である。

　第3に、我が国では中部ヨーロッパと異なり標徴種で植生を分類し体系化(群集―群団―オーダー―クラス)することは難しい。このため既発表の組成表では、「標徴種および区分種」や「上級単

位の種」といった括りで示すにとどまってしまうことが多い。植生体系はほぼ完成したとされているが、研究者によって群落分類は必ずしも一致しないし、地方の新たなデータと比較検討すると現在の体系には問題点が多い。そのうえ、植生調査が進展するにともない既存の分類体系にない群集・群落が増え、植生体系はますます複雑になることも問題に拍車をかけている。

　近年、植物社会学命名規約第二版(1986)では、多くの群集記載は標徴種でなく識別種のみをもとに記載されるにおよび、同第三版(2000)において群集の定義は「均一な相観を示し、均一な立地条件下で成立する具体的な種組成を持った植物群落」とされた。そのうえで、標徴種／識別種の代わりとして判別種diagnostic speciesの指定も有効になった。この判別種は、Chytrý et al. 2002により統計的適合度によって明確に決定する方法もあるが、中部ヨーロッパと異なり種の多様性に富む我が国の植生分類でうまくいくかどうかわからない。我が国におけるZM派の群落区分や体系化は、限界をわきまえなければならない。

　第4に、植物分類学をまねた群集の命名法は、長期間たつと植生体系や植物分類体系の見直しによりシノニムが大幅に増えることが危惧される。それを避けて先取り権をあくまで尊重すれば実態とかけ離れた群集名や将来の研究者が遠い過去の使用されていない植物の学名に基づいた群集名に戸惑うことが生ずる。単なるラベルと認識すべきと規約にあるものの、標徴種が明確でない我が国の植生分類では類型分類なので、混乱を避けるための先取り権の尊重や古い植物分類体系に必要以上拘るのは疑問がある。強調しておきたいのは、群落名には**長期の記録維持と他分野での利便性**こそが重要であり、思い切った工夫・改善等、再編整理が必要である。

3 植生調査で種の正確な同定は難しく調査研究の大きなハードルである。さらに、国際的に統一された種の標準的学名の整備も遅れ、広域な地理的比較が難しい

　植物社会学は種組成をもとにして成り立つ学問であるから、芽生えを含め種の正確な同定はきわめて大事である。ところが現実は、植物分類の専門家でも同定に誤りがあることである。佐藤広行(2011)は、我が国の著名な大学付属の博物館等でタカネノガリヤスとヒメノガリヤスの標本について調べたところ誤同定が12〜14％におよんだとしている。

　植生を研究する人は植物分類に明るい人が多いが、植物分類を専門にしているわけでない。このため、発表された組成表に明らかな誤りが見つかることがある。野外調査で疑問の種や不明の種は、完全標本でないことの方が多く同定自体不能に陥る。植物種を正確に同定することは時間もかかり困難な課題である。しかし、同定の経験を積み重ね少なくとも群落区分種の誤認は避けなければならない。こういった誤認は、植生分類の信頼度を落とし、植生体系を混乱させる。とはいえ、この正確な同定作業が植物社会学の調査研究者にとって大きなハードルとなっている。

　近隣国との群落の比較検討では、種の国際標準の学名整備が遅れ学名での比較困難な場合がある。日本国内で比較する場合は、学名が明示されてさえいれば異名について何とかシノニムを探して判断することができる。問題は、東アジアで種組成を比較していく場合、沖津進(2000、2002)が述べているように日本のフロラと関係の深いロシア、中国で日本と同一の植物に別々の学名がつけられていることである。また、高橋英樹(2000)も千島列島の島で、実に34％も日本とロシアで学名が異なっていたという。宮脇・奥田・藤原の「日本植生便覧」(1994)は有益で多くの場合これでシノニムを知ることができるが、この便覧にないこともある。一般に植生の研究者は植物分類学者でないので植物分類学の文献に乏しいのが現実で、種組成の関係国間の広域な比較は労力を要し、場合によっては一部あきらめざる得なくなってしまう。今後植物社会学が世界的に群落比較を行っていく際には、植物分類

学者によるAPG分類体系に基づく国際標準の学名に統一されることを願ってやまない。

4 今のところ、ZM派の群落による近隣国との比較には限界がある

　植物社会学の研究手法は、ローカルな山域から日本、東アジア、ヨーロッパ、北米というように北帯(全北区)植物界の範囲で、広域に種組成を基に群落を比較できる点にある。ZM派以外の方法ではある地域の植生を合理的に説明できても、より広域に比較検討しようとすると困難であった。植物社会学の最も優れた点はここにある。一方、フロラ地理学では、区系域が離れれば離れるほど同じような立地を占める近縁種の取り扱いが問題になる。例えば北方林において、欧州—シベリア区系域と北米太平洋区系域およびこれらと関係した日華(アジア)区系域では、種レベルで異なるものの属レベルでは共通性が高くなる。球体の地球では、陸地の多い北半球高緯度地方は地理的に接近しているためである。

　広域な地理的群落の比較には、立地がほぼ同じであり近縁種であれば、同じ括りで比較できる方法論が必要である。このため、地球上の生物の多様性とネットワークの視点を持った植物社会学の発展を期待する立場から、これからの方向は次の3点である。

　(1) 近隣国との関係で対応種・対応群落等(Vaicarious species, — community, — area)とその分布についてフロラの面から整理し、明らかにすること。

　(2) 広域な群落分布の検討には、群集レベルでは個別的で複雑すぎ、組成的・地理的まとまりのある群団レベルとすべきで、近隣国と共有できる統合された群団常在度表と分布を明らかにすること。

　(3) 植生だけでなく動物を含めた生物多様性を検討できる単位が必要である。しかし、動物群集レベルと対応する植生レベルの単位を新たに見出せるかは難しい問題である。いろいろな動物群集に対応した明快な植生レベルを見出し、ネットワークとしてとらえる努力が必要である。

5 国際標準の統合された植生体系への動きはおそい

　群落を類型化し体系化することは、どのような学派であろうが必要なことで、分類体系は学問の最も基礎となる土台である。

　植生の分類体系は、植物社会学の研究者に留まらず、多くの他分野の関係者の利用にも、長期的にデータベースを維持していくためにも欠かすことができない学問的な基盤である。最近の系統分類学の国際標準のAPG分類体系のように国際標準を目指す方向性が必要である。

　ところが、現実の植物社会学を見ると次のとおり国際標準化は進んでいない。

　(1) 地球上の生態系の複雑さや多様性のため、各学派の植生観が異なっている。このため各国の自然を背景とした植生を、もっとも良く説明できる体系が造られている。一見ZM派で統合されているように見えるヨーロッパであっても、各国(ドイツ、ポーランド、チェコ、オーストリー、スペイン)で植生体系はいろいろなレベルで相違がある。

　(2) 意外に思うかもしれないがヨーロッパにおいて、アルプスAlpsのないイギリスと大陸ヨーロッパでは、高木限界tree lineによって垂直分布帯の定義が異なっている。日本では、ハイマツ帯の所属をめぐって意見の相違がある。また、ホーテス・シュテファン(2007)によると、国際的に湿地生態系の分類体系は確立されていないという。このように基本的なことでも分類体系の統合は困難な状況にある。

　(3) 日本の植生体系が確立されてから、その後の調査資料や近縁群落との比較が不十分なことも原因して、群集発表後の必要な見直しが不足している。とはいえ、専門家による植生体系全体の見直し

には、時間がかかるうえ業績になりにくく容易にできることではない。できるのであれば、記録性・利便性の面から欧米のように国レベルの植生体系が整備されることが望ましい。こういった検討は、地方研究者では困難で専門の植生研究者が担わなければならない。

幸いユーラシア大陸東端では、中国・ロシア・韓国と日本の専門家がZM派による調査がすすめられてきているので、先ずはこの地域からヨーロッパを視野に入れ群団レベル以上の国際標準化を進めていくことが、可能で現実的な方向である。

我が国の植物社会学の専門家は、国際標準化の方向性を他分野の研究者や海外の研究者と議論・研究して、わかりやすく使いやすい国際標準の植生体系の統合化に向け英知を絞っていくことを期待する。

2.2 地方の研究者にとって植生学の今日的意義とすすめ

Braun-Blanquet(1964)の植物社会学は、もともと生態学的視点を取り入れた総合的な植生学の発展にこそ本来の姿があったといえるが、半世紀もたつとその間に分野によっては独立していった。しかし、今日でも群落相互・環境等との関係と分布を地理的空間で理解するためには、最近の群集生態学や景観生態学のアプローチでなく、今のところ広域に現実の群落データに根ざし抽象化ができる総合性を持った植生学 vegetation science 以外に方法はない。

このため歴史的時間と地理的空間のなかで、植物の相互関係を重視する植生学は、ほかの学問成果を取り入れることによって一変する可能性を秘めている。そのキーワードは、「多様性」─「ネットワーク」─「ゲノム」である。特に本書で取り上げている植生のネットワーク論からのアプローチは、これまでの植生学を発展させていく可能性がある。残念なことであるが、一般にアカデミズムの研究者は、その学問のパラダイムの枠を外れないので、統合的研究はなかなか取り組みにくいのではなかろうか。

研究体制の整ったアカデミズムの研究者と地方研究者では、自ずと役割が異なる。地方の研究者は、あくまでも地域の植物的自然を明らかにするため、植物社会学を基盤としたフィールド主体の統合的研究分野の展開に独自性が期待されているのである。最近出版された「アメリカ版大学生物学の教科書第5巻生態学 2014」において、生態系の特異性と複雑性に当面する生態学者にとって「自然史と数学的モデル化のツール」が特に重要であると述べている点は、生態学の正常進化を望む私にとってアメリカ生態学の健全性を示すものと理解できる。

1　知的好奇心が旺盛な地方の研究者にとって、データの蓄積により自然を記述し同一パターンを発見しそのプロセスを見出していく自然史は、何にも替えがたい知的な興奮をおぼえる調査研究である。地方研究者は文献を読むより先に、フィールドに出て自分の観察眼を磨こうではないか。これこそが自然史本来の姿であり、この学問のあり方である。

2　ZM派による群落の調査手法(Appendix I)は、フロラを理解し少しトレーニングを積めば誰でも調査データを得ることができ、記録性の面からも優れている。群度を使用しない学派(今はZM派でも使用しなくなってきている)の植生調査資料も同等にデータを共有できる場合が多い。このため野外で量的把握が最もしやすく将来にわたって安定して維持できるこの調査手法は、地域の植物的自然を長期に記録・蓄積していくデータベースの運用にはもっとも適している。こういった仕事は地方研究者にしかできない。

3　最近、日本列島の植生をより明確にするため東アジア大陸の群落比較による体系化が外国の研究者と中村幸人ほか（2002、2005、2006、2008）、藤原一絵（2008）によってすすめられてきた。このように広域な比較からローカルな植生を位置づける調査研究は、地方の研究者によって進められなければならない。広域な群落分布の調査研究のためには、何よりも先のデータベースの整備を優先させる必要がある。

4　表操作法（Appendix I）は群落の分類だけでなく、群落の分析にも応用できる。大野啓一（1999）は、多次元的群落分類のすすめを述べ、植物社会学的単位でなく群落分布学的単位（Synchorologic units）を紹介している。我が国におけるこの面での研究は、中村幸人（1997）、大場達之（1982）、生態学の視点から類似した分布行動を持つ種群＝生態群を使った石塚和雄（1975）、齋藤員郎（1974）などと少ない。こういった視点から地域の群落の本質を探ることは、植生学を豊かにしていく。

5　植物社会学は、組成構造から環境や人為の影響など多くのことを広域に比較的簡単に知ることができる。この点で、環境問題や景観問題とシームレスな関係にあり、ほかの分野では容易になし得ない優れた方法論である。同じ結果を得て役立つのであれば、簡単な方がよいのはいうまでもないことである。類型概念の学問分野では、科学的手法の厳密化に努力するよりも、データの集積により信頼度を高めるとともに、もっといろいろな面で気軽に活用していく必要がある。

6　自然史の大幅な前進は、新たな概念の形成やツールの開発にかかっている。植物地理や植生史が葉緑体DNAのツールを取り入れたことや、植生史が時間の測定精度をこれまでの物理的ツールにくわえ、年輪年代学や年縞堆積物により高い精度で推定できる革新的時代に入っている。これらにより、植物の分布の歴史性や地理性がより明瞭にわかるようになってきているが、地方研究者には手の届かないツールである。

　今後地方研究者が野外で使用できるハンディな葉緑体DNAのシーケンサーとソフトウエアが開発され、安価に入手できる時代になると、ネットワークとしての植生学は飛躍的に発展する時代になる。学問は、新たなツールにより新たな概念を必要とし、新たな学問に止揚していくものである。このため自然史の研究者は、現代科学技術の成果を十分活用できるよう観察を通じて自分の問題意識に磨きを掛けていく必要がある。

7　地域の自然を捉えるには、植生学だけでなく植物分類学、植物や群落の地理学、植生史、群集生態学、動物生態学、景観生態学など幅広い分野からアプローチが可能である。さらには、関係する第四紀学、地形学、気候学、地理学、土壌学、地質学などの分野との連携も深める必要がある。このためには、「地域の自然の本質を知る」という自然史共通の目標の基に、地域にいろいろな専門分野の人材が育っていくことが必要である。こうして自然史の各情報が蓄積され共有され統合されていくことによって、はじめて見えてくる自然の姿があるといえよう。

3 群落分布のバックグラウンド

　秋田のフロラや植生は、なぜ今日みるような分布パターンを示すのだろうか。世界的視野から見れば、自然環境がほぼ同じでも地域間にフロラや植生は異なることが少なくない。吉岡邦二 (1973) によれば、熱帯雨林はアジアと南米で環境条件、相観ともよく似ているが組成はまったく異なっているという。こうしたことは、現在の自然環境からだけではフロラや植生の分布パターンを明らかにできないことを示している。こういった分野は、植物歴史地理学 historical plant geography で、プレートテクトス、気候変動などから分布パターンを明らかにしようとするもので、近年では DNA による分子系統学の発展で様相が一変しつつある分野である。

　一方従来からのフロラ（植物区系）地理学 floristic plant geography および植物生態地理学 ecological plant geography または植生地理学 vegetation geography があるが、いまは分類学や植生学の中で取り扱われている。フロラ地理学でいう要素とは、地史的、生態的な要因が絡み合って現在に至った個々の植物の同じような地理的分布範囲を捉え、そこに属したフロラを○○要素と呼んでいる。ところが、これらの要素は清水建美 (1983) が指摘するように、同じような分布域であっても同じ起源・由来とは限らない点である。福岡誠行 (1966) によると日本海要素は、寒帯系、暖・温帯系に関わらず日本海側に分布していたものが主に気候的環境に適応したもので、比較的新しく分化したものとみている。

　ここでは、グローバルな視点から植物歴史地理学を主体に秋田のフロラや植生を支配してきた自然環境の特徴はどこにあるかについて、これまでの学問成果を基に概観する。ここで大切なことは、吉岡邦二 (1973) のいうように「植物生態地理学＝植生地理学を本当に理解するには、フロラ地理学や歴史地理学の知識が根底に必要である」ことを、けっして見失ってはいけない視点である。

　なお、まとめるにあたり「特集：日本の自然」（科学 Vol. 46、1976）は、今でも示唆に富むし、「日本の地形3 東北」（小池・田村・鎮西・宮城 2005）は有益で参考にした。

イントロダクション

　北東北の秋田は北国で寒冷だと思っている人が多いが、北半球で見ると四季が明瞭で温和な温帯地域である。年平均気温11℃、年間降水量1800 mm位であるが、冬季沿岸部では季節風が強く内陸では多雪となる長い冬のため厳しく感ずる人もいる。北東北の秋田では、青森県境の白神山地を越えると雨量が少なく、また岩手県の北上山地に入っても同じように雨が少なくなる。秋田は隣接する青森―岩手―山形の県境山岳地に取り囲まれた温暖で湿潤な地域である。

　本書において北東北の地形的イメージと山岳名を理解してもらうため、主要山岳図（**図3.1**）を示すが、500 m以下の低地、丘陵地が多いことわかる。秋田の森林は、スギ人工林とコナラ、ミズナラの二次林が丘陵地帯から山地帯下部を占め山地帯上部はブナ林である。ブナの林限はおおよそ1100 mでそれ以高の山岳は、オオシラビソ林または落葉広葉樹低木林となって亜高山帯を形成している。秋田には高山植物群落はあっても、高山帯はない。

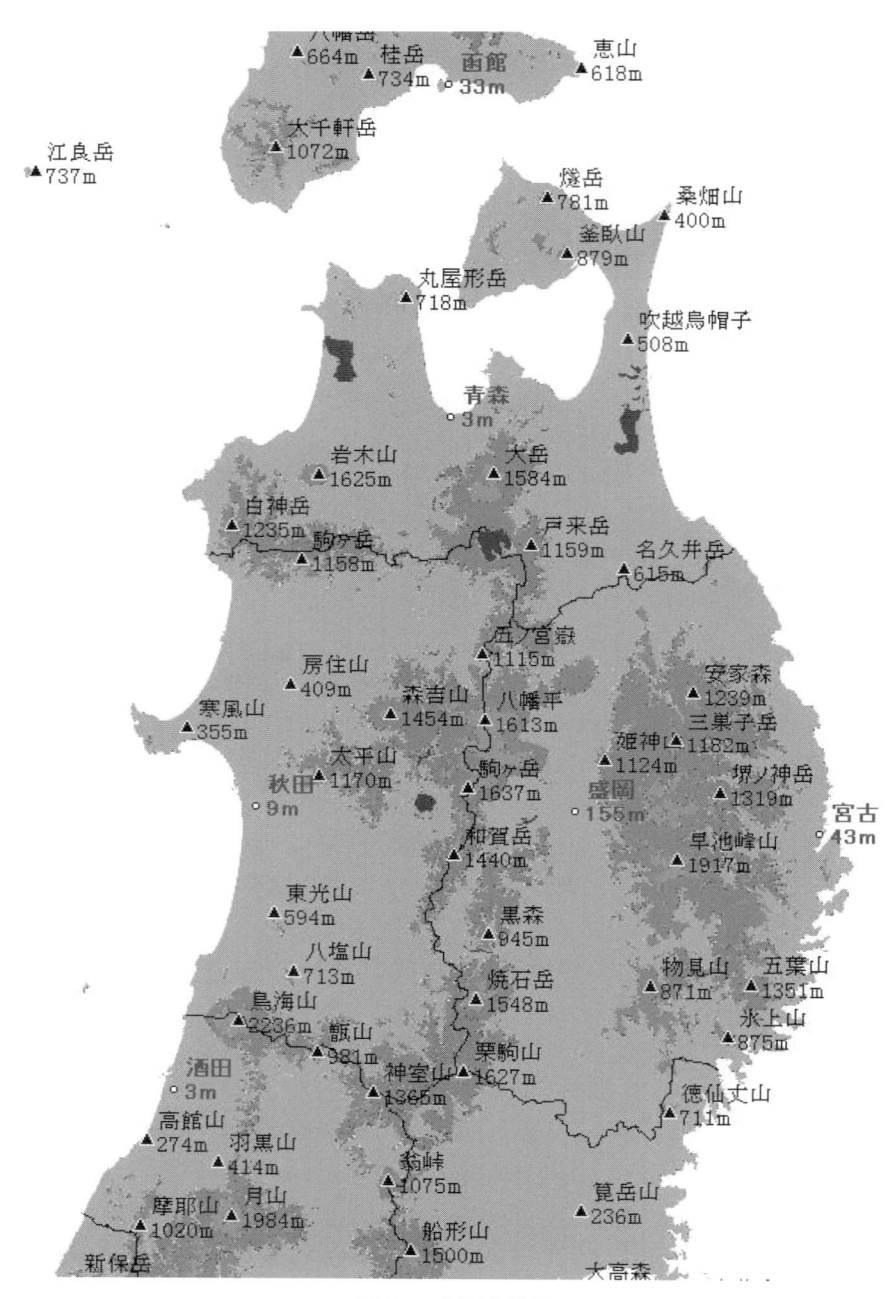

図3.1　主要山岳図

地形は氷期の周氷河作用の可能性のある海抜500m以上の地形を示しているが1000m以上の山岳地は限られる。この地形図は、国土地理院数値地図（標高）を使用したカシミール3Dを利用した。

3.1　日本列島の地理的配置の特異性

　世界地図を見れば、日本列島は地球上最大のユーラシア大陸と最大の海洋である太平洋の境目に位置している。日本列島は弧状列島で千島弧、東日本弧、西日本弧、伊豆マリアナ弧、琉球弧から構成されるアーク状の島国である。

　この地域の大きな特異性の**第1**は、「アジアの東岸では亜熱帯乾燥帯が発達せず、周極森林限界から赤道まで湿潤な森林気候が連続する世界で唯一の多雨回廊地域」(吉良・四手井・沼田・依田 1976)にあることである。

　第2の特異性として日本列島は、①東北方向には千島列島→カムチャッカ半島さらには、アリューシャン列島→北アメリカ大陸、②北方向には、サハリン→シホテアリン→シベリア、③南東方向には、小笠原諸島→マリアナ諸島→ミクロネシア、④南西方向には、琉球列島→台湾→中国・フィリピン→ヒマラヤ・マレーシア、⑤西方向には、朝鮮半島→中国→モンゴルと関連していて、地史的スケールの観点からフロラや植生の多方向の移動経路を持っている点である。

　第3にユーラシア大陸東端の中緯度帯に位置し南北に長い日本列島は、冬季大陸に発達したシベリア高気圧(鮮新世の時代にすでに存在していたという)に、夏太平洋に発達する小笠原高気圧に支配され、「冬は寒帯、夏は熱帯」といわれるように四季が明瞭で年間・南北の気温差が大きい。冬季日本海の存在により中緯度帯では世界的に類例のない豪雪をもたらし、ジェット気流が合流する上空の西風は世界で有数の強風域である。また日本の南方海上は、地球上最も活発な熱帯低気圧の発源地であり、「台風」に発達して日本列島を通過し、風害・洪水・山崩れなどの被害を与える。

　このような日本列島の温度勾配の大きさや列島間の不連続などが関係して、フロラ地理学ではフロラの滝(フロラが大きく相違する分布境界)と呼び、シュミット線や宮部線など多くの分布境界線が示されている。

　第4に日本列島の特異性は、アムールプレート(ユーラシアプレート)、太平洋プレート、オホーツクプレート(北米プレート)、フィリピン海プレートの境界に位置し、世界の主要な環太平洋の火山フロントに属していて、狭い島国に変動地形(地殻変動)と火山地形が同居している点である。くわえて①隆起量が大きく多雨で豪雨頻度が高いため、浸食の激しい谷密度が大きい地域であること②海水面の変動・地殻変動により、よく発達した海岸段丘と厚い沖積層が各地に小規模ながら発達していることである。このように狭い地理的空間に性質の異なる地形の組み合わせの結果、日本列島は「**モザイク構造の地形**」が卓越している。

　これらの特性は、気候の変動による植生の移動にともない多くの種を隔離・温存・分化させ、世界的にも種の多様性に富んだ地域を形成している。日本列島は、フロラや植生の植物地理学上の課題を検討できる世界でもっとも恵まれた地域のひとつである。日本列島の中でも本州は、その中核的位置を占めている。

3.2　明瞭な東西性を示す東北地方の自然環境

　東北地方は、各プレートが結合し最も複雑な地形を持つ中部地方と大陸と関係する北海道の針広混交林帯をつなぐ、南北に長い植生移動の回廊の役割を持っている。東北地方は、西日本に比べ温度勾配が大きい地域である。東北地方の自然は南北に3列の山地が形成され、日本海側と太平洋側で大き

表3.1　東北地方の自然環境の東西性の特徴

区　　分	日 本 海 側	太 平 洋 側
大地形	• 奥羽山脈と出羽・飯豊山地の2列 • 火山弧(内弧)—単元unit小さく細長く起伏大	• 北上・阿武隈山地の1列 • 前弧(外弧)—単元大きく、塊状で起伏小
地　質	• 新第三紀以降の堆積岩(軟岩) • グリーンタフ、溶結凝灰岩 • 花崗岩	• 古第三紀以前の堆積岩(硬岩) • 石灰岩、蛇紋岩 • 花崗岩
地　形	• 格子状パターン 　• 内陸盆地の発達(古くは湖盆) 　• 河川の北西向きと砂丘発達 • 奥羽山脈扇状地 • 地すべり地形、活断層、褶曲 • カルデラ、池・湖沼、湿原	• 準平原 • 河川北東・南向き、砂丘一部 • 沈降・隆起のリアス海岸 • 北上山地北部では、周氷河作用が顕著
特殊地形	風穴・硫気荒原	蛇紋岩・石灰岩地形
土　壌	褐色森林土多い 奥羽山脈の山岳地では火山灰介在の泥炭形成	火山灰母材のクロボク土壌、 火山灰介在土壌が多い
気　候	冬季スノーベルト (多雪の条件①日本海の存在②対馬暖流③北西季節風④日本列島を横切る　のすべてを満たすこと—駒林・中村1976)	冬季サンベルト的 夏季濃霧のベルト・やませ(親潮—寒流)
フロラ地域区分	• 日本海地域(前川 1977) • 北陸区(原 1959)	• えぞ—むつ地域・関東地域(前川) • 北上亜区・関東区(原)
植　生	自然植生のチシマザサ—ブナ群団	代償植生の二次林、草地

く相違していて、東西性に特色がある(**表3.1**)。この東西性は、地史的な地形の成り立ちに起因している。つまり北上・阿武隈山地がユーラシア大陸から分離移動してきたのに比べ、日本海側は海底にあるあいだが長く海底の堆積岩、緑色凝灰岩などが陸化してきたためである。ここでいう日本海側・太平洋側とは、火山フロント東側の中央沈降帯(北上川低地帯)を境にして西側(奥羽山脈・出羽山地)と東側(北上・阿武隈山地)の地域を指している。

　表3.1を見ると、同じ東北といっても日本海側と太平洋側では自然環境が大きく相違し、フロラや植生にも影響している。しかし、植物は移動可能なため、フロラや植生の分布は自然環境の東西性と必ずしも一致せず不明瞭になりがちである。さらにグリーンタフ地帯で火山フロントに位置する東北日本海側の特徴は、北海道渡島半島(特に黒松内低地帯以南)までおよび、ヒノキアスナロ林やブナ林の北限地域を形成している。

　東北地方は、気候変動の植生移動回廊に当たるが、北上山地や阿武隈山地の特殊な地質分布や周氷河現象にばかりに特異性があるのでなく、日本海側の多豪雪と地形の複雑性に起因した群落の遺存・逃避を数多く残している地域であることを理解する必要がある。秋田は、その植生移動回廊のほぼ中央に位置していて、移動を検証する地域として価値が高い。

3.3　現在の景観と大きく異なっていた最終氷期最盛期

　氷河時代は過去74万年間で8回あったとされるが、ただ単に気温が低下して植生に影響を与えたのではない。**図3.2**のように非周期的な地殻変動crustal movementに加え、気候変動climate change

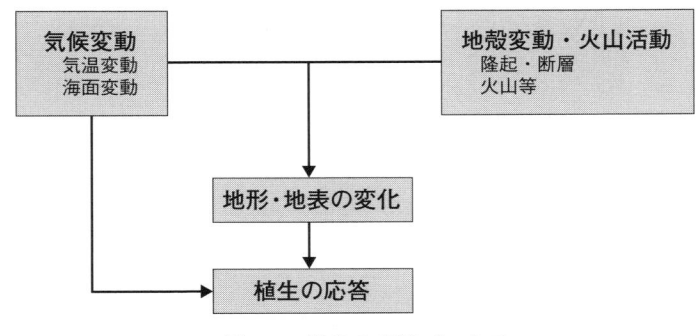

図3.2　植生の応答プロセス

は周期的な気温変動、氷河性海面変動glacial eustasyによる沖積平野、海成・河成段丘、および山地の周氷河地形など地形形成にも大きく作用したといわれる。植生は地史的時間スケールで見ると、これらの変動に応答した植物集団（個体群）の集合である。

　最終氷期最盛期以降植物の移動、とりわけ森林群落にとって斜面の安定化は必須の条件である。田村俊和（2004）は「斜面不安定期」の概念をのべたうえで、基本的空間単位である流域において、どういったプロセスで現存する地形のセットが造りだされたかを明らかにする意義を指摘している。つまり、秋田の米代川、雄物川、子吉川流域で山地の稜線部から河川・段丘・沖積平野、海岸までの具体的な地形形成史が流域空間域で明らかにされることが必要である。植生の応答プロセスは、こういった基本的な第四紀の変動によって枠組がきめられるので今後の調査研究成果が期待される。完新世以降の植生の応答については、より時間精度の高くなっている植生史で明らかになってきている。

　なお、2009年国際地質科学連合IUGSは、更新世および完新世の始まりをともに気候変動に基づき第四紀は258万年前、完新世11700 cal. yr. b2k（cal：calender, yr. b2k：years before AD2000）と決定した（遠藤邦彦・奥村晃史 2010）。

　表3.2～表3.3は、文献等により植生に関係する現段階の最終氷期最盛期以降の推定をとりまとめたが、必ずしも専門家の一致した見解ではない。これらの気候変動は、第四紀に入って幾度となく氷期―間氷期を繰り返してきたため、現在の植生を構成する植物分布は最終最盛期以前から分布していた種も併存して群落を形成している点に注意が必要である。

3.3.1　気候変動はどの程度か

　いわゆるミランコビッチサイクルといわれる氷期―間氷期の気候変動において、最終氷期最盛期は、表3.2のようであったと推定されている（mは現海水面基準の高度）。

表3.2　最終氷期最盛期の気候変動

区　　分	最終氷期最盛期	参　　考
気温低下	7～8℃、乾燥化	特に最終氷期後半寒冷・乾燥化
海水面低下	およそ100 m～120 m	8000年前日本海に暖流　多雪化・四季明瞭化
積雪量	現在の半分（小野有五 1988）	
雪線高度	およそ1500 m　月山で1400～1500 m（小野有五 1988） （日本アルプスで2000 m、現在3500 m）	雪線（セッセン）1年間の降雪量と融解量の等値点を結んだ線で、氷河が形成される下限

3.3.2　地形形成変化はどうであったか

1　山　地

山地は周氷河現象と斜面の不安定が地形・地表に大きく作用した（**表3.3**）。

表3.3　山地の地形形成変化

区　分	最終氷期最盛期	現　在	参　考
森林限界	およそ400～600 m	2000 m以上	高木の生育限界高度
氷河地形	• 東北日本では、雪崩涵養型氷河1400～1600 m、カール氷河1750～1800 mいずれも氷河作用の確証を得られていない（小野有五 1988）	• 鳥海山心字雪、貝形の雪氷現象（土屋巌 2001） • 国内の氷河は、立山連峰3箇所であったが最近鹿島槍ヶ岳にも氷河（2015 ヨミウリNET）	• 雪渓を有する多雪山地の多くは氷河作用を受け、残雪量と氷河規模が比例と予想。しかし、発達が悪くわかりにくい氷河地形（小疇尚 2011）
周氷河地形	• 東北北部・北海道のソリフラクション波状地（鈴木秀夫 1975図26） • 森林限界以上の大部分に周氷河地形発達（構造土、ソリフラクション、岩屑・岩塊斜面）谷に砂礫堆積（3万年～2万年前） • 北東北の周氷河地域は、岩手県盛岡以北、青森県、白神山地、秋田県鹿角・森吉山・太平山、奥羽山脈に広がっていた。（貝塚爽平 1998図7.10） • 山形県の朝日山地では、周氷河作用が5000～6000年前には終了（下川和夫 2005）	• 氷河期の周氷河地形は、森林に被われ山地に化石化。周氷河平滑斜面・インボリューション・氷楔—化石周氷河地形 • 山頂域に局部的に現成の構造土分布（森吉山、秋田駒ヶ岳、羽後朝日岳、和賀岳、鳥海山） • 秋田駒ヶ岳に現世のアースハンモック（井上・冨岡・千葉・吉田 1978） • 北上山地に現成のアースハンモック（澤口晋一 1985）	• 構造土は、基本的に凍結割れ目と不等凍上・沈下で形成。とくに火山で発達が良い。（小疇尚 2011） • 太平洋側に比べ多雪山地では積雪のため発達が限定的で、東北地方北部では500 m未満の山地は周氷河環境下に入ったことがない。（小疇尚 1988） • 盛岡以北では、平地（およそ200～250 m）が周氷河環境イチゴツナギ亜科、イネ科優勢（佐瀬ほか 1995） 注　周氷河地形等の専門用語は、NET検索が便利
	• 山岳永久凍土は奥羽山脈、北上山地に連続帯（小野有五 1990図3）		• 永久凍土の確証はない。可能性の高いのは、薮川・外山一帯かの異論がある。
斜面不安定	• 氷期森林限界以上周氷河地域	• 谷の下刻により完新世開析前線の上昇と急な谷壁斜面形成・斜面崩壊 • 地すべりの多発、土石流	• 「斜面不安定期」について、同一気候環境下で複数のプロセスが連鎖的に発現したかうかをめぐって問題が残されている（田村俊和 2004）
	• 雪食地形はどの程度発達したか？ • 非対称山稜（風下側雪窪が掘り込まれる）	• 山頂風背側の雪食地形、なだれ多発、アバランチシュート • 雪食凹地（雪窪）	• 13000～9500年前は、気候の不安定期で土砂流出が活発（阪口豊 1989）
泥炭形成		完新世に入って形成（阪口豊 1989）多くは多雪化により周氷河地形の終了した5000～6000年前以降形成	• 山地では堆積速度小さく、八甲田では、12000年前から形成（阪口豊 1989）

┌─ **BOX3.1　秋田県の周氷河地形一覧（秋田の周氷河地形は調査不十分である）** ─────

- 小坂町小坂高校付近　（周氷河性波状地・デレ　T）＊デレは、周氷河皿状地
- 大館市池内海抜50m（十和田八戸テフラ埋没林1万3000年前化石アースハンモックTs）
- 森吉山　（構造土・雪窪　T、K）
- 秋田駒ヶ岳　（アースハンモック・構造土・風食裸地　T、I）アースハンモックは、女目岳火口底、阿弥陀池西側。アースハンモックは構造土の一種で凍結坊主ともいい、小さいドーム状の形態で連なって分布している微地形をいう。
- 和賀岳　（構造土、雪窪、植被ソリフラクションローブ　T、Tm）
- 栗駒山　（構造土、雪窪　T）
- 神室山　（デレ　T）
- 寒風山　（構造土　P）
- 鳥海山　（扇子森付近構造土、アースハンモック、Y）、（雪窪、T）

出典　T：日本の典型地形（国土地理院）
　　　Tm：田村・高田・八木・西城（1989）
　　　Ts：寺田・辻（1999）
　　　K：寒冷地形談話会通信（2001）
　　　I：井上・冨岡・千葉・吉田（1978）（東北地理）
　　　P：佐々保雄（1954）（地学雑誌）
　　　Y：米地文夫（1972）（山形県学術調査会）

植生調査のとき気づいた周氷河地形と紛らわしい次の岩屑・岩塊斜面は、専門家の同定が必要。
男鹿本山から毛無山620m稜線西斜面、小岳1042m山頂西斜面、仙岩峠貝吹岳992m山頂西斜面など。

┌─ **BOX3.2　男鹿寒風山に周氷河地形か** ─────

　意外なほど海抜高の低い男鹿寒風山（355m）の構造土は、佐々（1954）により報告されている。ここは海抜300〜330mの南斜面の風衝地に階段状のテラスが10段以上形成され、大きいので幅3.5m長さ14mくらいである。2016年1月8日に調査した結果、積雪はほとんどなく、7〜10cmの霜柱で地表が浮き上がり内部は空隙が多く土壌は凍結していた。テラス面のレキ（安山岩）は乱雑で、構造土特有の淘汰はなかった。このように凍結融解によりテラス面が浮き上がるため多年草の定着は困難で、秋田では分布のまれな1年草のヒゲシバやヤマジソの生育地としても注目される。また風食も見られ、小崖（ノッチ）下部の堆積土は霜柱でルーズになり風食を受けていた。このテラスの周囲のシバ草原は、ほかの草原と異なり地衣類をともなった凍結したマットが形成されていた。さらにマットには、凍結土の膨張のため同じ大きさの小さなポリゴン（多角形の線）が入っていた。風が強く積雪の少ないところでは、凍結・融解は厳冬期に限られたわけでない。また風食も風の強さだけで起こるのでなく、凍結・融解が関係してノッチの土壌がルーズになり起こる。ここの階段土の形成には、風食だけでなく周氷河現象のソリフラクションも関係した可能性があるが、その時代とプロセスについてはわからない。

┌─ **BOX3.3　秋田駒ヶ岳湯森山（1471m）の季節的凍土** ─────

　駒ヶ岳北方の湯森山山頂域では、以前からベンチや標柱が凍土で持ち上げられ傾いている。池田重人ほか（2002）によると最大土壌凍結深は60cm程度で、このときの最大積雪深は20〜40cmであったと述べている。ここは、群落高が低い風衝のハイマツとミヤマネズにイソツツジが混生した群落である。このような風衝・少雪は土壌凍結をもたらし、ソリフラクションなど斜面の不安定化につながることがある。これらのことについては、梶本卓也・大丸裕武（2002）も述べている。秋田では、新しい火山の駒ヶ岳、鳥海山、非火山の真昼山地に高山植物群落が遺存するのは風衝・少雪による岩角地のほか土壌凍結による斜面の不安定化と関係している。いずれの山地にも周氷河地形が確認されている。オオシラビソに覆われる八幡平では積雪が多く消雪も遅いため土壌凍結はなく、畚岳の岩壁など少雪域に高山植物の逃避群落を造っているにすぎない。

2　丘陵・台地

　丘陵・台地は河川の堆積環境から下刻環境へ、さらに河成段丘の形成へ変動した（**表3.4**）。

表3.4　丘陵・台地の地形形成変化

区　分	最終氷期最盛期	現　　在	参　考
扇状地	• 山麓部に砂礫供給扇状地として後期更新世以降の堆積物丘陵・段丘面（横手盆地南部）	• 大部分は完新世で扇端湧泉群形成（横手沈降盆地中・北部） • 崖錐・沖積錐完新世初頭	
河　川	• 河谷の埋積進行し河床上昇	• 下刻、氾濫	貝塚爽平（1998）
段　丘		• 河成段丘形成	貝塚爽平（1998）

3　低　　地

　低地は海退・海進で沖積層は変動した（**表3.5**）。

表3.5　低地の地形形成変化

区　　分	最終氷期最盛期	現　　在	参　　考
沖積層	• 沖積層基底に河成堆積層の砂礫層	• 沖積層の厚さは、秋田平野で80m内外　埋設河道あり—先雄物川谷（藤岡一男、狩野豊太郎1966） • 秋田平野埋設段丘の存在（白石建雄、柴田豊吉1986） • 沖積層上に自然堤防、後背湿地、池沼が形成され海水面上昇により湿地順次上流部へ拡大	• 自然堤防の形成は、古墳時代以降の山地・丘陵の森林荒廃に伴う洪水堆積型（井関弘太郎1983）
	• 日本の泥炭質土層は、沖積泥層の下底に形成（井関弘太郎1983） • 日本沿岸平野の泥炭地は、6000年前より若い（阪口豊1989）	• 秋田平野の泥炭質土壌は、太平川・雄物川・雄物川旧河道から丘陵地まで広く分布（土地分類基本調査土壌1966）	
海退・海進と海岸	• 氷河性海面が100m低下により現汀線は沖合に後退 • 現在海面下の沖合にLost sand dune、後背湿地、泥炭（藤則雄1969）形成→富山湾の埋没林に関係	• 縄文海進は現海水面より2〜3m高いが、その当時は沖積層形成途上のため、汀線は現在よりはるかに内陸にあった。 • 固定砂丘とクロスナ層（砂丘に埋没した腐植土層）の形成	• 縄文海進は、氷床が大量に溶けた結果であり、温暖化は黒潮の流路変更との異説あり • 8000年前対馬暖流流入し、8000〜5000年前日本列島平均気温1〜2℃高い状態
	• 最終氷期の岩石海岸の波食台・海食崖は隆起で現海成段丘へ	• 現在の波食台と海食崖	

4 地殻変動・火山活動のイベント

　地殻の変動や火山活動イベントは、2011年の三陸沖巨大地震のようにわれわれの五感をはるかに超える非日常的な事件である。しかし、多雨気候の日本では事件のインパクトの大きさに比べ、植生の回復も早く植生が受けるダメージは限定的である。インドネシアのクラカタウ島も1883年大爆発をおこし生物が絶滅したといわれていたが、125年後島が植生でおおわれた。多雨気候では、植生の回復スピードも速いことを示している。

(1) 隆　　起

　• 非火山の真昼山地（1000～1440 m）は、横手盆地東部の隆起と激しい侵食の偽高山である。1896年陸羽地震（マグニチュード7.2と推定）が真昼山地直下で起こり千屋断層（3.5 mの変位）、岩手県川舟断層（西に2m変位）を生じ、真昼山塊で多数の斜面崩壊を起こした。

　• 1804年の象潟地震（マグニチュード7.3と推定）により古象潟湖（潟湖ラグーン）隆起（180 cmの変位）し陸化した。2011年3月に起きた東北地方太平洋沖の巨大地震（マグニチュード9.0）、巨大津波（40.1 m）は三陸沿岸に深刻な被害を与えた。また1983年の日本海中部地震（マグニチュード7.7）も津波がないと信じられていた秋田でも大きな津波被害を受けた。

(2) 火　　山

　• カルデラは十和田湖が有名であるが、一般にあまり知られていない大きなカルデラに沖浦カルデラ（十和田湖北部）、碇ヶ関カルデラ・湯の沢カルデラ（十和田湖西部）、玉川上流部に玉川カルデラがある。これらカルデラには、開析が進みカルデラ地形の特徴をとどめていないものもありわかりにくいという。カルデラ噴火は、巨大なものになると地球環境の一部に破局的被害をもたらす。

　• 日本でも有数の成層火山である鳥海山の山体崩壊は、約2500年前（B.C.466 光谷 2001）山頂部の崩壊により岩屑なだれを起こし由利原、仁賀保市低地を埋め、その堆積物で流山を形成した。しかし、山体崩壊の原因はよくわかっていないという。由利原には、岩屑なだれ堆積物からスギの巨木の埋もれ木が産出されている。

　• 降下火山灰・火砕流の影響が大きいのは、我が国有数の規模の十和田火山である。過去2回の大規模な火砕流噴火は、十和田湖東部の青森県十和田市、八戸市の広域にわたる大規模火砕流で植生は壊滅状態と推定されている。一方、915年の十和田火山噴火は火砕流から転化した泥流により米代川を流下し毛馬内—大館—鷹巣盆地の集落等を埋没させ、河口の能代平野までおよんだ。秋田では「シラス洪水」として知られていたが、壊滅的被害のためか記録に乏しく「八郎太郎の物語」として民間伝承されてきた。米代川流域周辺は、十和田火山起源の火砕流堆積物が河口域まで広く分布している。このため、流域には雄物川にくらべ湿原の分布が少ない。鷹巣盆地大野岱は湖成層であるが、現地形からは想像しがたく、離水が20万年も古いできごとである。

　• 2万1千年前、駒ヶ岳山頂北部山体崩壊し、岩屑なだれにより先達川にせき止め湖（鶴の湯南）を形成した。記憶に新しい1970年には噴火し、溶岩を流出させ県民を驚かせた。

　• 降下火山灰は、クロボク土壌、クロスナ層、土壌・湿原の酸性化、風化による粘土化、ポドソルの集積層の形成などに大きく影響している。これらの土層は、しばしば不透水層となっていて植生を規制している。

(3) 大規模地すべり

　岩手県側八幡平の大規模地すべりはアスピーテライン、樹海ラインから滑落崖や夜沼などの池沼群がよく観察できる。ちなみに丘陵地から山地の池沼の大部分は地すべり起源である。岩手県側の大規

模地すべりは、八幡沼南、茶臼岳南、松尾鉱山跡、険阻森などがある。一方秋田県側の大規模地すべりはふけの湯で、1973年のふけの湯温泉で再活動した。1997年には澄川温泉の地すべり（水蒸気爆発をともなった）があり、八幡平火山体の解体が進んできている。また隣県では、焼石岳、船形山、蔵王など大規模地すべり地がある。

　大規模な地すべりでないが、日本で著しく新しい褶曲山地である出羽山地一帯は、日本で最も高密度な地すべり地形といわれている。特に白神山地と丘陵地では由利本荘市である。ほかに奥羽山脈の真昼山地は、地すべり地形の多い地域である。なお、日本の地すべり地形分布図は、防災科学研究所NIEDによってWeb上で公開されている。

5　氷河性海面変動による男鹿半島の形成

　男鹿半島は、はっきりしないがおよそ200万年前から15万年前までは、もともと離島の「男鹿島」であった。その後1万年前に男鹿島は、八郎潟とともに陸上で繋がり半島になった（2万年前海面——100m、1万年前——数十m）。8000年前海面上昇により北が開き八郎潟は深い湾を形成する。6000年前の縄文海進時にはふたたび「男鹿島」となり八郎潟は浅い海となった。4000年前小寒冷化で海面が下がり前の時代海底に造った砂嘴が海上に出現し、しだいに八郎潟を形成した。2000年前砂嘴が発達し八郎潟が汽水湖になり、現在の男鹿半島になる（大潟村干拓博物館展示）。なお、男鹿半島を結び付けているのは完新世風成砂層が積み重なった能代砂丘と海岸線と平行な平列砂丘の天王砂丘である。また後期更新世から完新世には、潟の中央部を中心に著しい沈降地帯であったという（白石建雄1990）。

　氷河性海面変動による男鹿半島の成立史は、男鹿のフロラにも影響し奥羽山脈や出羽丘陵のフロラと意外な違いを生み出している。

BOX3.4

　男鹿半島のフロラの特徴について藤原（2000）の分布図によると、秋田にふつうに分布する次のような種を欠いている。

　渓流に多いサワグルミ、キハダ、ヤチダモ、サワフタギ、ネコヤナギ、ナルコスゲ、サドスゲ、タヌキラン、モミジカラマツ、オオバセンキュウ、岩壁や尾根に多いクロベ、コミネカエデ、エゾウラジロハナヒリノキ、アカミノイヌツゲ、マルバアオダモ、リョウブ、ウラジロヨウラク、イワナシ、イワカガミ、オオイワウチワ、崩壊地等に多いヒメヤシャブシ、ウダイカンバ、ノギラン、トウギボウシ、ショウジョウバカマ、オオバキスミレ、ツガルフジ、サンカヨウ等がある。このことは、地史以外に男鹿半島に開折の進んだ地形が限定され、渓谷、湿性の岩壁、なだれ地、崩壊地などの立地をほとんど欠いていることが大きく影響している。

　なお、男鹿半島のフロラの特徴は、望月陸夫の秋田県男鹿半島の植物（1966）に、大陸性気候の影響の大きかった時代との関係については、6.2.2.3で述べる。

4 群落の自律的秩序と分布パターン

　植物の世界に目を向けるとき、われわれは種の多様さや群落の多彩さに目を奪われ、植生は複雑な植物集団だと思い込んでしまう。ところが、身近な路傍の藪からブナ林までいろいろな群落をよく観察してみると、われわれは「群落はデタラメな種構成の存在でなく、植物相互が関連しあい自律的な秩序を保った存在である」ことに驚かされるであろう。長年観察していると植物集団を支配する秩序性は、われわれが考えるよりずっとシンプルな自律的原則に従っているのではないかという気がしてならない。

　植物は環境の制約を受けながら生物相互と関係し変化し続ける存在である。大切なことは、「過去から連綿として進化し続けているいろいろな種から構成され、ゲノムでつながる植物個体群の集合が群落である」と認識することである。「種が群れる」こと自体ゲノムに有利な集合形態で、群落はいろいろな種の集団が共存して群落ネットワークとして存在している。群落ネットワークの根底にあるのは、「群落のもっている構造および組成には相似性の自律的秩序（S. A. Kauffman 1995 の自己組織化self-organization が秩序の起源で、生命の起源や進化を解明しようとする概念——井庭・福原1998）」があることである。その秩序はしばしば撹乱によって部分的に破壊されるが修復され維持されている。しかし、限界を超えると崩壊し新たな環境に応答した構造・組成の自律的秩序によって再構成される。群落の分布パターンや移動・遷移はたえず種の相互関係に自律的秩序が作用して生じた結果である。

　種が進化していく過程でどのようにしていろいろな群落が形成され、あるいは滅亡して今日に至ったのかという群落進化史は今のところ応えることはできない。しかしながら、これまで過去の植生の変遷を明らかにするため花粉分析や大型化石群による植生史研究、最近では遺伝子レベルの分子系統地理学の研究成果が蓄積されて、氷期最盛期以降の植生は検討できる段階にきている。

　現存する秋田の植生を理解するためには、過去2万年間の気候的変動に対応して、どう応答して現存する植生に至ったのか、その過程で何が起きたのかを明らかにしていく必要がある。我が国は、氷河時代植生が南下することで多くの植物が絶滅することなく生き延び、今日の多彩な植生を維持しているといわれている。氷河時代に植生が南に逃れることができた中緯度地方の日本、中でも植生移動の経路に当たる南北に長い東北地方は移動を検討する上で重要な位置を占めている。秋田はまさにこのようなところに位置している。

　本書で述べる植生の移動とは、「気候の変動にともないネットワークとして存在している各群落が、異所的に方向性を持って応答すること」をいい、気候の変動とは、氷期—間氷期の交代のことをいう。植生移動は、気候変動がなく同所的に植生が変化する遷移とは異なる。気候の変動による移動は、個々の植物の移動能力、移動先の環境、移動前の植生の存在状態などで、移動する群落を構成する種がそろって動くわけではない。相観的に同じように見える群落でも、その種組成は現在と同じわけでなく群落の秩序に従って再構成されている。

　なお、移動（migration）は、もともと動物について使用されたものをClements（1922）が植物に拡張したといわれている（沼田真1953）。このこともあって、移動は異所的でありながら同所的な生態遷移

（ecological succession）と結びついている。また<u>本書では、移動先の群落内空間と群落外の攪乱域空間および植生交代時の残余植生residual vegetation の空白域に存在する空間をまとめて「生態的空白域ecological empty space」という用語を使用する。</u>

　ここでは、これまでの生態学の成果をもとに調査を通じて得られた知識・経験を基にして、温帯地域主体の群落形成に関わる一般則といってもいい秩序について私の考えを述べてみたい。しかし、この秩序原則は5で述べるネットワークのベキ乗則の形成要因であるが常識的レベルにとどまってしまい、より根源的で単純な明快さに至っていない。今後、若い熱心な研究者の活躍によって、複雑系やネットワークなど統合的な新たな概念で自律的秩序について深化させていくことを期待してやまない。

4.1　群落の構造および組成の自律的秩序

　地球上で起こった大陸移動、全球凍結、巨大隕石の衝突など過去のイベントを潜り抜けてきた生命体の本質は、進化という時間軸を持った連続性と関係性のネットワークである。このことこそが生物の特性であり、還元主義のツールだけでは解くことができない。このためには、MacArthur（1972）がいうように繰り返し現れるパターンを探し求めることを第一にしたい。さらにできるのであれば、そのプロセスとメカニズムの本質を探ってみたい。

　群落の構造と組成の自律的秩序は、群落の空間形成の秩序と進化史の組成秩序によって自己組織化された秩序である。

1　群落は、固着性の植物が環境に適応しながら持続する植物集団である

　植物は動きの速い動物と異なり細胞壁の存在のため運動性を欠き、生存のための中央司令塔を必要としない別の行動原則を持った生命体である。動物は種が同じであればほぼ同じ外部形態であるが、植物は同種であっても環境により外部形態の変化が大きい。この植物の可塑性や環境適応能力は、固着性の植物が多様で揺らぎのある環境と植物相互の関係で生存していくための必要条件である。交配や繁殖にも植物は、風、重力、水、動物などほかの手段に頼らなければならないことが多い。このため植物は、環境変化に適応した有性生殖sexual reproduction と無性生殖asexual reproduction のメタ個体群（局所個体群の集合）を形成し群落として持続する。

2　群落は、生育形集団として存在し群落の外観をきめている

　固着性の植物は、地球上ふんだんにある材料で光合成により自らの個体を造り、個体を維持するために蒸散システムを必要とする。植物はこれら個体形成・維持に適した植物個体の生活のため、外部形態である生育形（本書ではR. H. Whittaker 1975 によるgrowth form）となって現れる。しかも、地球上では植物の生育に適した温度・水分環境には偏りがあるため、植物種は温度や水分など環境に応答して、高木群落から草本群落まで環境勾配に沿い秩序だった生育形集団の群落を形成する。

　群落は異なった生育形の植物集団であるが、温度・水分・光条件に反応し同じような生育形集団に収斂（収斂進化convergent evolution という考え方がある）しやすく、垂直、水平方向に空間構造を作る。垂直方向は、群落の階層構造stratification と呼ばれ、そこで優占する種の生育形によって群落の外観がきまる。これを相観physiognomy と呼びA. v. Humboldt（1806）以来の群落の見方である。

　世界の植生類型を区分するとき使用する「群系——formation」は古い過去の考え方でない。熱帯林の群落体系化が事実上困難な現状では、今日でもフロラ的背景のまったく異なる植物区系を越えて、

地球全体の植生を相観分類するための必要な概念である。

3 群落は、内部に水平・垂直の空間構造を造る

　階層構造は植物が維管束という支持機構を持ちえたことにより造られたもので、光の減衰(Beer-Lambertの法則)に秩序付けられ、植物相互の関連性によって決められる。階層構造の高度に発達した森林では、地上部・地下部を含む階層空間容量(群落面積×群落高)が大きく、それだけ他種が入り込めるポテンシャルが高い。逆に草本群落では、階層空間容量が小さく他種が入り込むスペースは制限される。階層空間容量がすべて植物によって満たされないのは、外乱に対する抵抗性の保持と植物が生存のため不可欠な光の序列に従う必要があるためである。

　さらに階層別(温帯林の場合、高木─亜高木─低木─草本の4層構造)に空間容量を見ると、地上部で大きいのは高木層で草本層では小さく階層空間容量の逆ピラミッドを形成する。階層別に種数面から見ると、亜寒帯・温帯では高木層は少なく下層のほうが多い。一方、温度勾配に沿い亜寒帯林─温帯林─熱帯林の順に多層化していくのも、気候要因だけでなく地軸の傾きが関係した光の序列が大きく影響している。亜寒帯林では閉鎖林を形成しないで下から枝の付いたローソク状の針葉樹で占められるのは、高緯度では必要な光量・温度が不足して上層林冠閉鎖の多層構造を造れず、短い生育期間に白夜の斜光を利用しているためである。このことについては、すでに沖津進(2002)も述べている。

　階層構造の各階層の種個体の分布様式(集中分布、ランダム分布、規則分布)は、種によっても群落の成立後の経過時間によっても異なる。群落の内部を良く見ると、一様に分布している種は高木層を支配しているが、より下層の種はパッチ状に集中分布する種が多い。生存期間の長い階層空間容量の大きい高木層の種は気候や土壌によってきまる。しかし、生存期間が短く階層空間容量の小さい下層の種は地表面の細分された環境や光環境の偏りに対応するしかないためである。

　群落の水平構造を鉛直方向から見ると、群落は一様から一様でない偏った分布をする種が重層的に階層構造をなしている個体群の集合体である。群落はただ単に植物種のみによって構成されるのでなく、垂直的にも水平的にも階層空間容量の中で、空いた空間と一体となった存在である。群落などの動態を理解するためには、こうした見方が必要である。

4 自然植生の群落を特徴づける優占性は、環境の制限度合が大きく影響する

　温帯の多くの群落で上層を占める種群は、3種以内で構成されていることが多い。このため温帯以北では、群落の相違を外観で判断しやすくしている。この群落上層の空間を、特定の種が占めることを群落の種の優占性という。森林では林冠が斉一な閉鎖した亜寒帯林では純林化しているので優占性は明確であるが、不斉一な林冠の熱帯降雨林では優占性がないという気候的環境勾配が存在する。優占性は、固着性の植物特有の光と生育場所の独占により群落組成の大きな枠組みをきめるとともに、生産者としての地位を占める。この意味で優占種は、植物群落で最も影響力を持ち量的に支配し群落の安定性を持続させている存在である。この優占性は、環境の制限によって群落上層種群の優占度が左右される傾向にある。

　(1) 単独種優占性……単独種で群落の上層を支配する。厳しい温度・水分条件、豪雪など気候要因、特殊立地要因、他感作用allelopathy、季相、撹乱による先駆相などにより制限度合いが強く他種が容易に入り込めない環境に適応した種(適応できなかった種は入れない)は、優占群落を形成。

BOX 4.1

　永久凍土上のカラマツ林、岩礫地帯のハイマツ群落、豪雪地のブナ林、硫気孔原のヤマタヌキラン群集、湿原のフトイ群落、カサスゲ群落、帰化植物群落のクワモドキ群落、オオハンゴンソウ群落、遷移の先駆相タニガワハンノキ林、シラカンバ林等

---

　(2) 複数種優占性……数種類の種が共存して群落上層を支配する。温度・水分環境の制限度合いが中庸な多くの温帯林。

　(3) 特に優占性を持たない……多様な種が共存して上層を支配する。地球上で最も環境制限がない熱帯降雨林。

　これらの優占性は、(3)→(2)→(1)の順で環境制限度合いが強くなり、優占する共存種群がきめられる。優占性については、過去にニッチ先取り説（元村 1932 の等比級数則）など積算優占度論が出されたが、プロセスとメカニズムについては現在でもよくわかっていない。優占性の形成は、環境制限だけできまるのでなく、ジーンフローも深く関係した結果であることについては後で述べる。

　一方人為の強く働いた群落など撹乱を受けた群落では、群落本来の組成が不完全で、組成の不安定な初期相では持続性のない特定種の優占する群落が形成される。

　この優占性と関連して、植物社会学で優占種による分類が批判されるのは、優占種では群落の基本階級である群集が標徴種によって分類できないことによる。ヨシは、異なった立地でいろいろな組成の異なる優占群落をつくるため、優占種のヨシでは群落を区分できない。このような優占種は、上級単位で標徴種となることが多く、ヨシはクラスの標徴種である。

5 群落は、多様な種の共存を許し相互に関係した時間・空間構造に依存した存在である

　Malthus(1798)の「人口論」の影響を受けたDarwin(1859)の「進化論」は、長年にわたって生物学を支配してきたパラダイムであるが、近年ネオダーウィニズムはほころびを見せている。このパラダイムの群集生態学で最も重要視されてきたのは、生物個体の相互作用として「競争competition」である。

　「競争」は個体間の相互作用であるが、これまでの群落調査の経験から固着性の植物では「競争」でなく「共存coexistence」が基本的相互作用であると認識した方がより群落を理解できる。こうした見方は、「植物社会学は、種個体相互の共存・依存関係の学問である」と定義づけることを可能にする。

　(1) 自然性の高い群落では無秩序な競争はなく、光の秩序に従うため外乱に対して階層空間の空き容量（階層空間容量―植物体容量）に余裕を持ち、他個体と折れ合いや我慢をして存在している。「共存」は種の多様性と群落の持続性にとって必要条件である。

　(2) 被圧され枯死した個体は、他個体や次世代に必要な階層空間を譲り、共存体制を復元して多様性を持続させていく。

　一般に、共存は長期間動くことができない木本植物の基本選択で、木本―多年草―1年草の序列があり、草本になるにしたがい種関係は「共存」→「競合」→「競争」の面が現れる。「競争」は、あくまで室内実験や人工林など人為植生、撹乱に基づく遷移初期群落などで「共存」より強く現れるが、森林植生ではマイナーな現象である。

　通常「共存coexistence」は、もともと動物個体群の競争関係であるニッチ論で説明されているが、植物の場合、固着性のため動物と同じでない。ここで取り扱うニッチとは、R. H. Whittaker(1975)にもとづき「植物群落の階層空間内で植物種個体群は、ほかの植物種個体群と異なった時間・空間を利用し、生活資源や生活様式を分割してはめ込まれている」と理解する。植物群落の場合、ニッチは環

境と生活資源をほぼ共有しているので、共存は群落内の空間と時間の分割と見たほうがよい。一般的に森林では空間的分割、多年生草本では生活史による時間的分割（季相）が強く表れ多様化して共存している。

このように多くの植物は、その固着性から時間的、空間的分割による共存体制を築き、競争よりもうまく植物相互の折り合いをつけ群落を形成している。ところが、ニッチは、群落の環境、生活資源や植物の相互作用が変わればニッチも変化することになる。

ニッチ論は「有効な生態学の概念」といわれ動物個体群で発展してきたが、固着性の植物群落では実体を捉えにくく、Hutchinson（1957）の多次元空間だとすれば直接把握することもできない。しかも、植物種個体群に細分される要素還元的にならざるを得ないアプローチで、新たな成果が出せるかどうかみえてこない。むしろ植物群落の共存は、固着性による時間・空間構造を消費者から分解者まで含めた生物種個体群に提供し、生態系の中で相互依存性を多様化しているネットワークとみるべきである。また久保田康裕（2011）によると、ニッチ論の限界からS. P. Hubbell（2001）の「統一中立理論（群集を構成するすべての個体を同等とみなし、群集動態を個体の確率的な枯死と加入によって記述するモデルで、ニッチも差がなく同等）」が生物多様性パターンを分析する基本モデルになりつつあると述べている。

6 草本植物群落と森林植物群落は、本来異なった植生である

地球において陸域の占める割合の多い北半球では、適潤地域に森林植物群落が、過湿地・乾燥地・寒冷地には草本植物群落が広範囲に分布している。これらのことは、寒—熱、湿—乾に配分されている森林と草本植物群落の分布には、気候帯に対応したクラインが存在することを示している。

自然植生の森林は林冠canopyで光合成や蒸散作用によって維持され、それを長い幹や根系で支えている空間容量の大きい群落である。気候的極相の森林植物群落の下層では、木本植物（低木、稚幼樹、芽生え）が多く、草本種は耐陰性（多豪雪地では耐病性も）に適応できた限られた種となっている。このことは自然植生の温帯林だけでなく亜寒帯針葉樹林、熱帯常緑広葉樹林についても同様である。まさに森林は、木本植物が造る方向に進化した群落である。

着生植物の多い熱帯林を除いた温帯以北の森林植物群落の種の多様性は、下層の草本植物の入りやすさで決まる。森林植生が主体の湿潤な温帯地域の草本植物群落は、海岸、河川、湿原、岩壁、風衝地、雪田等に限定され、環境制限が強いか何らかの撹乱体制に依存した植物群落である。撹乱頻度の高い立地には、寿命が長く肥大生長する幹を持つ木本植物は入り込むことができない。

草本植物群落と森林植物群落は、陸上に進出した植物が気候の寒冷期や寒暖・乾湿の較差に適応し、草本と木本とに生活型life formを進化させていった結果である。

7 群落は、同質の環境であれば同じような系統を反映した群落を繰り返し再現する

生育形は、シダ植物、裸子植物、単子葉植物、双子葉植物のグループごとに外観が似た進化の所産である。群落は同質の環境に系統を反映した生育形の集団を造る。このことには、環境だけでなくゲノムに有利な集団化も関係している。

┌─ **BOX4.2** ───

① 亜寒帯林は裸子植物門 GYMNOSPERMAE（旧分類体系以下同じ）であるマツ科 Pinaceae の、冷温帯林は被子植物門 ANGIOSPERMAE である落葉のブナ科 Fagaceae の、暖温帯林は被子植物である常緑のブナ科の世界である。これらの植生帯をきめている森林は、大気候の支配する同質の環境下で、撹乱があっても同じ系統の同じ相観を持った群落に再現されていく。このことはすでに気候的極相として広く知られている。冷温帯林を構成する森林についてみると、水分環境の違いにより尾根などではブナ科の単葉植物群が、沢沿いにはサワグルミなど複葉植物群のように同じような生育形に収斂した群落が形成され、同質の環境下であれば撹乱があっても再現されていく。

② 土地的環境が制限されている群落ではどうであろうか。湿原やススキ草原では、外観上似たホソモノ（イネ科 Gramineae、カヤツリグサ科 Cyperaceae）生育形が支配しほかの群落と相観が明瞭に区分できる。さらに群落を構成する種についてヌマガヤ湿原を見ると、ヌマガヤ（イネ科）、ショウジョウスゲ（カヤツリグサ科）の常在度が高く、ショウジョウバカマ、キンコウカ、イワショウブ、ゼンテイカ、コバノトンボソウ、タチギボウシの常在度も高い。ヌマガヤ湿原に出現する種群は固有種が多く系統上単子葉植物網 MONOCOTYLEDONEAE で大部分を占める。つまり湿原は、基本として単子葉植物が造っている草本植物群落である。地球上では、植物の生存にとって条件の良いところは双子葉植物網 DICOTYLEDONEAE の多層社会によって占められ、単子葉植物による植物群落は乾燥や湿潤立地に追い込まれた結果だといえよう。みかたを変えれば環境制限の強い湿原は、風を利用（たなびく、揺れる、種子・花粉を飛ばす）できる生育形により、光合成と風媒花のメリットを十分受ける方向へ収斂進化した単層の植物群落である。

③ さらにシダ植物門 PTERIDOPHYTA は胞子の発生に水分が必要という制約のため、もはや同じ生育形集団が支配する群落形成能力を喪失している。このため森林の湿潤な下層や小型化していろいろな群落に分散し、従属して生きていくしかない存在となっている。

└──

　こうして群落は、地史的・気候的な変動に対応してダイナミックに種の組み替えを行ったり、種を分化させたりしている柔軟な植物個体群の集団である。日本列島の成立に関係する新第三紀から第四紀という地史的スケールでみると、群落は種の分化を起こしながら系統を反映した生育形集団として、種構成を変化させながら存続してきている。

　さらに、短い時間スケールの最終氷期—間氷期では、同じような環境であれば同じような生育形集団（相似の種構成であって、種が同一であるということではない）の群落に収斂する。この生育形集団の同一性は、フロラ、立地環境、群落構造の同一性によって組成の類似性をより明確なものにし群落を形成している。

8　群落は、進化史を背景に持つフロラの集合体として地理的空間に分布する

　群落の特徴は、組成の種群を属レベルで見ると良くわかることが多い。例えば、系統上もっとも進んだといわれているキク科 Asteraceae は、①亜高山風衝・高茎草原のアザミ属 Cirsium、トウヒレン属 Saussurea、②海岸風衝草原のキク属 Chrysanthemum、シオン属 Aster など撹乱を受けやすい立地に適応放散（adaptive radiation）したもので群落の特徴を良くあらわすことがある。さらに、上級単位のオーダー、クラスの標徴種になると属や科といったフロラの大群と一致してくる（鈴木時夫 1975）。吉岡那二（1973）も植物社会学の世界的分布域は、フロラによる地域区分と本質的には一致すると述べている。群落はフロラを育んでいる植生空間であるから一致するのは当然のことである。

　しかし、植生分布域と植物区系は相互に深い関連があるものの、現実のそれぞれの空間は、概念が

異なり完全に一致するものではない。植生分布域は、現在の気候や地形など生態的な環境に重点を置き、あくまでも標徴種に基づいた群集を基本階級にして群団・オーダー・クラスとヒエラルキーに基づく植生空間である。この植生空間は、この群落体系により現存植生図で示すことができる。植物区系は植生に比べ桁違いに長い進化史的背景と地史的背景を有する種を基本単位としながら属、科など高次の分類群から共通な分布域を区系としたもので、系統を重視している。このため植物区系の地理的区分の範囲は植生分布域に比べて明確なものでない。そのうえ、植物区系は細分されると研究者によって異なるし植生分布域と一致しなくなる。

4.2 植生の分布構造

　植生の分布構造を支配している気候要因と地形・地表要因（植物生育域と裸地を含む土地の表面）は、関連しあっているが本来それぞれ独立した事象である。このためこれらを包括した普遍的な植生の空間スケールは存在しない。

　それにもかかわらず地球上の同一気候帯では、同じような相観の植生が造られ気候要因とよく対応する。気候的極相の植生は、地形・地表の相違を乗り越え広域に分布し、気候に応答しているからである。この意味で植生の分布パターンは、気候変動に対応してきた歴史的できごとである。

　植生の分布について石塚和雄(1977)は、大気候に対応した気候的極相を植物群落の大分布(regional distribution)、この中で土地的極相や遷移途中相の分布は中気候以下のレベルに対応した小分布(local distribution)と呼んだ。また、Braun-Blanquet(1964)は、大地域的にみて植物社会は、「帯状」または「モザイク状」に配置されているとしている。すでに述べたように日本の地形はモザイク性に特色があり、日本の植生も地形を反映しモザイクパターンが広く分布している。

　植生の地理的空間は、生態的意味づけできる空間スケールでなければならない。このため石塚和雄(1977)のいう大分布の空間スケールとして気候的スケール(Climatic scale)、同一気候スケールの小分布の空間スケールとして土地的スケール(Physiograhic scale)に区分するのが適切である。こうした空間スケールの中に植生の分布構造は生じ、帯状パターン(Zonal pattern)とモザイクパターン(Mosaic pattern)に大別することができる。

4.2.1 植生の分布パターン

　植生の空間スケールとパターンは、**表4.1** のようにまとめることができる。

表4.1　植生の空間スケールとパターン

区　　分	A帯状パターン Zonal pattern	Bモザイクパターン Mosaic pattern
1気候的スケール Climatic scale	1-A： 大気候に対応した水平・垂直分布の帯状配列	1-B： 大気候に対応した水平・垂直分布のモザイク配置
2土地的スケール Physiographic scale	—	2-B1： 同一気候帯の中小気候下で、環境の異質性（気象・地形の複雑性）と撹乱に対応したモザイク配置 2-B2： 同一気候帯の中小気候下で、環境傾度に対応した帯状配列

1-A：成帯的で植生帯という。日本のように多雨環境では、森林帯ともいう。気候的極相で均質性と安定性のある群
　　　落を形成し、秋田で森林帯はチシマザサ—ブナ群団である。通常Gap更新で安定を保っているが、台風のよう
　　　な大規模撹乱があればモザイク化が進行する。垂直分布の気候的スケールは、大気候に対応した水平分布と相
　　　似の現象である。北東北の亜高山帯針葉樹林は1-Aでなく1-Bのモザイク配置である。
1-B：成帯的であるが生育形の異なった群落のモザイク配置。亜高山帯（オオシラビソ林）、偽高山帯、針広混交林など
　　　で、植生の不均質性と持続性をもっている。
2-B1：植生の発達が遅れている火山荒原、雪田など環境の異質性によるモザイク配置、および多くの遷移途上にある
　　　代償植生。いずれも撹乱が関与していることが多い。
2-B2：帯状配列は、池沼の水分勾配のように、環境傾度に沿った帯状群落である。土壌学でいうカテナcatenaに相当
　　　する。一般的に帯状配列は撹乱を受けやすく、砂丘植生のようなモザイク配置やツルヨシ群集のように帯状の
　　　連鎖状配置になりやすい。これらの群落は土地的スケールの帯状パターンともいえるが、規模・連鎖の分布実
　　　態からいってモザイクパターンに含めるのが適切である。
　　　　なお、大気候・中小気候等の用語は吉野正敏（1986）、Physiographicは地形的Topographicと土壌的 Edaphicを
　　　あわせた用語である（石塚和雄 1977）。

4.2.2　水平分布と垂直分布は異なる植生空間

1　地理的スケールでみた水平分布と垂直分布の違い

　植生の水平分布と垂直分布は温度勾配で見ると並行的現象と見なされがちだが、地理的スケールの
大きい球体としての地球で起こることと地域的に起こることとでは大きな違いがある。
　植生の水平分布は秋田県内では同じであるが、植生の垂直分布が相違していることは誰でも理解で
きる。地理的に見ると、垂直距離100 mは水平距離100 kmに相当するといわれ、植生の垂直分布の
温度勾配は急激である。例えば、鳥海山の高度2000 mは、水平距離2000 kmに相当しカムチャツカ
半島に達する。複数の植生帯が狭い地理的空間に存在する垂直分布帯は、植生移動のもっとも良い
フィールドである。
　その相違点・特徴を渡邊定元（1994）、高橋英樹（2000）、大澤雅彦（巌佐庸ほか2003「生態学事典」）を
参考にまとめると**表4.2**のようになる。

表4.2　水平分布と垂直分布の相違

区　　　分	水　平　分　布	垂　直　分　布
温度勾配	●緯度的太陽入射角の低下	●断熱膨張による低下
気候の年変化	●気候帯によって異なる 　- 熱帯　　ない 　- 温帯　　四季 　- 寒帯　　短い夏、長い冬二季 ●日長　長い→短い	●同じ気候帯の年変化 ●標高・消雪時期によって生育期間制限 ●日長　同じ
乾湿度のあらわれ方	●蒸散量の多い熱帯から少ない北方域 　→湿性化し湿原が多くなる	●標高によって雲霧帯を形成 　→垂直分布帯に大きく影響
気候変動時の移動空間 ・移動スピード	●移動面積・距離は広大 ●移動スピード速い（散布体能力）	●移動面積・距離は狭小 ●移動スピードより環境適応能力

2　垂直分布帯のモザイクパターン

　温度勾配にそった植生の垂直分布帯は、相観的に明瞭な植生帯区分を示している。秋田の山地帯は
帯状パターンのチシマザサ—ブナ群団で占められるが、亜高山帯の山岳ではモザイクパターンの植生
である。特に高山植物群落が、亜高山帯の植生の中に遺存分布しているのが大きな特徴である。
　これらのことが生じたのは、次のような要因（Box4.3）で環境が細分化されたゾーンに群落が対応し
ているからである。

┌─ BOX4.3 ───
　山地帯から山岳高度が上昇するにしたがう気温低下と環境変化
　① 斜面の不安定、土壌形成の遅延・欠如、② 積雪分布の偏在、雪圧・雪崩の物理的作用の頻度増大
　③ 降水量の増大、浸食頻度の増大、④ 風速の増大、⑤ 雲霧帯の形成、⑥ 紫外線の増大
└──

4.3 種の多様性に大きな役割を果たしている植生のモザイクパターン

4.3.1 モザイク群落とは

1 群落パターンとしてのモザイク性の意味

　ここでいうモザイクパターンとは、高木群落、低木群落、草本群落などの生育形集団が、①同一生育形集団であるが異なった群落、②異なった生育形集団の群落、③生態的空白域の部分のいろいろな組み合わせで、植生空間に混在配置していることをいう。

　モザイクの群落は、群落境界が隣接群落と多く接するので種の移出入や変異を起こしやすいパターンである。モザイク植生は、空間スケールのレベルに対応して群落内部の個体群のモザイク性→群落間のモザイク性→成帯的植生（偽高山帯、推移帯）のモザイク性のように入れ子的重層構造をとりやすい。モザイク性は、環境の異質性を基盤に撹乱やストレスのある地球上の植生の基本的パターンで、種の多様性に大きな役割を担っている。

2 撹乱や環境変化によってモザイク性は変動

　（1）撹乱の規模と頻度によってモザイクの植生パターンは変動する。撹乱規模が小さいときは、群落の後退―復元などのモザイク化がある。例えばハイマツ低木林が枯損し後退した部分にガンコウランなどの矮生群落→遷移により再度ハイマツ低木林に復元するサイクルが知られている。火山噴火のように大面積の無植生が生ずる大規模撹乱では、隣接群落や近傍の周辺群落からの侵入により遷移が進行しモザイク化する。ところが、噴火を繰り返す火山では、規模・頻度によってモザイク群落は変動が大きいが、持続することがある。

　（2）環境の変化によってモザイク化は変動する。例えば、ヌマガヤ群団の乾燥化によりミヤマカンスゲ―チシマザサ群集の拡大など亜高山帯ではモザイク化は隣接相互の群落間で変動しやすい。一般に環境の異質性の大きい亜高山帯では、モザイクパターンの植生となる。

3 気候的変動や土地的変動は、新たなモザイク群落を生成

　気候的変動スケールの植生帯の交代や土地的変動スケールの遷移等で、帯状パターン、モザイクパターンともに新たなモザイク群落を生成する。長期的に見れば、これらの変動が種の多様性を保持してきた最大の要因である。その生態的プロセスとダイナミックスをまとめたのが**表4.3**である。これらについては、項を改めて次項以降で述べる。

表4.3 モザイク群落の生態的プロセスとダイナミックス

植生の空間スケール	生態的プロセス	モザイク群落のダイナミックス
気候的変動スケール →4.3.2 →4.3.3	大気候の変動は大分布の長期的プロセスで、群落の縮小・分断から遺存・逃避によるモザイク化	• Relict community 遺存群落(同所的) • Refugia　community 逃避群落(異所的) 総称して島状地の群落 Island form communities という 図4.1
土地的変動スケール →4.3.4	土地的変動は小分布の短期的プロセスで、撹乱から遷移、侵入によるモザイク化	• Successional community 遷移系列上初期から極相の遷移群落(同所的) • Advanced community 隣接気候帯に侵入した前線群落(異所的)

(注) 地理的空間が小さい不連続な我が国の各山岳地域間によく使われる表現の「島」は、垂直分布帯の亜高山帯以上の山岳を指し、気候的スケールのモザイクパターンの群落を包括した植生帯の視点からの用語である。いわばブナ林の樹海に浮かんだ不連続な亜高山帯以上の山岳を「島」と呼んだものであり、ここで述べる「島状地」と異なる。

4.3.2 気候変動が造る島状地の群落形成プロセス

　我が国に島状地の遺存・逃避群落が多く残っているのは、① 複雑な地形など異質な環境と撹乱が多い、② 第四紀の各氷河時代の直接影響が少ない、③ 中緯度で南北に長く気温差が大きく各気候帯の群落の多様性が大きい、④ 日本海の存在によるマイルドな気候による古い植物群の温存、⑤ 日本は島国であるが列島周辺地域との過去の接続・分離などである。これらの各条件を満たした場所は地球上に限られた地域しかない。今後我が国で調査が不十分な地域の植生がより明らかになってくれば、日本列島は世界的に見て気候変動による島状地の群落を多く残している最も重要な植生地域のひとつであることが判明する可能性が高い。

　気候変動による島状地(遺存群落と逃避群落)の形成プロセスを示したのが**図4.1**である。

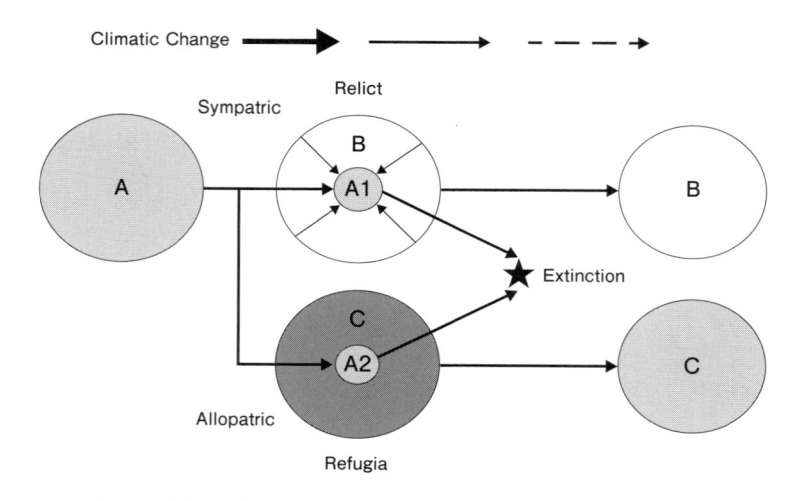

図4.1 気候変動によって起こる遺存・逃避群落形成のプロセス

1 遺存群落A1 Relict community

　図4.1のA群落が、気候変動により分布拡大してきたB群落に圧迫を受けて同所的分布圏域の中で縮小したA1群落をいう。A1群落では、A群落構成種の脱落や別の群落構成種の移入が起こる。さ

らに圧迫を受ければA1群落の主要構成種は絶滅し、全体がB群落に置き換わる。

BOX4.4
- 日本海第1線帯のコメツガ(青森県岩木山・尾太岳、秋田県森吉山・鳥海稲倉岳など)、カラマツ(宮城県馬の神岳)。
- 蛇紋岩・石灰岩地帯では、固有種や遺存種、さらに群落の構成種の中には蛇紋岩変形を受ける。アカエゾマツ(岩手県早池峰山)。
- 遺存群落に裸子植物が多いのは、北方林の後退と系統的に古い種群が被子植物に追い込まれているため。
- ブナ帯上部の岩峰に分布するイワヒゲ、ミヤマダイコンソウ、タカネバラなど。
- 種レベルの隔離には、生態的隔離(Ecological isolation)と生殖的隔離(Reproductive isolation)があるがここで述べる遺存群落と同義でない。

2　逃避群落A2　Refugia community

　図4.1のA群落が気候変動により圧迫を受け異所的なC群落の生態的空白域へ逃避したA2群落をいう。逃避にともない群落構成種の脱落や別の群落の種の移入、ときに種分化を起こす。さらに圧迫を受ければA2群落は絶滅し、全体がC群落で占められる。

　岩礫地や岩壁など種の侵入が制限される植被の少ない立地は、代表的な逃避の場である。

BOX4.5
- 岩壁地への逃避(チングルマ、シロウマアサツキなど)
- 風穴岩塊地への逃避(コケモモ、イソツツジ、オオタカネバラなど)
- 噴気荒原への逃避(シラタマノキ、ガンコウラン、ミネズオウ、イソツツジ、コメススキなど)
- 氷河時代低地への逃避(ブナ、スギ、ヒノキアスナロなど温帯性植物)

4.3.3　島状地群落の機能

1　島状地の群落が保持している多様性

　島状地の群落は、岩壁、風穴、硫気荒原、湧水地、湿原など多くの箇所に存在している。これらの立地はしばしば特殊視されるが、けっして局所的に限定された群落分布を意味するのではない。気候変動スケールで見ると通常の植生のダイナミックスとして島状地の群落を捉えることが必要である。

　つまり規模の大きな群落は気候など環境が大きく変化すれば、新たな群落の進出で分断され島状地の群落を形成する。この島状地の群落は、構成種の組み替えやキク科のように分化した種による群落に変異し存続する。一転して群落にとって環境が有利に変化すれば、この島状地はいつでも多発的に分布を拡大するといういわば「芽」としての機能を持っている点である。この島状地の群落のフレキシブルな存在があるからこそ、遺存・逃避群落は種の多様性を保持する上で大きな役割を果たしている。

　ダイナミックな気候の変化に種や植生が対応していくためには、地理的空間に拡大分布していく拠点を多数持ちえるかどうかがキーポイントである。この点が氷河に被われ氷河以前の植生を失った中部ヨーロッパ以北やカナダなどの植生と異なる点である。

2 島状地の群落からの放散

現在広域的に分布する種はもともと過去の気候帯の島状地の群落に押し込まれていた種が多く、環境の変化（自然・人為）により多発的に放散拡大している。氷河時代、島状地の群落であった低地のブナ林は、現在帯状パターンを形成し山地帯に拡大放散している。

島状地の群落となった種は、環境の変動に対してストレス耐性の閾値の幅が広い。例えば、太平山地のチングルマなどは、山頂域には分布せず低海抜の岩壁に分布している。最終氷期に低海抜高にまで分布域を拡大したチングルマなどは、より温暖であった縄文海進時代にも絶滅することなく現在まで低海抜で存続している。このことは気候の変動があっても、長期間にわたり耐えてきた種群が存在することを示している。

一般に植物の温度適応力は、温暖化に対して許容で寒冷化に対して鋭敏に作用する傾向がある。よほどの温暖期でなければ自然植生域の種は簡単に絶滅しない。このチングルマも将来寒冷という気候的な変動時代を迎え、生態的な空白域が生ずると拡大放散していく。

BOX4.6
- 太平山地の太平山（1170 m）馬場目岳（1038 m）山頂域にチングルマの分布が未だ確認されず、周辺域の各岩壁に分布している。特に、山地北部の岩壁では、海抜230 mでチングルマ、ムシトリスミレ、オオバツツジ、オオコメツツジ、イワショウブ、ミヤマナラなどが分布する。

氷河時代に広い範囲に分布していた高山植物も、現在低海抜高の山岳では植生帯の上昇にともない岩壁・岩礫地など限定された環境に追われ島状地の群落として残っている。こういった種群も寒冷時代が到来すれば森林が後退し、凍結融解により土壌が浸食された岩礫地にふたたび拡大放散していく。

BOX4.7
- 大仏岳（1167 m）頂上までブナ林に覆われている。頂上域の風衝岩峰にタカネバラ、ミヤマダイコンソウ、イワヒゲなど分布。沢沿いにウラゲキヌガサソウが分布。
- 甲山（1012 m）尾根までブナ林。風衝岩峰にコメバツガザクラ、ガンコウラン、ユキワリコザクラ、エゾツツジ、ミヤマダイコンソウが分布。
- 丁岳（1146 m）頂上までブナ林で覆われている。岩壁地には、ホソバコゴメグサ、コケモモ、シコタンソウ、タカネナデシコが分布。

4.3.4 土地的スケールのモザイク群落

現存植生の土地的スケールのモザイク群落の多くは、遷移途上と土地的極相の群落である。遷移については、Clements（1916）の単極相説、Tansuley（1935）の多極相説、R. H. Whittaker（1953）の極相パターン説等があり、多くの良書があるので専門書に譲りここでは取り上げない。遷移は概念であり、要は気候変動が起こらないという前提で群落の多くは「撹乱を起点として時間的方向性を持った同所的な動きである」とここでは単純に理解しておくこととする。ただ遷移で気をつけなければならないことは、高山帯や岩壁植生の遷移である。厳しい環境の群落は、ほかの種が入りにくく遷移の進行が阻止され持続する点である。このため岩壁植生は、逃避や遺存の場となりやすい。これに関連して伊藤浩司（1984）は、「高山植生の消長はサクセッション理論で解くことはできない」と指摘している。

ここで取り上げるのは、遷移系列上の代償植生と呼ばれる群落でなく、土地的スケールの持続性のあるモザイク群落について述べる。

1　撹乱によるモザイク群落

　撹乱によって生じた河川、池沼、火山荒原、雪田などのモザイク群落は、草本・低木・高木林まで含めた全群落数の大部分を占め、撹乱の多い我が国の普遍的な植生パターンである。これらの群落は、撹乱圧が一定(規模・頻度)であることが多いため変動しながらも持続しやすい。

BOX4.8
- 河川、湿原、池沼、火山荒原、雪田、風衝地、雪崩地、崩壊地、湧水地(主に草本群落)
- 渓谷、河辺など撹乱地(主に森林群落)

2　前線群落　Advanced community

　気候に対応した植生帯 vegetation zone(水平・垂直)にある群落が、隣接する植生帯に進出した前線基地(Advance base)の群落をいう。植生帯の限界域の群落のため、気候の変化に左右されやすい群落である。ブナクラスと接するタブ群落、ヤブツバキ群落や亜高山帯のブナ低木群落は、前線群落である。これらの群落は気候の変化が有利に作用すれば、群落の拡大拠点となる。

3　人為の影響域での自然に近い群落の残存

　人為の影響によって取り残された自然植生や自然度の高い代償植生。周囲の人為の影響がなくなれば、群落の拡大拠点となる。

BOX4.9
- 自然に近い植生の多い都市域の公園
- 水田や二次林に囲まれた自然植生が残されている社寺林

5　ネットワークとして存在する群団

5.1　生態系Ecosystemは地球上でもっとも巨大なネットワークである

　生命体の本質はゲノムの連続性と生物相互の関係性にあり、生態系は地球上で最も複雑でかつ巨大なネットワークであるとみられている。個々の植物はこのネットワークに依存して存在し、生態系の基礎的生産を担い、広く地球の表面を覆っている。生態系ネットワークは、地球史上生じた数多くの気候変動やイベントによって縮小・拡大、部分消滅・絶滅などの変動を繰り返しながらも、種を進化させてきた生命体の最も基本的な属性である。

　生態学においてネットワークとして研究されてきたのは、「食物連鎖food chain」がよく知られているが、植生学の立場から見るとサクセッションの遷移系列sere、いろいろな植生の分類体系、群落の類似度による群落の配列なども一種のネットワークと見なせる。これらは、群落相互の関係に対する視点の相違であって、いずれも生態系ネットワークの部分ネットワークである。

　A. L. Barabási(2002)は、20世紀の科学研究の要素還元主義が、複雑性の分厚い壁に突き当たっている現状から、次なる科学革命はネットワークの科学であるといっている。

　一般にネットワークとは、「節点(ノード)と経路(リンク)からなり流れのあるもの」をいい、電線網やインターネットがよく知られている。近年話題の多い複雑ネットワークcomplex networksでは、ランダムネットワークrandom-network(リンクの指向性がなく、規則性もなくランダムに張られているネットワーク)、スモールワールドネットワークsmall-world-network(ノードの塊が存在すること、少し離れたノードへの近道が存在すること、クラスターが存在する)、スケールフリーネットワークscale-free-network(膨大なリンクを持つノードとごく僅かなリンクのノード)などのモデルが構築されている。

5.2　群団間のネットワークが造りだす植生の空間パターン

　群団をネットワークとして捉えることにより、植生の空間スケールに応じて、種レベルから植生帯レベルまで統合的にネットワーク上で明らかにすることができる。群団間のネットワークは組成と構造でつながり、気候変動により制御されている。この群団間ネットワークは集合体を形成し、植生の地理的空間パターンを造りあげている。ただし、このネットワークは、その膨大さと複雑さからレベルを限定する必要がある。このため本書では、広域な植生分布を検討する基本単位として群集・群落レベルでなく、明確なまとまりを示す「**群団**」レベルとしている。

　群団間のネットワークは、ジーンフローに依存し自律的秩序により造られており、これらの関係をあらわすと**図5.1**のとおりとなる。

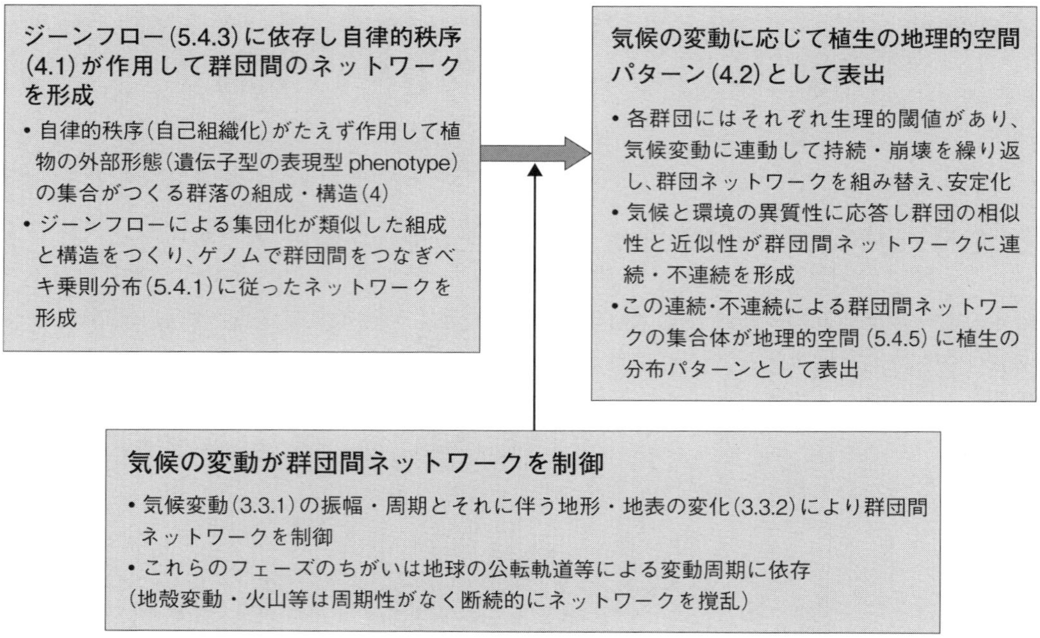

図5.1 気候変動に応答して群団間ネットワークが造りだす植生の地理的空間パターン

（注）この変動で大きな振幅を生み出しているベースは先のミランコビッチサイクルで、10万年周期の地球公転軌道（離心率）、自転軸の傾き、歳差運動、地表に到達する太陽エネルギーが変動する周期をいう。ほかに太陽活動の変動があり、群団間ネットワークはこれらによる合成された変動周期に制御されているとみることができる。

5.3 自然植生における種の順位は、対数正規的分布である

5.3.1 自然植生の種の出現回数の順位は、対数正規的分布である

　Appendix Ⅳの統合群団常在度表（本書添付CD-ROM参照）の自然植生35群団について、出現した種の出現回数順位は、**図5.2**のとおり対数正規的分布となる。

　この出現順位曲線は、R. H. Whittaker（1975）にある「優占度―多様度曲線」の対数正規分布パターンと類似している。優占度―多様度曲線は、個体群生態学、群集生態学の視点で群集の「種類」と「個体数」を用い、個体数の多いほど（普通種）種の順位が高く少ない種（希少種）は低いことを示し、自然群集の種の優占度を表している。この優占度―多様度曲線についてR. H. Whittaker（1975）は、今のところ単なる記述の域を出るものでないとした。その後紆余曲折を得てS. P. Hubbell（2001）は、生物多様性学と生物地理学の統一中立理論の理論的アイディア授けてくれたのが、この優占度―多様度曲線であったと述べている。この中立理論は、ニッチ論が主流の群集生態学にあって革新的な理論で重要な仮設といわれるが、正しく理解するには数学の素養を必要とし、私には取り組みにくい。今後、この中立理論とニッチ理論の統合が望まれている。

　これに対して出現回数順位曲線は、優占度―多様度曲線の群集レベルの種類と個体数の関係と全く異なり、自然植生全体の植生空間における種の分布状況を表している。

　一地方であっても植物の分布は一様でなく、普通に分布している種（多くの群団に出現する種）は意外なほどに少ないなど、フロラに地理的分布構造が存在することを示している。

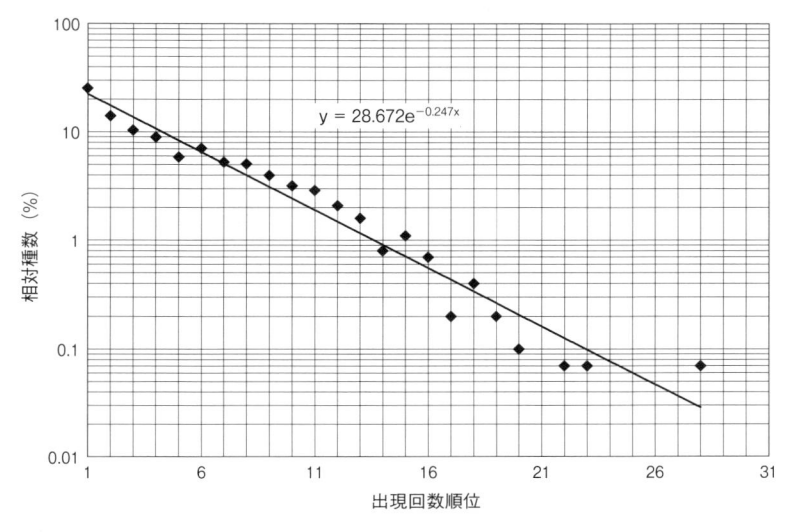

$$y = 28.672e^{-0.247x}$$

図5.2　対数正規的な群団出現回数順位曲線

- Appendix Ⅳの統合群団常在度表のもとになった表で、常在度「r」を除外しない自然植生35群団に出現した種（調査 Aufnahme 数3060箇所・出現種総数1347種——2009年時データベース）の出現回数順位曲線である。右に行くほど出現回数が多くなるが該当する種は少なくなることを示す。35群団に出現回数の多い種は、28回（ショウジョウスゲ）、23回（ススキ）、22回（タチギボウシ）であった。なお直線はデータを対数変換して直線近似した近似曲線で、統計関数式はその近似式である。
- 代償植生および自然植生のうち水生植生、ヨシクラスの一部、砂丘植生、ヤブツバキクラスなどは除外している。

BOX5.1

　S. P. Hubbll（2001）も述べている希少種—普通種の分布は、古くから生態学で統計関数として議論されてきている。元村（1932）の等比級数則（ニッチ先取り説ともいう geometric series）、Fisher（1943）の対数級数則（logarithmic series）、Preston（1948）の対数正規則（lognormal distribution）、MacArthur（1957）の折れ棒モデルなど活発な時代があった。ところが、最近、渡慶次睦範（巌佐庸ほか2003「生態学事典」）やS. P. Hubbell（2001）が取り上げるまでは停滞気味になっていた。希少種—普通種は、単に群集レベルの種類の個体数の関係でなく、自然植生全体の中で群落と対応した分布が基本となるべきである。こうすることで多くの群団に出現する普通種は、絶滅の耐性が高い存在であることが明らかになり、種の保全を明確にすることができる。種の保全は群落の保全であり、群落の環境・規模・分布・構造・組成をネットワークから検討する必要がある。

　（1）Appendix Ⅳの統合群団常在度表の自然植生（35群団の出現種）における植物の分布は、1回出現種がもっとも多く全体の25.4％を、3回出現種まで含めると全体の半数を占め、多くの群団に分布する種は少ないことがわかる。つまり、偏って分布する種が多く、表面的にはZM派の植生分類の根拠となりうる。しかし、1回出現の種の常在度ランクは原データ（Appendix Ⅳに常在度ランクrが入る）を見ると、r（群団に5％以下の出現回数ランク）が1回出現種全体の8割を占め群落区分種としては限定される。他方、出現回数が少ない種が多いことは、異なった群団間のネットワークが不連続になりやすく、群団に特定のまとまりのフロラが造られ、存在していることを示唆している。

　（2）この出現回数順位曲線をきめているのは、原データを階層別に見ると、その8割を占めるのは草本種である。小さな個体の草本種は、制限の強い特定の環境や森林と草本群落の構造の相違が影響し、細分された特定の空間を選択しているのがわかる。

　（3）これらのことから見て、「出現回数順位曲線」は、4で述べた群落の自律的秩序やジーンフローと関係する曲線の可能性があるがよくわかっていない。群集生態学の方法論は個体数（種によってカウントが難しい）と種類が基本のため、数多くのデータを広域に植生の相違を考慮して集めることは困難で、地理的空間スケールの分布の検討は植生学を利用するしかない。

5.3.2　自然植生の群団の常在度ランクの分布は、対数正規的分布である

　自然植生 35 群団の出現した全種の常在度ランク別の分布は対数正規的分布である。**図5.3**のとおり常在度ランク「**r**」が圧倒的に多く占め全体の57％および、群落区分できる常在度Ⅲ・Ⅳの件数は、わずかに5％弱の326件にすぎない。群団レベルのネットワークにおいて常在度ランクの特に低い「**r**」の種は、群団間ネットワークの結びつきにほとんど関係していないことがわかる。

　群落を構成している種の分布は、どの群団にも分布するのでなく大きく偏在して分布していることがわかる。このことは、種の分布を常在度にまとめ常在度順に並べたので、5.3.1 で述べた同じデータソースの出現回数の順位より明瞭に現れるのは当然のことである。

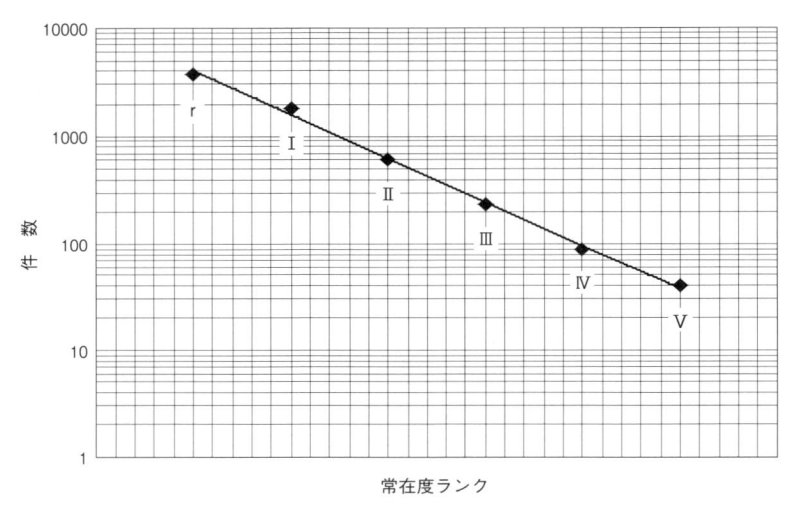

図5.3　常在度ランク「r」を含めた統合群団常在度表の常在度ランク別分布
（常在度ランク全件数6526件）

5.3.3　群団内部のネットワークは、多重性と独立性を持っている

　植物種の存在は群落を離れて存在しないので、群落を分解した個体群レベルの「つながり」はここでは取り上げない。また、群団の下位単位の群集・群落間のネットワークについても、群団の下位単位数が少ないことが多く草本群落などに限定されてしまうため検討しない。群団は、個別性のあるまとまった構造と組成の植生単位なので、「群集・群落単位」でなく「群団単位」がネットワークを検討する最も適切な単位である。

　群団内部のネットワークは、同じ群団に所属する群落・群集の共通種（標徴種および区分種）の相互作用であることから、スモールワールド性を持つネットワークである。

1　群団を構成する種群は、ほかの群団の種群と関係し多重化している

　Appendix Ⅳの統合群団常在度表を見ると、各群団とも群団要素以外に他群団の要素が入って群団

を構成していることがわかる。例えば、Appendix Vの群団連関表のチシマザサ―ブナ群団246(要素値以下同じ)では、次の群団要素が流入(inflow)して構成されている。

チシマザサ―ブナ群団には、サワグルミ群団44、オオシラビソ群団16、ヒノキ群団14、エゾイタヤ―シナノキ群団12、ハルニレ群団8、ミヤマナラ群団4と結びついて多重化しているのが特徴で、それぞれの群団のサブネットワークとして、この群団に従属している。

また、ヤチダモ―ハンノキ群団に分布するヨシクラスの種は、ヨシクラスのネットワークから見るとヤチダモ―ハンノキ群団とリンクすることになるが、湿性のヤチダモ―ハンノキ群団にヨシクラスの類似環境があるためで、ヤチダモ―ハンノキ群団に従属したヨシクラスのネットワークとなっている。

2 群団の独立性は、チシマザサ―ブナ群団で高く、ウラジロヨウラク―ミヤマナラ群団で意外なほど低い

群団に多重性が存在することから、各群団自身はどのくらい他群団から独立性を持っているのであろうか。このためAppendix IVの統合群団常在度表から当該群団要素値全体(T)に占める群団自身の要素値(A)の割合(%)と全群団に対する相対度数による群団の独立性を見たのが**図5.4**である。

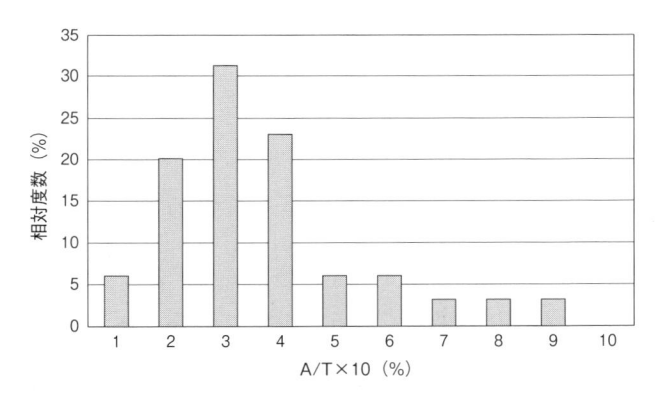

図5.4 群団の独立性

この図で独立性の高い群団は、順(X軸右から)にタカネスミレ―ヒメイワタデ群団、ホソバノヨツバムグラ―大型スゲ群団、イワキンバイ群団、アオノツガザクラ群団、チシマザサ―ブナ群団である。多豪雪地の極相をなすチシマザサ―ブナ群団と限定された環境に分布する群団の独立性が高い。

一方、独立性の低い群団は、低い順(X軸左から)にドロノキ群団、シロヤナギ―コゴメヤナギ群団、ネコヤナギ群団、ウラジロヨウラク―ミヤマナラ群団、タチヤナギ群団であった。意外なのは、撹乱の多いヤナギ林と同じグループにウラジロヨウラク―ミヤマナラ群団が入っていることである。これらの群団は、撹乱による不安定さで移動または持続している群団である。

この群団の独立性を表わす**図5.4**のヒストグラムは、右のすその長い正規分布と見なすと、平均31.5、標準偏差17.9で、各群団は多重化しているため独立性の低いほうに偏って分布している。

3 各群団の要素値の順位は、対数正規的分布をしている

各群団を特徴付けている要素値(群団自身の要素値)の順位がどのような分布をしているのかを示したのが**図5.5**である。

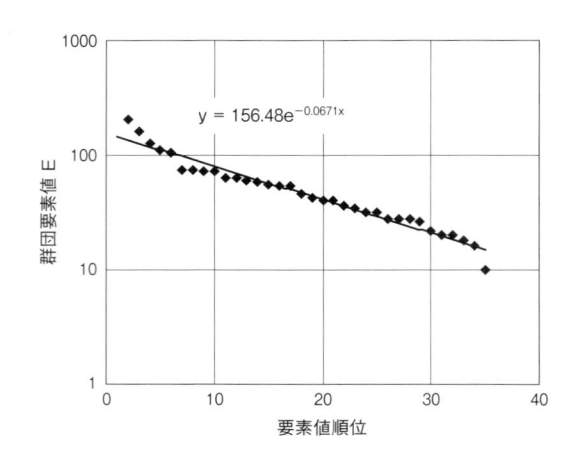

$$y = 156.48e^{-0.0671x}$$

図5.5　群団要素値の順位曲線

　図5.2と同じように対数正規的分布である。要素値の大きい群団は、チシマザサ―ブナ群団(E246)、サワグルミ群団(E204)、エゾイタヤ―シナノキ群団(E164)、ハルニレ群団(E128)、ヤチダモ―ハンノキ群団(E112)、オオシラビソ群団(E106)で、いずれも空間容量の大きい森林系の群団でチシマザサ―ブナ群団は最大である。要素値20以下の少ない群団は、オギ―ヨシ群団、ドロノキ群団、タチヤナギ群団、シロヤナギ―コゴメヤナギ群団、ネコヤナギ群団で撹乱の多い河川沿いのヤナギ林であった。

5.4　自然植生における群団間のネットワークは、ベキ乗則にしたがった分布である

　ネットワークに関しては、今では古典的になってしまったが、共通係数に基づいたBraun-Blanquet(1964)が取り上げているDE VRIES(1954)によるオランダ草原群落の種の相互関係図やDavid W. Shimwell(1971)による石灰岩草原10群集間の網状構造図がある。我が国では、石塚・橘・齋藤(1972)による共通係数を使用した鳥海山の風衝―雪田植物群落の環境勾配に沿った群落配列図がある。これらの事例は、種レベルでも群落レベルでも植物種は相互関係のネットワークを形成することを示している。さらに大切な点は、群落をネットワークとして捉えることにより、分類法classificatory approachのZM派(hierarchy)と網目系の英豪派(reticulate system)の統合の道が開けることにある。

　群団間ネットワーク視点からは群落が基本のため網目系の英豪派が最もなじみやすいが、この群落を群団(ZM派のヒエラルキー化)にまとめることは群集が明確であれば容易なことである。近年、英豪派では、Rodwell編集のBritish National Vegetation Classification(Rodwell 1995)で、シノニムsynonymyにZM派の群集名が採用され、いまや基本単位の群落は群集とほぼ同義であると見なしてよくなっている。ネットワークを検討するには、ZM派のヒエラルキー分類体系(hierarchical system)を英豪派の網目系(reticulate system)に、群団レベルで再編する必要がある。

　これから述べる群団間のネットワークの考え方は、これまでの体系を単にネットワーク論に置き換えたのではなく、これまでの植生学に新たな方向性を与えることにある。

5.4.1 群団間のネットワークは、スケールフリーネットワークである

1 群団間のネットワークを捉える

群団間のネットワークとは、「ノードを群団とし、リンクを群団間相互の共通種、流れを群団と関係群団間の関連度合い（共通種の比重差）」をいう。より具体的には、X群団とY群団の実際の分布が離散的であろうが連続的であろうが共通種群をX、Y群団のつながりと見なし、ジーンフローのあるなしに関わらずX、Y群団間にネットワークを形成しているとみなす。これから述べる群団要素とは、ZM派のヒエラルキーな植生体系のクラス・オーダー・群集の標徴種、群落区分種を群団レベルに再編し網目系にしたものである。この群団間ネットワークは、このような仮定に基づいたネットワークで、要素値という重み付きの有向ネットワークである。

（1）群団間のリンク構造と流れの方向

群団間のリンク構造を示すと、**図5.6**のとおり群団間のリンクの度合いと流れの方向性を知ることができる。

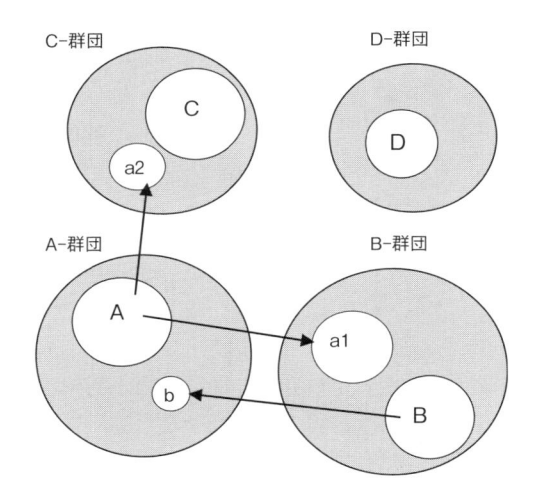

・A、B、C、Dは、各群団要素の全体集合のリンク度
・a、bは、群団要素の部分集合。灰色はその他の種群。

図5.6　群団間のリンク構造

群団間のリンクの大きさと流れの方向

- A群団とB、C群団の結びつきの大きさは、B、C群団のA群団要素の部分集合リンク度の大小できめる。図では、B群団の「a1」のリンク度が大きく、C群団の「a2」より結びつきの大きいことを示す。流れの方向もA群団要素がB群団に、ついでC群団にも流れたと見る。
- B群団要素がA群団にある場合「b」は、A群団とリンクしているので、流れの方向はB群団からA群団に流れていると見る。
- C群団要素がA、B群団にない場合は、C群団要素はA、B群団とリンクしていない。
- D群団は、A、B、Cどの群団ともリンクしていない。
- 流れには、A、B群団要素が、相互に浸透infiltrationする「双方向性」とA群団要素がC群団にのみ浸透する「一方向性」がある。
- 灰色のその他の種群には、群団間でリンクしている種が存在する。しかし、群団という植生単位を結び付けている群団要素ではない。

(2) 統合された群団常在度表から群団要素を把握しリンク種をきめる。

　この手順は次のとおり。①群集レベルの常在度表と同じように、各群団別に群集をまとめ常在度表をつくる（1群団1群集の場合は常在度がそのまま使えるが、1群団数群落・群集の場合は、出現回数を加算して常在度を求める）②各群団別常在度表を統合して、「統合群団常在度表」をつくる③「統合群団常在度表」を基に所定のテーブル操作により群団要素を把握し、群団別に組み替え整列する④完成した統合群団常在度表（Appendix Ⅳ）から、当該群団の要素と関係群団との共通種の関係がわかる。これが群団間ネットワークのリンク種である。

BOX5.2

　A：群団要素の対象種を限定する

① 統合群団常在度表で、常在度「r」の種はまれな分布でリンク度合いが低く除外する。すなわち常在度Ⅰ以上の種を対象とする。

② 帰化植物および統合群団常在度表対象群団以外のほかの群団の種は、対象種としない。

　なお、統合群団常在度表で1群団のみの出現種はほかの群団と関係しないことになるが、群団自身の要素値合計を他群団と比較するため除外しない。

　B：群団要素の所属群団の決め方

① 群団要素の所属群団は、植生体系上で明確に区分できる群団の種を優先する。したがって、統合群団常在度表のランクの高い常在度の種が必ずしも植生体系上の群団区分種と一致しない。例えば統合群団常在度表でミネカエデはオオシラビソ群団で常在度Ⅳであるが植生体系を優先させるのでブナ群団常在度Ⅱに所属することになる。植生体系上の群団に出現せず別の群団に出現する場合は、出現した群団とする。

② 明確に区分できない場合は、常在度の一番高い群団に所属させる。

③ 常在度が同一ランクの種が複数の群団に出現する場合は、出現回数、分布環境、別群団との関係を考慮してきめる。

　問題点は①自然植生の統合群団常在度表から見て、群団区分が明確に区分できないこと②被度が高くても低くても常在度は等価の場合があり、種の優占度でなく群団に常在的に分布するかどうかであること③群集等の数が多い群団では、統合により群集の標徴種等の常在度が相対的に低下すること④その他の群団要素が入らないので各群団要素は部分集合となること等をあげることができる。こういった常在度による群団要素にしたため生ずる問題があるものの、群団間のネットワークを見出すためには、当面このような手法によらざるを得ない。

　高山植物群落の種は、秋田では遺存的で断片的で本来の群団に高い常在度で分布しない。

---

(3) 統合群団常在度表から群団間のリンクの度合いを示すリンク度を求める。

　群団間のリンクの度合いは、リンク種数の要素値の大小によってきまるものとする。**群団を構成する全種の要素値合計「E」のうち、関連群団とリンクする要素値「e」をリンク度とする。**

BOX5.3

　要素値とは中村幸人（1997）を参考に各常在度に対して次の数値を与え数量化したものである。

　Ⅰ-2、Ⅱ-4、Ⅲ-6、Ⅳ-8、Ⅴ-10

例　A群団構成リンク種の要素値合計を「E」とし、B、C群団のA群団要素値を「e」とする。

・A群団要素値合計 $E=a_1+a_2+\cdots a_n$（aはA群団を構成する種別の要素値）

・B群団のA群団要素値　$eB=a_1+a_2$（B群団にはA群団のa_1、a_2のリンク種しかない）

・C群団のA群団要素値　$eC=a_3$（C群団には、A群団のa_3のリンク種しかない）

> なお、本例のＡ群団要素値ＥとＢ群団のＡ群団要素値eB、Ｃ群団のＡ群団要素値eCとの差は、Ａ群団からの距離と見なすこともできる。

(4) 統合群団常在度表から各群団のリンク度を「群団連関表（Appendix V）」に集約し、連関表の展開により群団間ネットワークのパターンを見出す。

「統合群団常在度表」から直接群団ネットワークを見出すのは複雑になるので、各群団のリンク度をさらに集約しテーブル操作により「群団連関表（Appendix V）」に取りまとめる。

この群団連関表の横軸は群団要素が各群団にどのように分布し結びついているかを示し、縦軸は各群団がどのような群団要素で構成されているかを示している。

群団間ネットワークのパターンは、群団連関表の各群団を横軸（outflowのリンク）・縦軸（inflowのリンク）に展開することによって見出すことができる。この流出・流入の関係は、オオヨモギ―オオイタドリ群団を例にとると、構成しているミドリユキザサ―ダケカンバ群団の要素値は12で、この群団から見れば流出outflowであり、オオヨモギ―オオイタドリ群団から見れば流入inflowである。つまり、流入・流出は、群団別の構成で見るのか群団要素別で見るのかの相異であって同じ要素値である。

なお、群団連関表でランクが低いリンク度でもネットワークとしての意味を持っていて、群団の結びつきの特徴を示している。例えば、オオシラビソ群団、ダケカンバ群団、ミヤマナラ群団にはブナ群団要素が、シナノキンバイ群団にはタニウツギ群団、イワキンバイ群団要素が結びついている。

このため群団連関表を用い、植生空間（垂直分布、土地的分布）や生育形（森林群落、草本群落）等を考慮して群団間の結びつき程度により展開することができる。後で示す5.4.2の**図5.9〜5.12**の秋田の群団間のネットワーク図は、このようにして「群団連関表」をもとに展開したネットワーク図である。

群団間の関係についてこの新たな手法は、①具体的な組成構造に基づいた統合群団常在度表により種情報を温存していること、②データ追加などやり直しが簡単であること、③自然植生の群団による具体的な群団間ネットワークを単純な手法により求めていること、④群団のリンク種の判断が多少異なっても、フリースケールネットワークの弱い絆のため、群団間のリンクに大きく影響しないことが有利な点である。

2　群団間には、群団自身の多重性以外さまざまなリンクの仕方がある

(1) リンクの程度は階層構造によって左右され、一般に多層な森林群落と単層な草本群落間ではリンクしない。

この異質性は、階層の上層を占める植被率と階層階数の多少に影響されている。草本群落の種にとって多層群落の中で生存するにはジーンフローの供給や光条件が決定的で、上層の植被率が高く階層構造が発達しているほど入れなくなり耐陰性、媒介昆虫の利用、春季相、無性繁殖を獲得した種に限られる。逆に森林群落の構成種が草本群落の湿原に入ることはある。例えばオオシラビソ群団に多いミツバオウレン、ショウジョウバカマなどはヌマガヤ群団にも広く入っている。これは、湿性ポドソルと泥炭という土壌の近似性に原因がある。いまひとつは、隣接群落の階層構造に大きな差がある場合にリンクしなくなる。例えば、亜高山帯のオオシラビソ群集とミヤマイヌノハナヒゲ―ワタミズゴケ群集とでは共通する種はほとんどなく土壌的に近似性があってもリンクしない。これらのことはすでに群落の形成秩序4.1.1.6で述べている。

(2) ヒエラルキー視点から、群集は下位の単位にほかの群集とのコネクターを持ちリンクしている。

①群集でみると下位単位である典型部から外れた亜群集レベルの群落が、隣接群落と連結するコネ

クターとなっていることである。秋田を代表するチシマザサ―ブナ群集を例にとると、オオイワワ
チワ亜群集はアカミノイヌツゲ―クロベ群集やオオシラビソ群集と、トチノキ亜群集はハルニレ群
集やジュウモンジシダ―サワグルミ群集とのコネクターとなっている。さらに上級単位の群団・オー
ダーにも群集と同様にコネクターが存在する。②このヒエラルキーには群団→オーダー→クラスの各
ランクレベルに応じた標徴種群が下位単位の群集を結び付ける階層性がある。

(3) 植物の乾湿両端の分布は、組成を組み替え離散的にリンクして存続している。

　生態分布の両端性とは、H. Walter(1964)の生態的生育域と生理的最適域が一致しない種群の分布
をいう(Mueller-Dombois & Ellenberg 1974の2つのモードの生態的応答)。例えば乾燥しやすい風衝岩角
地と強酸性の生理的乾燥地の湿原の両立地に分布することをいい、コケモモ、ガンコウラン、ミネズ
オウなど岩角地と湿原のブルトに出現する種群をさす。これらの種群は、他種が入り込めない環境制
限が強いところでこの生態的適応能力を獲得したために、種の存続に有利に作用することになる。つ
まりこれらの種群は、異なる群落をうまく利用して離散的リンクを保持しながら、絶滅することなく
群落を組み替えて生き延びることができたものである。一方、生態分布の一致している群落は気候的
極相のブナ林の帯状パターンで、安定したリンクで持続している。

BOX5.4

　木本で乾湿両端分布の生態的応答をする木本植物としては、スギ、ヒノキアスナロ、クロベ、ミヤ
マネズ、ハイマツ、キタゴヨウ、イソツツジ、アカエゾマツ、ガンコウラン、ミネズオウ、ミヤマナ
ラ、ミヤマヤナギ、サラサドウダン(アカマツ、シラカンバ)をあげることができる。裸子植物が多いの
は、被子植物に追われている種群であるのにこの適応力を獲得したため生き延びることができたもの
である。

3　群団間のリンクは、ベキ乗則にしたがった分布をしている

　図5.7は、Appendix Vの群団連関表にある、群団自身以外の群団の流出・入の要素値(325個のリ
ンク度)の件数を相対値化(%)したもので、明らかにベキ乗則にしたがった分布である。したがって、
この分布は複雑ネットワークでいうスケールフリーネットワークと見なせる。

　(1) 自然植生の群団間リンク度は、全体として低く最小値2〜最大値170の幅を持ったネットワー

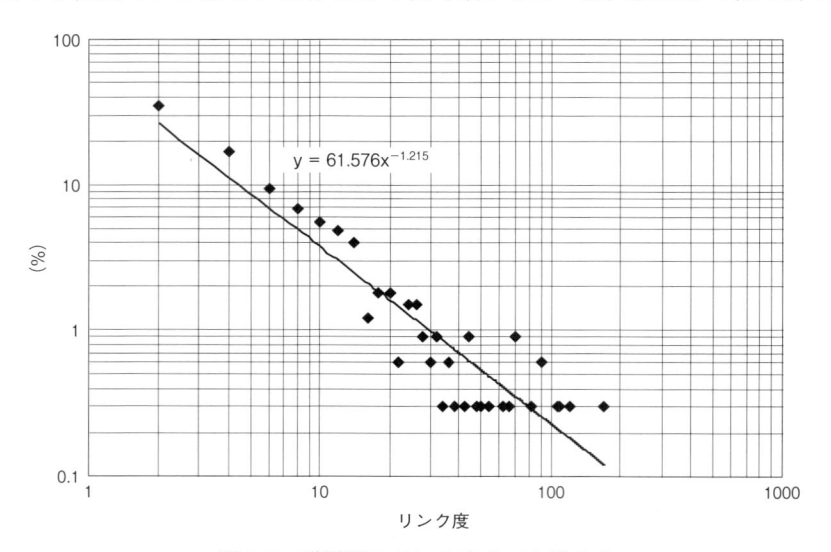

$$y = 61.576x^{-1.215}$$

図5.7　群団間のリンク度のベキ乗分布

クで、結合によって形成される集団化が起きている。

① 多くの群団のリンクは、**図5.7** と Appendix V 群団連関表に現れているように、低いリンク度によって造られている。つまり、複雑ネットワークでいう「弱い絆」で結合している。群落は、もともとクラスター性を持った植物集団であるが、群団間の結びつきは弱くなっている。

② このリンク度の分布のなかで、5.4.4 で述べる影響度 Ae/Ee（群団流出／群団流入比）が、9.32 と際立って高いのがチシマザサ—ブナ群団で、明確にネットワークのハブを形成している。

③ この結果、群団は相互にリンクして後で述べる群団集合体を造っている。

（2）スケールフリーネットワークを造り上げるといわれている優先的結合（優先選択ともいう preferential attachment）は、大きいノード（群団自身の要素値）が引きつけてさらに大きく成長し、不均一な分布のベキ乗分布が形成されるとしている。植生において、チシマザサ—ブナ群団はハブであり、「引きつけ」の結果と見ることも可能である。この「引きつけ」は、少しくらいの環境の差異をカバー（チシマザサ—ブナ群集の場合乾・湿の亜群集を持つ）し、後で述べるジーンフローに有利な集団化が作用して、階層空間容量の大きい極相の森林でハブが造られたと解釈できる。しかし、植生で実際に優先的結合が起きた結果なのかどうかはわからない。いずれにしても、植物種は集団化して分布し、種によってさまざまな仕方の集団化が起きていて、この濃淡が自律的秩序によってハブや不均一な植生分布を形成している。

一方種の地理的分布についてはフロラからのアプローチがある。藤原・松田・阿部（2002）はメッシュ法による種の分布密度の度数分布図を表わしている。この度数分布図もベキ乗則にしたがった分布である。多くのメッシュに分布する広布的な種は少なく、少ないメッシュに分布する種が多いことを示し、分布を全体的に見れば不均一な分布である。これらの2つのベキ乗分布は視点が異なり同一でないが、ベキ指数が−1.2 とほぼ同じ（フロラデータはグラフからの読み取り）でベキ乗則にしたがう分布構造という共通する仕組みがある。フロラや群落における種の分布集団は、ジーンフローに依存した自己相似性（フロラは群落が造っている分布）を持つため、地理的スケールで捉えるとこのような結果にみえるがまだよくわかっていない。

4 他群団への影響度（Ae/Ee）の順位は、対数正規的分布をしている

群団連関表（Appendix V）から Ee（群団に入ってきたとみなす他群団要素値計 inflow）と Ae（群団から他群団へ出ていったとみなす要素値計 outflow）の比 Ae/Ee を群団要素の影響度として順位づけたのが**図**

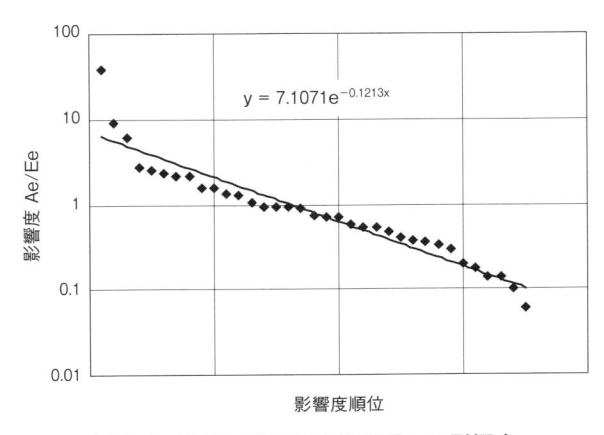

図5.8 各群団要素値の他群団への影響度

5.8である（他群団要素値の流出・流入から影響度を見るので群団自身の要素値は除外してある）。

　この図で特に影響度が高いのは、第1位にホソバノヨツバムグラ―大型スゲ群団で、ヨシクラス、ヤナギクラス、ハンノキクラス、ヌマガヤオーダーなどに広く関係している。第2位はチシマザサ―ブナ群団で山地帯から亜高山帯の森林系の群団を結びつけ、分布の広がり、要素値を考慮すると秋田では最も影響度の高い群団である。群団連関表において太枠で図示してある。第3位はオオクサキビ―アメリカセンダングサ群団で撹乱のある河川沿いの群団に広く分布している。影響度の低い群団は、ほかの群団からの流入の多いホシクサ―コイヌノハナヒゲ群団（ヨシクラスの流入）、コメバツガザクラ群団（コメツツジオーダーの流入）、ネコヤナギ群団（セリ―クサヨシ群団の流入）、シロヤナギ―コゴメヤナギ群団、ドロノキ群団群団（ともにサワグルミ群団の流入）である。

5　指数関数の対数正規的分布とベキ乗則の分布

　（1）これまで述べてきたように、**図5.2**は自然植生35群団全体の種の出現回数順位であり、個々の要素値や群団とは関係しない。**図5.5**と**図5.8**は群団別の要素値の大小、他群団への影響度の群団の順位で種の出現回数順位と異なるが、いずれも個々の順位データである。

　こうした指数曲線に共通する点は、片対数グラフで同じようなS字状の曲線パターンを取り、両対数グラフで直線にならない分布のため、このような分布はベキ分布でなく対数正規的分布であるといわれている。しかし、なぜこのような指数曲線の分布パターンをするのかは、5.3.1でもふれたがよくわからない。

　（2）対数正規的分布に比べ、フロラや群団間のネットワークは、ベキ乗則の分布で分布型が異なる。植物群落やそのフロラはジーンフローと自律的秩序により集団化して、小さな要素値を持った多くの集団と、大きな要素値を持った少数の集団が共存して、ピークの現れないベキ乗則にしたがって地理的空間に不均一な分布を形成する。

　このようにフロラや群団間ネットワークのベキ乗則は、群落と分布構造の本質にかかわる課題で、今後ネットワークや種・群落の保全のために、研究していく価値が十分ある。

5.4.2　秋田における群団間ネットワーク

　群団間ネットワークは、広域な範囲に分布するすべての群落データがそろっていてはじめて検討が可能である。ここでは、秋田における自然植生の群団別に系列（5.5.1）を考慮した群団間ネットワーク図（**図5.9～図5.12**）を示す。

　この図から群団間の関係をいろいろ読み取ることができ、詳しい内容を知りたければ「統合群団常在度表」（Appendix Ⅳ、添付CD-ROM参照）により、群団要素の種組成までわかるようにしてある。

　ここでは、大まかにいくつかのポイントに絞って述べるが、ほかの項でも触れている。

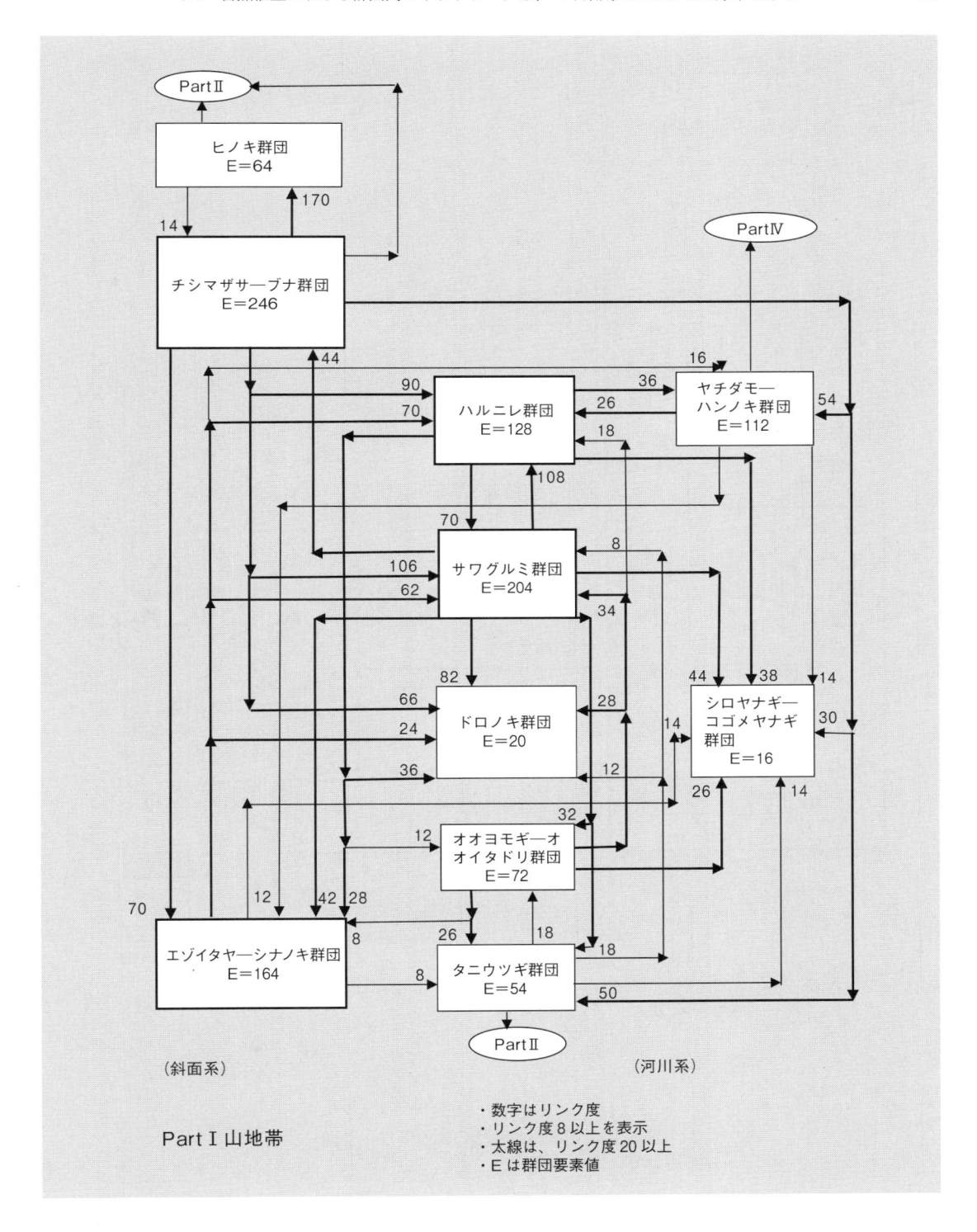

図 5.9　山地帯群団のネットワーク図

森林系の各群団は要素値が高く、他群団とのリンク度も高く、秋田では最も影響度が高い。群団間ネットワークでハブ的影響度を持ち独立性の高い群団は、チシマザサ―ブナ群団である。この群団は森林系にとって、ジーンフローネットワークの点から最も根幹をなす森林で、亜高山帯の低木林から山地帯の湿性林、海岸風衝林までリンクしている。

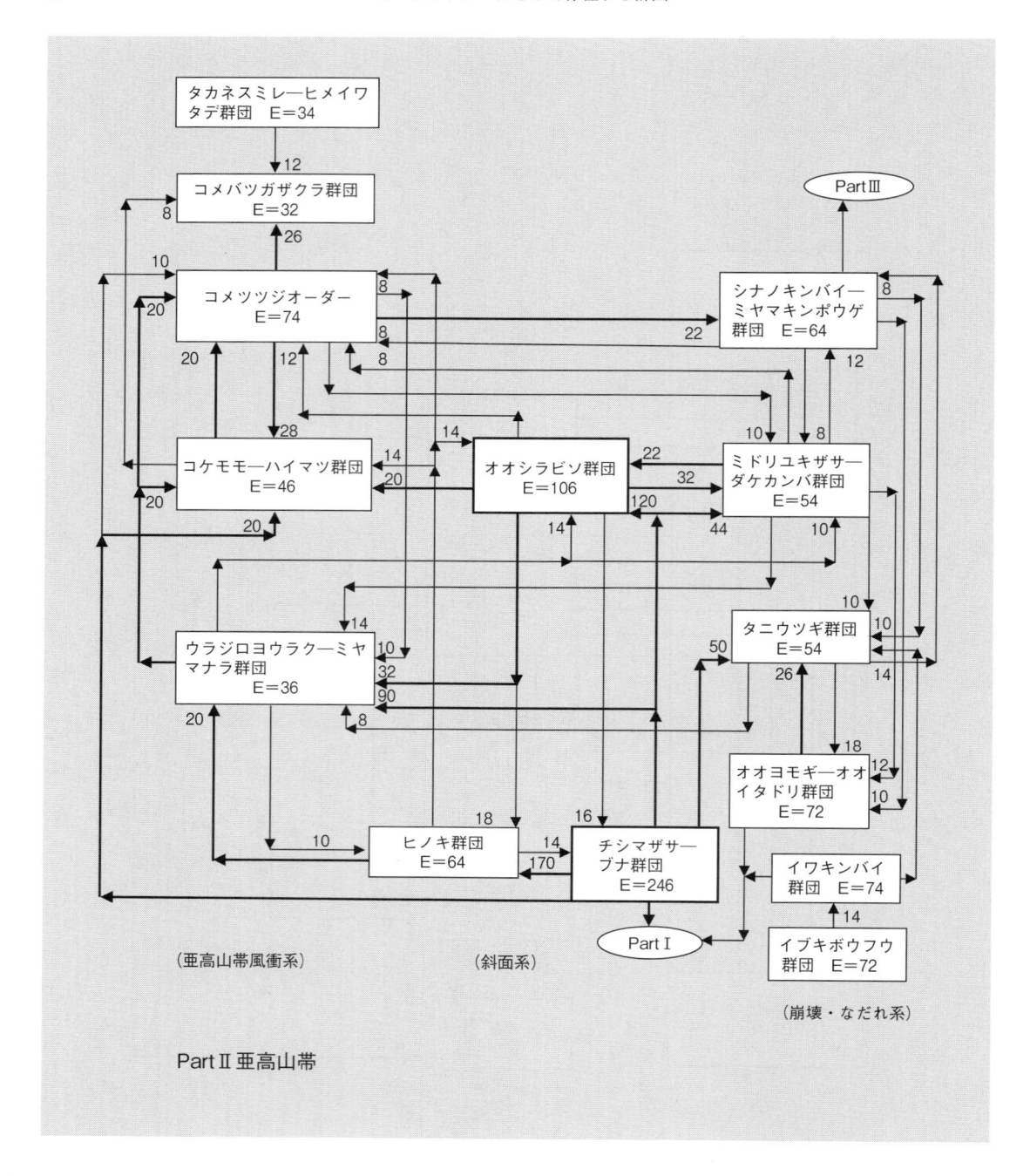

図5.10　亜高山帯群団のネットワーク図

亜高山帯の群団においてもチシマザサ―ブナ群団は、オオシラビソ群団、ウラジロヨウラク―ミヤマナラ群団、タニウツギ群団、ミドリユキザサ―ダケカンバ群団とのリンク度が高く大きく影響している。

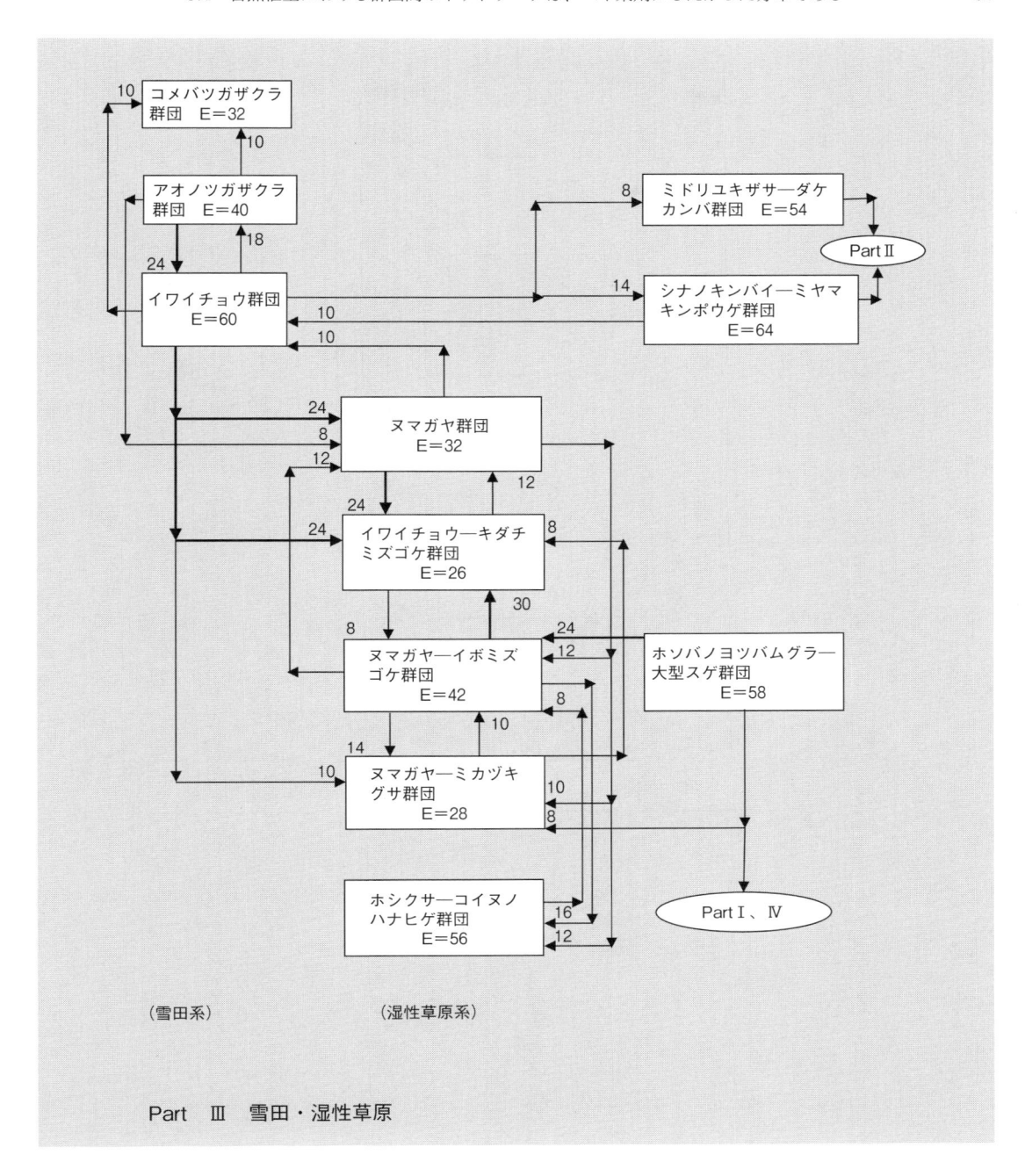

Part Ⅲ 雪田・湿性草原

図5.11 雪田・湿性草原群団のネットワーク図

雪田・湿性草原の群団は、雪田系のアオノツガザクラ群団とイワイチョウ群団、湿性草原系のヌマガヤ群団、イワイチョウ―キダチミズゴケ群団、ヌマガヤ―イボミズゴケ群団のリンク度が高い。これらも群団は、土地的スケールのモザイクパターンであるが、単独で存在するより複数の群団と分布域に共存して群団集合体を造っている。

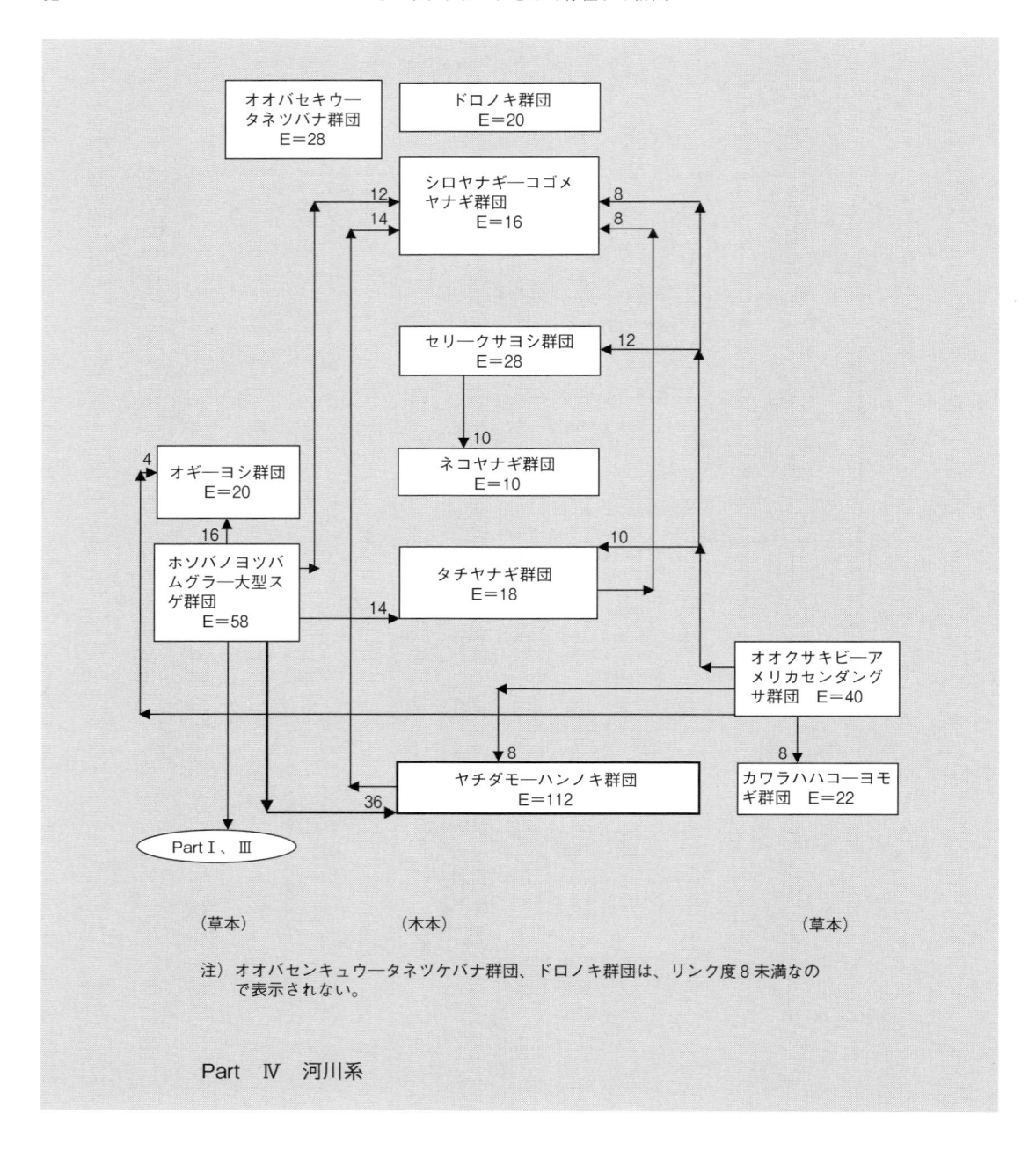

図 5.12　河川系群団のネットワーク図

河川系群団の特徴は、群団からの流出がなく要素値が低く撹乱されやすい立地のため、他群団からの流入によって群落が形成されている。オオバセンキュウ―タネツケバナ群団、オギ―ヨシ群団、カワラハハコ―ヨモギ群団、ネコヤナギ群団、シロヤナギ―コゴメヤナギ群団、ドロノキ群団は、群団を特徴づける組成はきわめて限定的である。

5.4.3 ネットワークはジーンフローに依存している

　植物種は群落としての存在が基本で、「群れる」という属性から逃れると絶滅してしまうしかない。群落の種組成を安定・持続させ環境の変化に対応していくためには、遺伝子の交流を可能にしたゲノムレベルの多様性を維持することにあり、有性生殖が基本である。無論、植物には自家受粉や無性生殖、無性―有性両用の生殖などをおこなう種も多くあるのも事実であるが、多様性を担っているのは有性生殖である。固着性の植物にとって、ジーンフロー(gene flow 集団間の遺伝子の移動のことで媒体として花粉・胞子・種子がある)は基本的繁殖様式であり、その散布状態は、ネットワークの存続を大きく左右することになる。

　ジーンフローは、花粉でも種子でも散布様式とソースの大きさ(量)と距離の関係であるが、現実には気象や地形に大きく影響される。くわえてこのジーンフローは、関係群落の規模・距離、生態的空白域、媒介する生物の分布と密度、セーフサイト(好適な発芽の場所)の状況、マスティング(種子生産の年変動)等により大きく変動し受精・結実・定着に影響している。このようにジーンフローは、環境条件が適地であってもいろいろな状況によって散布が制限(本書では種子だけでなく花粉も含める)されている。これを回避するためジーンフローは、無駄ともいえるほど大量の花粉や種子を生産し種の存続を保っている。長期的にみればジーンフローのこのような存在は、群落の維持と分布の拡大・縮小に機能し、ネットワークを支えている。

　では、具体的に植生はどうジーンフローを行って存続しているのだろうか。このジーンフローと群落の関係は、群落を構成する各種個体群のダイナミックスや群落間について部分的にしかわかっていない。例えば、低地―湿性岩壁―亜高山帯に離散的に分布しているヌマガヤ群団は、構成する各種ごとにゲノムレベルからみてどう繋がっているのか繋がらないのか。繋がっている範囲はどこまでで、繋がるのは恒常的なのか、切れても群落だけで持続していくのかその最小規模などについてはわからない。ジーンフローに依存しているネットワークは、群落形成・持続・分布・移動の本質に関わる問題である。

　現状では、戸丸信弘(2001)、津村義彦(2001)、綿野泰行(2001)、藤井紀行・池田啓・瀬戸口浩章(2009)などによって、群落を特徴づける種のDNAによる地理的勾配情報が少しずつわかってきた段階である。ところが分子系統地理学の問題点は、種レベルの地理的分布が明らかにされても、群落レベルの分布のパターンとプロセスさらにはそのメカニズムがDNA解析だけではわからない点である。それでも従来の植物地理学から見れば革新的であり、群落間の関係を明らかにするうえでDNA解析は欠かすことのできないツールである。

　ジーンフローに支えられる群落のダイナミックスは、取り組む価値のある課題である。本質的には群落とは何かという問題に帰着し、今後幅広い分野の研究者による統合的な研究戦略が必要になる。なお、ジーンフローについては、個体群レベルであるが工藤洋(2001)の総説に詳しい。

1　ジーンフローによるネットワークが群落の種組成や構造に与える影響
(1) 花粉による遺伝子交流

　同じような種組成を持つ群落間では、どのようにして遺伝子交流しているのであろうか。遺伝子の拡散による遺伝子の多様性を保持するためには、近交弱勢(自殖子孫の適合度の減少)もあって他家受粉 cross pollination が必要であるといわれている。

　現実の植生を見ると、亜高山帯に分布する湿原やオオシラビソ林、ハイマツ低木林、山地帯のブナ林など落葉広葉樹林の優占種は風媒花で他家受粉である。これらの種は、風を有利に活用し遺伝子交

流を行い優占種の地位を維持している。中でもイネ科、カヤツリグサ科は、第四紀の寒冷な時代に風媒の方向にもっとも進化していった植物群といわれ、広がりを持った群落を形成する。風の弱い森林の中などでは、昆虫という運び屋にたよる虫媒花に進化して遺伝子の交流をおこなうか無性繁殖をおこなうしかなくなる。

　ジーンフローを花粉から見ると植生の優占種を支配しているのは、温帯林、寒帯林ともに風媒花の種である。多様性に富む熱帯降雨林の林冠を占める種は、昆虫など動物に頼らざるを得ないし、着生植物も虫媒花が多いといわれている。虫媒花は、共進化の進んだ被子植物の基本で種の多様性を増大させている存在である。

(2) 散布体の分散

　① 風散布：風散布は、果実をもった植物がより高緯度地域や厳しい季節環境に分布を広げていく過程での適応であるという（菊沢喜八郎 1995）。温帯から亜寒帯に多い湿原や針葉樹林の構成種には、風散布の種が多い。これらの種は群落の最上層を占め、風をうまく利用する種子の形態により移動スピードが速い。温帯以北の針葉樹の多く、カバノキ属などの高木、ヤナギ類や草原のイネ科などの種子散布は風をうまく利用して生態的空白域へ入り込み群落を形成する。

　② 鳥散布：鳥散布は、池沼、湿原など水辺の植生や二次林の構成種に大きな影響を与えている。鳥の消化管通過速度と鳥の移動距離は、母樹から 20 ～ 60 m にピークがあり遠距離に運ぶことはないといわれている。ところが鳥の羽や肢の泥に付着した場合は遠距離可能で、水草や湿性地の植物の分布拡大に関係している。特に水草は、極東地方と秋田のフロラばかりでなく汎世界的に共通性が高い。Carlquist（1974）は、長距離移動は意外に風散布でなく鳥散布だと述べている。また、風の弱い林内の低木（目立たない花）は鳥散布で、林床低木の特徴であるという（understory syndrome Thomson & Brunet 1990）。

　針葉樹の散布様式の違いは、低木から亜高木を占める針葉樹種は鳥散布、高木で優占群落を形成する針葉樹種は風散布というように階層構造と風力に大きく関係し群落の散布様式を分割している。

　③ 重力落下と動物散布：気候的極相の夏緑林や照葉樹林は高木のブナ科の種が優占し、重力落下散布と落下した種子を運ぶ動物散布である。ミズナラなどドングリは、カケス、リス、ネズミなどいろいろな動物に利用され貯食されるが運搬される距離は 50 m 以下であるといわれている。温帯性針葉樹林は広葉樹と混交して広葉樹林冠より一段高い位置に上層を形成している。このように生育形の異なる針葉樹と広葉樹が共存を可能にしたのは、針葉樹―風散布、広葉樹―重力落下の動物散布と階層的に散布様式を分割しえたことが大きな理由のひとつである。

　針葉樹低木林の貯食散布は、カケス、ホシガラスが有名である。ホシガラスによるハイマツ種子の散布は、秋田のミヤマナラ群団域にしばしばハイマツの群落を形成させている。ホシガラスは、最大で 22 km 移動するといわれていることからハイマツの分布はホシガラスが決めているといってもよい。

　このように種子はいろいろな媒介者により移動するが、一般に移動先はすでに植生で覆われており、撹乱による生態的空白域がない限り定着できない。ブナの豊作翌年の春には、ブナの稚樹が大量発生するが立ち枯れ病もあって夏まで残るのはほとんどない。それでも種子の移出入は時間スケールを大きくすればするほど群落に生態的空白域が形成されるチャンスが増え、種組成や群落形成に影響を与えていく。

2　ジーンフローの連続性は、季節的変化に応答しドミノ的リンクで分布域をカバーしている

　豪雪地帯の開花・結実などメタ個体群（局所個体群の集合）のフェノロジーのネットワークは、消雪

の順に応答しドミノ的にリンクする。山岳地帯の消雪は、残雪がまだら模様に斑状分布し一様でない。山頂風衝部の消雪は意外に早く、ブナ林やオオシラビソ林は遅れ、雪田や雪崩のある山地帯の沢沿いでは遅くまで残る。

　離散的な分布であるアオノツガザクラ群団やヌマガヤ群団は、ジーンフローから見ると消雪の順に群団間の連続性を保持している。一方、連続する低地のブナ林から亜高山帯近くのブナ林は、開葉時開花しすばやく山を駆け上り（豪雪地帯の住民は、「ブナの峰走り」という）ドミノ的にジーンフローが連続する。このようにジーンフローの連続性は、消雪時期、標高差等の分布域をドミノ的応答によって群団ネットワークを広範囲にカバーし維持されている。

　またジーンフローの分布域と関係する多樹種間で同調するマスティングmastingは柴田銃江（2006）によると、樹木の繁殖戦略などの生態学的意義について、受粉効率説、捕食者飽食説などあるがまだ良くわからないという。

5.4.4　群団間ネットワークは、群団集合体をつくる
1　群団間ネットワークの特徴
　群団連関表（Appendix Ⅴ）から群団間ネットワークの分布を見ると次のような特徴がある。
　（1）群団は組成的に類似した群団集合体を造り、分布しているネットワークである。
　（2）群団集合体は、類似した生育形集団を形成している。
　（3）群団集合体は、一種のコンパートメントでほかの群団集合体と不連続に区画されている。

BOX5.5　群団集合体とは

　群団の類似性から「群団連関表（Appendix Ⅴ）」のように群団の集合体が造られ次のような特徴がある。

① 群団のリンク度のまとまりから、大きく森林系群団集合体と草本系群団集合体のネットワークに区分され、不連続性が高く4.1の群落の自律的秩序で述べたことを裏付けている。この大きな群団集合体は、植生移動に際しての基本的な枠組を示している。亜高山帯の森林系群団集合体と草本系群団集合体は不連続であるがモザイクパターンとしてセットと考えても良い。山地帯の森林系群団集合体は帯状パターンをなすブナクラスの植生帯であり、低地の河川系群団集合体は撹乱に応答した群団間ネットワークである。

② 亜高山帯のアオノツガザクラ、イワイチョウ、ヌマガヤ、イワイチョウ―キダチミズゴケ、ヌマガヤ―ミカズキグサ、ヌマガヤ―イボミズゴケ、ホシクサ―コイヌノハナヒゲの各群団（図5.13左）は、クラスの所属が異なっているのに、群団ネットワークの関連性が高い。このことは、低地の河川のオギ―ヨシ、タチヤナギ、ネコヤナギ、カワラハハコ―ヨモギ、セリ―クサヨシ、オオクサキビ―アメリカセンダングサの各群団（図5.13右）間にもいえ撹乱に成長の早い木本種の入り込みを許した草本系群団の群落間ネットワークである。こういった群団ネットワークのまとまりはさらに上級単位のオーダーやクラスを超えた存在であり、4.1自律的秩序で述べた、同じような生育形に収斂していく傾向を示している。

③ ヒノキ群団、タニウツギ群団、オオイタドリ群団は、亜高山帯域の各群団ネットワークと密接に関連している。これらの群団ネットワークは、山地帯―亜高山帯や海岸―河川―山地帯―亜高山帯を結びつける機能を持っている。

　これらの群団集合体の存在は、先に述べたようにジーンフローに有利なゲノムのネットワークに依存した結果である。

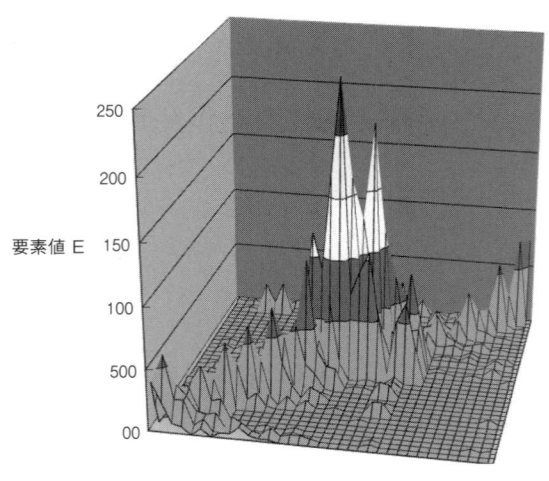

要素値 E

図5.13　群団集合体地形図（X軸は各群団、Y軸は各群団要素）

　群団連関表（Appendix V）にあるそれぞれの集合体は、**図5.13**のように仮想空間に可視化できる。要素値を高さとしリンクの広がりを距離（図の場合は等間隔のメッシュ）とした山や丘の地形的空間を造っているネットワーク地形図とみなせる。この図で圧倒的に高くそびえる山岳地帯は森林で、その中心をなすのはチシマザサ─ブナ群団で2番目の高峰はサワグルミ群団である。その周囲の低山地・丘陵地に草本や低木の群団が分布している。こうしてみると湿潤温帯の秋田では、森林系群団が飛びぬけた存在でありブナクラスの群団集合体が最も支配的であることが理解できる。

2　群団集合体を造り出すプロセス

　これまでのことから、群団間ネットワークの集合体はどう造られパターンを決めているのかについて、そのプロセスをまとめると**図5.14**のとおりとなる。

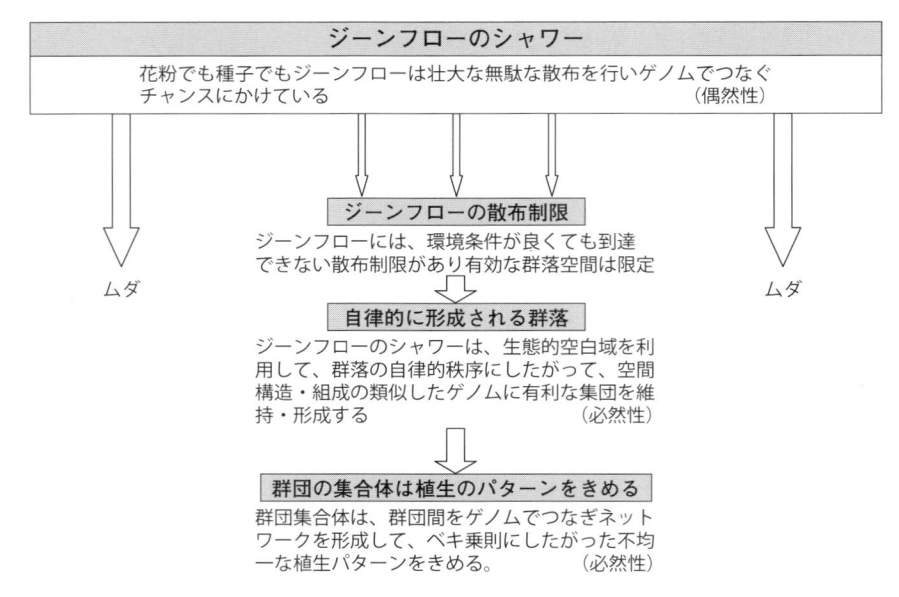

図5.14　群団集合体を造り出すプロセス

（注）散布制限は本来種子についての用語であり、種の散布密度の急減をいうが、本書では5.4.3の意味で使用し、花粉ではさらに交配する種の分布や受精のチャンスなどで制限されるので含めている。種子だけの場合seed rainという。

　近年、生命科学では、ゲノムレベルで大量の無駄に見える部分（レトロトランスポゾン等）の存在が明らかになり、またジーンフローも大量の無駄を造りだしている。これらはともに多様性の起源にも関係していると見られ偶然性に強く依存している。

　一方、大量の無駄な散布体が群落に入り込めるかどうかは、生態的空白域があるかどうかで決まり、入り込めば4.1で述べた群落の自律的秩序に従う必然性が支配するフェーズへと変わる。これが群落である。ただし、偶然性や必然性は相対的なものでジーンフローの空間スケールに依存している。つまり、空間スケールを大きくすれば必然性が高まり、小さくすれば偶然性が高まる。

5.4.5 群団集合体は、地球上の気候的植生帯のパターンを造っている

　地表に到達する太陽放射エネルギーと地軸の傾きにより、群団集合体は大局的に見て**表5.1**のような生態的クラインを形成し、気候的植生帯のパターンを造っている。

表5.1 ユーラシア東端湿潤回廊における森林帯の生態的クライン

森林帯	高木林の分布様式	高木種の特徴的送粉様式	高木種の特徴的散布様式	種の多様性	林冠の優占性	優占度—多様度曲線	備考
寒帯林（針葉樹林）	一様分布	風媒	風散布	低い	高い	急勾配	
温帯林（落葉広葉樹林）	↓	↓	重力散布	↓	↓	↓	
熱帯林（常緑広葉樹林）	集中分布	動物媒	動物散布・霊長類・共進化	高い	低い	緩勾配	

- 本表は、森林帯の生態的クラインの特徴を捉えたものである。したがって、各森林帯にほかの様式等が存在しないということではなく多様化している。
- Hubbell（2009）の優占度—多様度曲線を見ると、北方林は急勾配で熱帯林は緩慢に減少している。これらの曲線は、単一プロセスの関数族とみなしている。このHubbellの図を見ると北方林では急勾配で優占性は高いが種の多様性は低く、熱帯林はこの逆で生態的にクラインが造られているのがわかる。
- 熱帯林では動物種の多様性に富み、昆虫との共進化や霊長類による種子散布が知られ生物種全体として最も多様性に富んでいる。
- 伊藤・宮田（1977）がまとめた東アジア森林のFisherの多様度 α 値も種多様性のクラインを示している。
- 熱帯林では、ほぼすべての種で統計的に有意に集中分布する（Condit *et al.* 2000、伊東明 2011）とされジーンフローの範囲は狭いことがわかる。したがって、高木層の種はモザイクに分布することになる。
- これらの緯度的クラインは以前から知られており、動植物一般の多様度の緯度傾斜（latitudinal gradient 渡邊定元 1994）、エネルギー・季節性・優占生活型について武生・久保田・相場・清野・西村（2006）がすでに述べている。

　このように俯瞰的に森林帯ごとに特徴をまとめてみると、湿潤回廊のユーラシア大陸東端では地表に到達する太陽放射エネルギーと地軸の傾きに応じて種の多様性や優占性が決められ、群落の優占性が高いと多様性が低下することがわかる。さらに、上層木のジーンフローの空間分布域にも緯度的クラインが存在（亜寒帯針葉樹林は広大、熱帯雨林は限定的）している。森林帯はジーンフローによるゲノムの集合体が、自律的秩序により形成した植生帯である。植生の集団化は、環境に応答しつつ「群団→群団集合体→植生帯」という、自律的秩序が作用した自己相似性のフラクタルfractalとみることができる。地球上の植生は、ベキ乗則にしたがった単純な集団化の繰り返しの集合が造る、スケールフリーネットワークなのではないだろうか。

　このような群落の自律的秩序や群団集合体の起源を突き詰めてみれば、実は生態系ネットワークの進化史にあると思えてならない。生命の起源以来の進化史には、生物種のあいまいさ（遺伝子、種、生命はいまでも定義困難）と無駄が始原的属性としてセットされていて、植物は気候変動や揺らぎのあ

る環境に応答してさまざまなネットワークを形成して種の多様性を決めていったものと見られる。植物が幾多の大きな気候変動や撹乱にもしたたかで柔軟に対応し存続しえたのは、このような属性を持った相互関係のネットワークに自律的秩序が作用し続けてきたからだといえよう。

5.5　群団間ネットワークのさまざまな障害と分断性

5.5.1　ネットワークにおける群団の移動

　群団間ネットワークは現実の群団の地理的分布を示したものでないので、群団移動のプロセスを検討するためには、ネットワークのリンク状態だけからは説明できない。このためには、群団の立地環境とネットワークの関係を検討して群団の移動経路を見出す必要がある。

　これまで述べてきた群団間ネットワークの「連続性」から垂直分布帯においては、立地環境の類似性に対応した関係群団の連なった系列が形成されている。こうしたいわば連鎖状chainの系列はいくつも見出すことができる。これらの系列間には境界が存在して明らかに不連続である。つまり<u>各系列は相互に関連した存在ではあるものの共通種がすくなく独立性が高いといえる。この系列を「**群団系列単位**(seriate communities unit)」という。</u>この群団系列単位は群団移動のユニットで、植物社会学の群団・オーダー・クラス域には依存しない。

BOX5.6

- 高度にともなう渓域の植生配列はサワグルミ群団→テツカエデ群落→シナノキ低木林(真昼山地では、森林限界に群落を形成)→オガラバナ群落→ミヤマハンキ群落と離散的であるがつながり、河川系の撹乱湿性群落の群団系列単位である。
- オオヨモギ―オオイタドリ群団→ヤマモミジ低木林→ヒメヤシャブシ群落→オオバツツジ群落は、斜面系の雪崩・崩壊低木・草本群落の群団系列単位である。
- カワラハハコ群落→ヤナギ林→ドロノキ林などは、河川系の草本、森林の群団系列単位である。
- チシマザサ―ブナ群集オオイワウチワ亜群集→クロベ・キタゴヨウ林→オオシラビソ群団、ミヤマナラ群団は、ハクサンシャクナゲ、アカミノイヌツゲ、ツルツゲ、イワカガミなどで亜高山帯への尾根系の貧養な群団系列単位である。
- 低地のホシクサ―コイヌノハナヒゲ群団→湿性岩壁のヌマガヤ群団→亜高山帯のヌマガヤ群団などは、斜面系の湿性貧養草本群落の群団系列単位である。
- 高木林―低木林、低木林―草本群落の組み合わせの群団系列単位が存在するのは、林縁に位置する低木林の性格である。

　これら群団系列単位を支配しているのは、垂直分布帯における地形が主因の立地系列stand seriateである。つまり河川系、尾根系といった地形的樹枝構造の系列単位とこれらの間の斜面系である。さらに斜面系は斜面の安定度により左右され、安定であれば気候的極相が形成されやすく、不安定であれば土地的極相や持続群落を形成する。これらの群団系列単位は、簡単に**図5.9～5.12**に示している。

5.5.2　群団間ネットワークの移動の障害

1　地形的障壁

(1)　大地形

　東北地方は南北に格子状地形の、東西方向に山地や大河川、海峡など地形的障壁Barrierがある。

秋田県で東西に連なる山地の地形的障壁は、北から3本存在している。一番北は、白神山地から十和田火山地(最低高度矢立峠270m青森県境)、中央に大平山地—森吉山火山地—八幡平火山地(最低高度510m)、一番南に鳥海火山地から神室山地(最低高度440m雄勝峠山形県境)がある。奥羽山脈が切れ東西方向に移動がしやすい花輪—安代間(最低高度436mで太平洋側要素との連続性がある)、本州全体で見ても最も低い分水嶺の低海抜高地域の横手—北上間(最低高度285mで豪雪地帯)がある。

　これら秋田の地形的障壁は、植生の水平分布の温度勾配がゆるやかなため、秋田程度の地理的空間スケールに分布するフロラや植生に大きな影響を与えていない。

(2) 小地形

　最終氷期以降の植生帯上昇の障害となったのは、氷河時代の凍結・融解によるソリフラクション、岩塊流など斜面の不安定が最も大きい。ついで開析前線の上昇にともなう崩壊など不安定な急斜面も植生帯の上昇を遅らせた原因である。これら斜面の不安定さは、群落成立の基盤である土壌形成を阻害し群落移動の障害となった。

(3) 大河川

　自然河川は、沖積低地で大きく蛇行しやすく流路も変わり三日月湖が形成される。例えば蛇行して膨らんだところまでチシマザサ—ブナ群団が進出し、三日月湖の両端の陸化したところを通じて、また風散布や鳥散布で分布を拡大できる。我が国の大部分の河川規模では、群団移動の大きな障害とならない。

2　群団の規模・構造・配置は群団間のネットワークに影響

　群団間のリンクの障害は、群団の規模・構造・配置によって群団のリンクのしやすさに関係する。規模の大きい一様な森林群落を小規模な湿原の群落が飛び越えほかの湿原とリンクするのは容易ではないが、亜高山帯などモザイク配置の同一な群団間をリンクするは容易である。これらはジーンフローの問題であるが、ジーンフローに関係する気象・地形や媒介する生物種群の分布密度は、群団の規模・構造・配置に影響されていてリンクのしやすさと関係している。しかし、群団間ネットワークについて具体的にはわかっていない。

3　群団間ネットワークの組成上の障害

　群団間のリンクでいつも支障となるのは、中静・山本(1987)も指摘しているように下層のササ類の高い優占度である。このササ類は群団の移動を遅らせるばかりでなく、種組成を貧化させネットワークの多様性維持の脆弱性につながる。秋田の現存植生は、低地から亜高山帯までササ類が優勢であるが、これには過去の人為の影響も関係している。

5.5.3　撹乱は、群団ネットワークの維持およびモザイク化に機能

1　撹乱には、自然撹乱(natural disturbance)と人為撹乱(artificial disturbance)があり、群落の維持機構や群落のモザイク化に機能している

　中静・山本(1987)によると、自然撹乱の定義についてWhite & Pickett(1985)の「生態系、群集、個体群の構造を破壊し、資源・基質の獲得可能量あるいは物理的環境を改変する、時間的にやや不連続なあらゆるできごと」が適切であるとしている。

┌─ BOX5.7　主な撹乱イベント ─────────────

- 降水に起因……集中豪雨、洪水、浸食、がけ崩れ、山崩れ、落石、土石流、泥流、地すべり
- 降雪に起因……なだれ、融雪洪水
- 風に起因……台風、竜巻(1991年9月の台風19号は、秋田市で観測史上最大の最大瞬間風速51.4 mで森林に大きな被害を与え、スギ人工林に多かったが、鳥海山のブナ林、森吉山のクロベ・キタゴヨウ林、八幡平のダケカンバ・オオシラビソ混交林など各地の自然植生にも及んだ。)
- 火山……噴火(火砕流、溶岩流、火山灰)
- 地震……活断層、津波(多くの地形変動)

　このような撹乱イベントは、撹乱の規模、強度、頻度等の撹乱の起こり方を包括する概念として撹乱体制disturbance regimeという用語を使用している。

　人為による撹乱は、これまで人類が生存のため行ってきた行為によって、自然植生が改変されたすべてをいう。つまり人類史そのものである。この人為による撹乱は、自然植生、代償植生の分断化(fragmentation)によるモザイク化・一様化をもたらし、植生の孤立さらには絶滅させたことは周知の事実である。なお、人為作用の植生に与える影響については、8章で詳しく述べる。

2　撹乱による群団間ネットワークの変動

　地球規模スケールの自然現象による撹乱は、地史的スケールの時間で起こる大陸移動や造山運動、突然起こる巨大隕石、長期的時間スケールの気候変動が最も大きな撹乱で生物種に大量絶滅など決定的ダメージを与えた。これにくらべ多豪雪、火山、泥流、地すべり、浸食崩壊、台風、山火事などの撹乱は、地域的スケールである。スケールの違いはあるにしても撹乱は生態的空白域を生み出す。それにともない群団間ネットワークは大きく毀損し、群団の再構築、新群団の進出によりリセットされる。

　少し古いが、大進化(属、科以上)は地球規模の撹乱で起こり、小進化(種以下)は地域的スケールで起こるという断続平衡説(N. Eldredge & S. J. Gould 1972)がある。この説に従えば、群団を構成する種は地域的スケールでしか小進化を起こさないが、地史的スケールの大進化は植生の組成および構造の変化・再編をたびたび起こしてきたことが容易に想像できる。

　日本列島は植生で覆いつくされているとはいえ、世界的には自然撹乱が多い国である。こうした撹乱がある地域であったため、生態的空白域を高頻度で生み出し群団の多様性が保続されている。ブナ林に新たに発生した崩壊の空白域には崩壊地特有の群落が成立し、地すべりで生じた池沼には低層湿原が発達するなどは、撹乱によって多様な群落が失うことなく存続してきた例である。

　また、撹乱によって持続的に維持されている群団もある。例えば、台風による撹乱で生じたブナ林のギャップ更新、しばしば河川が増水し破壊されることで維持されるカワラハハコ群落やカワラニガナ群落などがある。特に多豪雪地での雪圧や雪崩の不安定な立地の存在は、競合種を制限する撹乱圧が必要なトガクシショウマ、シラネアオイなど第三紀の古い固有種の温存を可能にした。雪の作用が働かない地域では、このような競合種を制限する撹乱圧が少なく、多豪雪地の日本海側と群団組成が相違している。

　撹乱は、これらの自然撹乱だけではなく、人為撹乱も大きい。ススキ草原は刈り取りや火入れなどによる撹乱、オオバコ群落は踏み圧による撹乱により維持されてきた群落である。マント群落やソデ群落も多くは人為による撹乱に対応した植生である。

　このように撹乱は、植生の更新を促進させる一方で遷移の進行を抑止し、群落の持続的維持に最も

必要な外乱力である。広域な地理的空間スケール（日本列島および周辺地域のフロラ区系）面から見ると撹乱は、種の多様性、群落の多様性を含めた植生の多様性を増大させている（R. H. Whittakerのγ多様性）。

5.6 群団間ネットワークの崩壊と植生帯交代のプロセス

　植生交代とは、気候的スケールで起こる帯状パターンの気候的極相の交代で、現在ブナクラスの植生が、温暖化でヤブツバキクラスへの、寒冷化でコケモモ―トウヒクラスへの植生帯交代をいう。植生帯交代は、ネットワークのハブとなる植生の崩壊と移動のことで、湿潤回廊のユーラシア東端では極相の森林植生の移動で起こる。地球規模の気候変動であるが、北方域の植生に強く表れ順に温・熱帯の植生にも影響する。植生の交代プロセスは、生態的空白域にドミノ的にモザイク化から一様化して交代していくものと想定される。例えば寒冷化による植生交代の場合は、温度適応の閾値幅の狭い北方域から始まり、サハリンのグイマツを含む針葉樹林の南下、さらに北海道のトドマツやエゾマツを含む汎針広混交林の南下が、それぞれ南下先にスライドして起こる。しかし、どの程度の気候変動（変動幅、変動速度、変動規模）で、植生が応答して交代していくのかについてのプロセス（植生交代の同時進行程度、崩壊と交代の地理的分布とスピード、ジーンフローの変化と植生の構造と種組成）についてはわからない。

　1　気候の小変動に対する群団間ネットワークの応答は、植物の環境変化に対する適応の閾値に幅があるため、柔軟で持続し植生交代は起こらない。

　2　氷期―間氷期の気候変動では、地形・地表に変化を起こすとともに植物の適応の閾値も越えてしまい、群団間ネットワークの大規模な崩壊と新たな群団間ネットワークの入れ替えが地球規模で起こる。このため、ただ単に群団間ネットワークのリンク切れでは説明できない。

　すでに3.3で述べた各流域の地形のプロセスとセットが明らかになれば、気候変動に連動した立地の変化と植生移動の道筋を、5.5.1で述べた立地・群団系列単位によって明らかにしていくことができる。気候の変動が起これば、それに対応してこの系列を構成する群団の拡大・縮小・消滅や新たな群団の参入による置換が起こる。すなわち寒冷化は、海面の後退による低地植生域の拡大、低地湿原の拡大、河谷に埋積された岩礫地の拡大、山地ブナクラスとコケモモ―トウヒクラスの交代、亜高山以高地のオオシラビソ群団・ミヤマナラ群団・ヌマガヤ群団の消滅、高山草原の拡大や裸地化の進行などをもたらす。寡雪・少雨は集中豪雨、豪雪、台風、雪崩が少なく撹乱の度合いが大きく低下し、これにともなう植生の後退もしくは消滅、積雪に庇護されていた植物の後退・消滅をもたらすことなどが想定される。つまり立地・群団系列単位は、群団の移動経路による群団間ネットワークの変動を知るうえのベースである。

　3　同じ植物区系のフロラを持つ群集に分類されていても山域によって種組成が異なるのは、環境や撹乱要因などいろいろな障害による移動のしにくさと植生の履歴効果が関係している。すなわち遺存・逃避群落の分布状況や後の6.2で述べるレガシーの存在状態で植生交代時にネットワークに差異が生じていたためである。

　4　近年、ミランコビッチサイクルの寒冷化・温暖化という氷期―間氷期の気候変動に加え、完新世以前の氷期全体で20回を越えたという急激な気候変動が知られてきた。グリーランド氷床コアの分析から、気候変動はゆっくり徐々に進行するのでなく、10℃以上におよぶ急激な変動が数百～数

千年間隔で繰り返していたこと、10℃ を超える温暖化がわずか数年で起こり、ダンスガード・オシュガー・サイクル(Dansgurd-Oeschger Cycle)と呼ばれている。このサイクルは日本海堆積物の分析結果ともよく一致し半球規模の変動と連動することがわかった(多田隆治 2012)。このような急激な気候変動は、どのようなメカニズムで起こるのかについては解明されていない。

　こういった急激な気候変動に植生はどう応答したのかまだわかっていない。我が国の針葉樹の温度分布範囲(温かさの指数)を見ると、モミ属 *Abies*、ツガ属 *Tsuga*、トウヒ属 *Picea*、マツ属 *Pinus* ともに亜寒帯性針葉樹より温帯性針葉樹の方が広い(吉良龍夫 1959)。また植物の生存可能温度範囲から酒井昭(1995)は、熱帯や寒冷の極地の植物は狭いが暖帯、温帯、亜寒帯の季節性のある植物は著しく広いという。こうした生存可能な温度範囲の閾値を持った種で構成されている植生帯は、急激な気候変動にどう応答したか具体的にはわからない。

　植生交代のプロセスを予測(時期・規模・植生)することは非線形の複雑系なのでできないが、気候変動のダイナミックスと連動して、地形のプロセスとセットの解明および各植生帯をつなぐ広域な植生地理的ネットワークがわかることによって、マクロな把握は可能性である。

　ここでは、植生交代のプロセスについて、ほとんどわからない現状から、想定されるいくつかの点にふれておくだけにとどめたい

　(1) 気候変動により新たに進出した群団と変動前の植生帯の残存種群(6.2 レガシー)が、再構成・融合(reorganization)し群団を形成。および遺存・逃避群落の分布拡大や新たな群落の形成。

BOX5.8

- 前の植生帯の残存種群との融合。例えば、マイヅルソウ、ミツガシワ、ウスノキなど分布域が広く適応の閾値に幅があることから、気候の変動の影響を強く受けない特徴がある。このため、新たに移動した群団の構成種として組み込まれる。秋田に現存する植生の下層の種群の中には、サハリン北部(シュミット線以北)や中部千島(宮部線以北)のフロラを見るとマイヅルソウ、タニギキョウ、ヤマブキショウマなどのように新たな気候帯の群団に調和し存続する種が多数存在していることから、森林から森林への交代の場合は下層の従属的草本種をかなり保持する。
- 遺存・逃避群落からの分布拡大で群落形成
- これまでの植生帯の縮小にともない新たな遺存や逃避の群落の形成

　気候変動に対応した新群団の進出と崩壊が並行して進行したことから、植生帯の交代はわれわれが思った以上に速いスピードで進むのでないかと予想される。しかし、どういう気候変動(変動期間、変動振幅、地球上での分布)が、群団間ネットワークにどう作用して交代していくのか、そのプロセスについてまだわからない。

　(2) 植生帯交代は、群団の階層構造がカタストロフィー的に大きく崩壊する交代と、階層構造をある程度温存しながらランダムに徐々に交代していくときとでは相違がある。この相違は当然気候変動の影響域の地理的差および時間差で、特に高緯度地域になるにしたがい影響が大きい。植生交代の種組成では、一般に風分散の種(イネ科・マツ科など)は一様分布を形成しやすく、動物分散や重力落下分散は集中分布からランダム化する。種によって異なる散布パターンは、植生交代の群団組成や速度に関わり、風分散の針葉樹林はカタストロフィー的崩壊、重力分散の広葉樹林は徐々に交代していくものと予想される。

　(3) 大規模なネットワークの崩壊は急速にモザイク化から一様化に拡大し群団の再現性、連続性、

安定性を失い修復不能となる。群団の崩壊は、階層構造の崩壊であり群団の最上層部から始まる。秋田で他群団への影響度の最も高い森林はチシマザサ─ブナ群団である。このハブ群団の崩壊はネットワーク最大の脆弱性で他群団へ波及力が大きく、植生交代の主動因である。寒冷化時代に入れば、ブナ林の高木であるブナ、アカイタヤは消滅または逃避し、ナナカマド、ミネカエデ、ムラサキヤシオなどの低木は新たな高木林や低木林と融合して存続する。

　(4) 上林徳久ほか(2004)によると、最近ロシア極東(シホテアリニ山地)において、エゾマツ、トドマツの純林を中心に10〜20km四方におよぶ大規模な森林立ち枯れ現象が各地に発生しているという。またアラスカキナイ半島では、虫害で針葉樹の立ち枯れが見渡す限り拡がっていると報道されている(asahi.com 2006)。今後気候の不安定化や森林伐採により食害虫の大発生、乾燥ストレスの増大によって次々と立ち枯れ現象が発生し、森林火災も増加すると見ている。このような例は気候変動にともなった事件ではないものの、植生の崩壊を検討する良いフィールドで、崩壊後の植生動態を含めた長期的・統合的な調査研究の成果が期待される。

5.7　群団間ネットワークのこれからの方向

　ネットワーク視点から生態系や群落を明らかにしていくことは、今後の生態学に新たな分野を切り開く可能性があるとみられている。しかし、複雑ネットワークは新しい概念であるため、期待と批判が入り混じっている現状にあるのは、やむを得ないことであろう。

　群落の形成・維持の本質を明らかにするためには要素還元的なアプローチだけでなく、ネットワークを基盤に複雑系からのアプローチがどうしても必要で、これまで蓄積された植生データから統合的な植生学が発展することが期待される。

　時田恵一郎(2009)は「生物群集のネットワークは、スモールワールド性を持つものの、クラスター性やスケールフリー性を持たないと結論づけることができる」とし、「新たな指標を見出して個体群生態学や進化生態学の枠組に基づいて解明することが今後の課題である」と述べている。生物の群集のネットワークに関するこの結論は、これまで本書で述べてきたことと異なっている。この生物群集とは種間相互作用に基づく個体群生態学からのネットワークであり、群団間のつながりの分布に基づく植生学からのネットワークと異なっているためと思われる。ネットワークについては、個体群生態学等だけでなく、本書で述べる植生学からでも十分アプローチ可能なことを示してきた。群落分布の広域な地理的スケールでのネットワークは、今のところ植生学を基本にするしかない。いずれにしても、生物群集のネットワーク論はこれからの展開であると見たほうがよく、本書もその入り口にすぎない。

　植生学の立場から、群団間ネットワークについてこれからの方向性を探ると、当面の課題として次の3点がある。

　1　群団間のネットワークは秋田の自然植生についての試行のため、植生分布の異なる地方では当然異なることが予想される。今後ネットワークを究めていくためには、広域に群落分布を検討できる各県レベルの植生データ(既往の各県の植生誌の活用など)に基づき事例を積み重ね検証し、手法を洗練化してより広域な地理的空間に展開し、植生の特徴を明らかにしていくことが必要である。

　2　ネットワークを検討するためには、何よりも地域をカバーする主要なすべての群落が収録されているビッグデータがなければできないことを強調したい。生態系分野のネットワークで、検討で

きるだけのデータをそろえるのは容易なことでなく、対象分野によっては長期間を要する。やはり、データベースを整備し広域な植生情報を蓄積していくことが大切なことであることがわかる。

　3　これからの群団間ネットワークは、4.1の群落の自律的秩序からジーンフロー、群団間ネットワーク、群団集合体、さらには植生帯まで統合して説明できる理論体系の確立と数理モデルの開発が必要である。さらには、進化や多様性とどう結びつけてこのモデルに組み込んでいけるのかについても検討が必要である。

　これらの課題は学際的で、データベースの充実など地方の研究者にできることもあるが、やはり専門分野とくに数理モデルを扱える研究者の参画によって、たえずデータベースにより検証を繰り返しながら着実にかつ統合的に取り組んでいかなければならない。

6 現在の亜高山帯は、どのようなプロセスで形成されたのであろうか

　亜高山帯は、温度要因から見ると温かさの指数45～15度の範囲で森林が形成される潜在領域にある。この亜高山帯は、針葉樹林タイプと落葉広葉樹低木林タイプにかなり明確に分かれている。なぜこのような2つのタイプが生じたのであろうか。さらにグローバルな視点から見ると熱帯起源のササ属の優勢と温帯フロラを多く持つ東北の亜高山帯は何であろうか。中部ヨーロッパにない「火山による撹乱」と「強風域の多豪雪」が造りだした植生なのであろうか。これまで多くの専門家がこの問題に取り組み、説明を試みてきたが未だ一致した見解に至っているとは言い難い。

　ここでは、新たな視点から亜高山帯の植生について述べ、ついで群落分布面からの検討を行い、最後に東北の亜高山帯は何かについてまとめてみたい。亜高山帯の植生を検討することは、気候変動による植生移動の核心に近づくことである。

6.1　最終氷期最盛期の植生を探る

　東北地方の植生史の概要は、これまで蓄積された多くのデータがあるものの、未だ明確に全貌が明らかになったとはいえない。この原因は、更新世の大型植物化石の産出が特に日本海側（秋田県）で少ないこと、泥炭形成が完新世に入ってからであるため最終氷期最盛期の花粉化石のデータがほとんどないこと、古い時代のデータは年代較正されていないこと、植物化石の種レベルの同定が困難なこと、分析結果の種の分布範囲が明確でなくどの程度地域の植生を示すのか判然としない点にある。このため、地域の植生史を明らかにするには、①花粉化石②植物珪酸体化石③大型植物化石④木材化石の化石群に加え、人為の影響による植生変化を知るため微粒炭素分析、さらには属レベルの段階の種についてDNA分析による種の確定などにより、できるだけ総合的に捉えることが必要となる。

　ここでは、現在の植生と深い関係がある次の3つのポイントにしぼってこれまでの研究成果をまとめてみる。

6.1.1　最終氷期の針葉樹林を構成した針葉樹種は、東北地方北部と南部では異なる

　（1）鈴木・竹内（1989）によると、更新世後期（おおよそ35000～10000年前）の東北地方低地化石植物群は、東北南部には中部地方に現存する樹種が、北部には千島・サハリンに現存する樹種が見出され異なっているという。この時代東北地方の低地帯からトウヒ属 *Picea*、マツ属 *Pinus*、モミ属 *Abies*、ツガ属 *Tsuga*、カラマツ属 *Larix* などマツ科の分類群が多産しているとし①エゾマツ *Picea jezoensis*、チョウセンゴヨウ *Pinus koraiensis*、コメツガ *Tsuga diversifolia* は、東北地方北部～南部②グイマツ *Larix kamtschatica*（*L. gmelinii*）、アカエゾマツ *Picea glehnii*、トドマツ *Abies sachalinensis* は、東北地方北部に多産③ヒメバラモミ *Picea* cf. *maximowiczii*、カラマツ *Larix kaempferi*、シラビソ *Abies veitchii* は東北地方南部に多産とまとめた。この鈴木・竹内のグイマツおよびチョウセンゴヨウの分布図には東北地方北部日本海側の産出がない。なお、トウヒ属の分類はトウヒ節（エゾマツ、トウヒ）とバラモミ節（アカエゾマツなど）に分類されるが、最終氷期のバラモミ節の球果の形態が連続し種を

明確に区分できないといわれていて、近年バラモミ節樹木 *Picea* sect. *Picea* と表現される（秋田では、エゾマツとアカエゾマツと見てよい）。

　（2）カラマツ属グイマツ化石の分布は東北地方最終氷期最盛期の北方林の南下を示す重要な証拠である。1994 年辻誠一郎によって、津軽半島でアカエゾマツ、エゾマツとともにカラマツ属の化石群が発見された。また約 1 万 3000 年前の十和田八戸テフラ埋没林の十和田市＝太平洋側（那須・百原・沖津 2002）と大館市＝日本海側（寺田・辻 1999）では、明確にグイマツの分布に相違が見られ大館市には分布していなかった。最近になって吉田・佐々木・大山・箱崎・伊藤（2014）により、鳥海山北東の標高 700 m の河岸露頭上位泥炭層から 1.4 〜 1.1 万年前のグイマツの木材化石の産出が発見されている。少し古いが、北村・村田（1960）のカラマツの記載文で秋田県の植物化石の分布（Miki 1957 引用）が記録されている。白石・磯田・渡辺・河崎（1996）は、これまで異論があった蔵王山系馬の神岳のカラマツについて DNA による系統分類の結果、カラマツであることが判明した。

　鳥海山のカラマツ属がグイマツだとすれば、東北地方北部太平洋側と日本海沿岸はグイマツで南部のカラマツと分布域が異なっていたことになる。さらに、山形県米沢市では、マンシュウカラカツ *Larix* cf. *olegensis*（山野井ほか 2001）が産出し東北地方のカラマツ属の分布は、さらに検討が必要である。

　（3）また長谷川・鈴木（2013）は仙台市冨沢遺跡のモミ属花粉化石の DNA からウラジロモミ *Abies homolepsis* とシラビソを同定し、寒冷な氷河期中により温暖な地域の種が分布し意外な結果であると述べている。鴨居・斎藤・藤田・小林（1988）の新潟県村上市の約 2 万 3000 年前のウラジロモミ、トウヒ *Picea jezoensis* var. *hondoensis* の産出からみて、仙台市付近に北上分布してもおかしくないことになる。また山野井ほか（2001）により、米沢市でチョウセンゴヨウ、イラモミ *Picea bicolor*（18000 〜 15000 yBP）の産出が確認されている。

　こうした事実は、最終氷期といえども東北地方の南部は、中部地方に分布域を持つ針葉樹種が北上して分布していた可能性があることを示している。これに比べ東北北部は山地に占める周氷河地域が多く北海道とのつながりが強い。そのうえ緯度が高くなるほど周氷河地域の下限高度が下がり森林地域は低山・低地に圧縮され、中部地方針葉樹種の移動立地は少なくなることが影響している。

　（4）さらに最近の研究は、①分子系統地理学から、ヨツバシオガマなど高山植物の一部やハイマツには北方集団（北海道・東北北部）と南方集団（東北南部・中部地方）があり東北地方中部以南に境界域が推定されていること（植田・藤井 2000、藤井・池田・瀬戸口 2009）②綿野泰行（2001）によると東北南部のキタゴヨウ集団では、ハイマツ型ミトコンドリア DNA による置換が起きていて、このゾーンは北緯 37 度の後半から 39 度前半の地域で、ハイマツ下限高度（現）より高い標高の地域が小さいため、温暖化によってハイマツと接触し激しい浸透性交雑 Introgressive hybridization を起こしたことを指摘している。現在針葉樹の分布北限域は、カラマツ（宮城県）、イラモミ、ハリモミ、チョウセンゴヨウ、ツガ、ヒノキ、コウヤマキ（福島県）、トウヒ、コウヤマキ（新潟県）であり、以前 Tsukada（1988）は、亜寒帯性針葉樹と温帯性針葉樹の境界を北緯 38 度で現海水準と結論（高原光 1998 引用）していたことを裏付けている。

　これらのことから東北地方は、更新世の最終氷期最盛期であっても完新世の現在であっても東北地方中部以南と北部では針葉樹の分布が異なり、中部地方の逃避地からの分布拡大は東北地方中部以南までであり、それより北部では北方針葉樹の南下の場であったといえる。なお、注目すべきことは、オオシラビソ、ハイマツの大型植物化石や木材化石の確実な産出例がないという事実である（守田益宗 1998）。

　(5)　一方、温帯性針葉樹はどうであろうか。後で述べるが私は秋田に分布しているスギ、ヒノキアスナロ、クロベは、亜高山帯の分布実態からいずれも最終氷期最盛期に低地の湿地の周辺が逃避地であったとみている。岩手県北部と青森県にはクロベやスギの分布をほとんど欠き、秋田県境を越えた地域までである。先に紹介した貝塚爽平(1998)、鈴木秀夫(1962)の周氷河地域とHorikawa(1972)、林弥栄(1960)のクロベの北限域を重ね合わせるとかなりの一致を見る。より湿性を好むスギとクロベは、周氷河地形が多い青森県、岩手県北部では低山帯まで秋田県より乾燥したため、分布できなかったとみられる。

　ヒノキアスナロは、青森県にはすでに氷河時代から連続的に分布していて、低木林としてWI25℃、CI−75℃までの寒冷化に耐えるという(齋藤員郎 1988)。ところが、現在北上山地の早池峰山より北部では大きく分布を欠いている(藤原・阿部 2017)。この地域は、北東北の中でも最も周氷河作用が激しかった地域でヒノキアスナロは分布できなかった可能性がある(八戸付近は十和田火山の火砕流)。ヒノキアスナロは、林弥栄(1960)の分布図によると、太平洋側よりも周氷河作用が弱く多雪山地になった秋田以南の本州日本海側の急峻地や尾根に、散在的な群落分布をしている。ヒノキアスナロは、齋藤員朗(1988)のいう氷期の逃避群落からの分布を拡大した群落で、おそらく氷河時代には、日本海側の分布からみると低地の湿性林だけでなく低山地帯の亜寒帯針葉樹と混交していた可能性が高い。

6.1.2　最終氷期のササ属の分布はどうなっていたのか

　ササ属(*Sasa*)のチシマザサ節とチマキザサ節を主体としたササの分布北限は、現在サハリンではシュミット線の南、千島列島では宮部線の北のケイト島(舘脇操 1947)で、およそWI35℃以上の地域である(佐瀬・細野・三浦 2011)。最終氷期最盛期に熱帯起源のササは、どのような分布をしていたのであろうか。ササ類の動態を知るためには、ササ類の開花がまれで花粉量が少ないため花粉化石では分析困難で、イネ科植物を識別できる植物珪酸体分析によらなければならない(佐瀬ほか 2011)。これまでの佐瀬等による調査研究結果から次のようにまとめられる。

　(1)　ササの北限域に近い最終氷期の北海道では、石狩低地帯から東部、北部地域においてササの希薄な状況であった。ササの生育閾値として積雪深50cm、WI17℃(笹・佐藤・野村・植村・藤原 1999)を想定すると、東部・北部のササ希薄地帯では、ササは逃避地に散在し完新世以降分布を拡大したと推定している。

　(2)　最終氷期最最盛期ササの希薄となる地域が東北地方北部まで南下していたと推定していて寒冷気候の示標は、ウシノケ型珪酸体(イチゴツナギ亜科短細胞起源)という。

　(3)　一方偽高山帯の平標山では、Kariya, Sugiyama, Sasaki(2004)によると、完新世前半8000年前に現在の亜高山帯領域を広く被覆し、ササの長期変動は完新世の広域気候変動に連動した消雪時期によってもたらされた可能性を指摘している。

　これらのことから①地下茎で栄養繁殖するササにとって、土壌の不安定は分布拡大の大きな阻害要因であり、最終氷期最盛期東北地方北部から北海道では周氷河地形が発達し、鈴木秀夫(1975)の図26の氷河時代の無積雪地帯ではササの分布を欠き、②しかもササの分布のダイナミックスをきめているのは、積雪深と消雪時期である。

6.1.3　まだ良くわからない最終氷期最盛期の秋田の植生

　秋田の最終氷期最盛期を示す大型植物化石、木材化石は少ない現状にあるうえに、花粉化石データの時間精度の高い分析も少なく完新世前の1万3000年ごろまでしかさかのぼれない。わからないことが多い最終氷期最盛期の秋田の植生については、今のところ周辺の東北地域の分析結果からに次のように推定するしかない。

　(1) 北海道南部〜東北地方北部の地域には、エゾマツ林、アカエゾマツ優占林(低湿地、岩礫地が分布適地)、トドマツ優占林(土壌の発達した立地)が分布していた。トドマツの現在の分布は、冷温帯湿潤気候下でブナに近い立地(渡邊定元 1994)から見て低地に分布していたと想定される。エゾマツの立地は最終氷期最盛期、500m以下に広く存在したものとみられる。

　(2) 東北北部日本海側では、津軽半島の出来島海岸で、1994年辻誠一郎によってエゾマツ、アカエゾマツ、カラマツ属が数千本発見され、2万8千年前の化石群といわれている。日本海側のエゾマツは、太平洋側に比べて内陸の丘陵地帯・低山地には広く分布していた可能性がある。竹内貞子(1970)によると、およそ1万3000年以上前の大館盆地、鷹巣盆地には、*Picea* トウヒ属が優勢であったとしている。エゾマツは、気温の上昇、日本海側の多雪化で500m以上の周氷河地域の不安定斜面に進出できる以前に絶滅し、その空白域をしだいにミズナラ林からスギ・ブナ林が埋めていったと想定される。土壌の発達したトドマツ林は、落葉広葉樹林の分布拡大に押され絶滅したとみられる。これら針葉樹種の絶滅には、根雪期間の長い多雪地での更新を阻害したといわれる暗色雪腐れ病と多豪雪に弱い樹形が関係している。

　(3) カラマツ属は、鳥海山(吉田・佐々木・大山・箱崎・伊藤 2014)、津軽半島出来島海岸(辻誠一郎 2001)で見つかり、これまで東北地方日本海側の分布記録がほとんどなかったが、内陸の多雪地を除いた沿岸部の湿原周辺部などに限定分布していた可能性がある。カラマツ属の種はグイマツとされているが、DNA分析が待たれる。東北地方北部のグイマツの主たる分布域は、日本海側でなく太平洋側である。

　(4) 大陸で優勢なチョウセンゴヨウは、鈴木・竹内(1989)の分布図には秋田県に分布していないが、氷期最盛期は太平洋側—日本海側の積雪環境に大きな差がないこと、新潟県に分布することから、単に発見されていないのかもしれない。吉田・竹内(2009)の八郎潟のボーリングコアの花粉分析では、15000〜12000年前にカバノキ属 *Betula*、トウヒ属 *Picea*、モミ属 *Abies* の混交林にマツ属 *Pinus* が多く検出されている。このマツ属 *Pinus* は、ハイマツの化石産出がないこと、キタゴヨウはより南下していたこと、および現在男鹿半島および周辺にハイマツやキタゴヨウの分布空白域であるため氷期最盛期の秋田県沿岸に遺存分布していたチョウセンゴヨウ由来の花粉化石の可能性が高い。

　(5) 恐らく最終氷期の秋田の大部分では、太平洋側と異なりチョウセンゴヨウやグイマツが局所的で、トドマツ、エゾマツ主体の針葉樹林に湿原・岩礫地にアカエゾマツが分布する単純な植生が想定される(今でも多くの針葉樹を欠いているのは、この時代と関係)。ハイマツも群落としては成立しなかった。ただし海岸域には、シナノキやエゾイタヤを含む汎針広混交林(上層の混交とは限らない)や湿性地にはスギ、クロベなどの低木林が逃避していた。

　(6) 現在八幡平などに広く分布するオオシラビソ林は、600年前にやっと現在みられる針葉樹林帯が形成された(守田益宗 1998)といわれている。ところがオオシラビソの大型植物化石、木材化石がまったく産出していないので、氷期最盛期秋田に分布していたかどうかもわからない。

　(7) およそ500m以高地は、周氷河地域でソリフラクションが盛んな時期は、イネ科植物などまば

らな荒原が想定される。この周氷河地域は、風穴の分布から県北部の山地尾根筋ではさらに高度を下げていたものとみられる。

　現状では、この程度の復元しかできないが、秋田では日比野紘一郎(1975)による横手盆地の花粉分析があり、50000〜55000年前の堆積物とされ、将来必ず取り扱わなければならない堆積物と指摘されている。ここは旧大雄村で「田村根っこ」と呼ばれ、1960年代初期まで泥炭を採取していたところである。今から40年ほど前にここから出た新鮮な枝葉の化石を見たときアカエゾマツと判断したことがある。秋田には、まだほかに調査すべき箇所(例えば由利本荘市西目の海岸に分布する泥炭層)があり、専門家の調査分析が必要である。

6.2　氷河時代のレガシーを探す

　<u>現在の植生には、氷河時代の針葉樹林や広葉樹林の構成種が引き継がれていて、これらの種を「レガシーLegacy」と名づける。</u>しかし最終氷期におけるレガシーの個々の種が、いつの間氷期に分布を拡大してレガシーになったのかは明らかでない点が多い。竹内貞子(2000)によると更新世になってから18回も植生帯が移動しているという。このレガシーは、多くの山地帯森林等の下層構成種が主体である。なお、局所的な風穴・硫気荒原・岩壁の島状地(遺存・逃避)もレガシーとみなせるが本書ではプロセスが異なるので区別している。

　氷期最盛期の気温低下を7℃と想定すると秋田の平地はWI45℃となる。山地帯の森林等のレガシーを見出すため、ほぼこの区系地理線に当たるサハリンのシュミット線、千島列島の宮部線以北(欧州シベリア区系)に分布し、且つ現在秋田に自生する種を氷河時代秋田にあった北方林構成種のレガシーと仮定し検討してみた。なお、この2つの線は、現在の植物地理区の日華区系Sino—Japanese floral region と 欧州シベリア区系Euro—Siberian floral region の境界にあたる。

6.2.1　北方林構成種の垂直分布からレガシーを見つけ出す

　北方林域全体をカバーするエゾマツ群団やダケカンバ群団等の総合常在度表はまだないため、針葉樹林(34種)についてはP. Krestov, Y. Nakamura(2002)、広葉樹林(37種)については小島覚(1994)、P. Krestov, A. Omelko, Y. Nakamura(2008)等を参考に区分しレガシーとしたが(AppendixⅢ、添付CD-ROM参照)、明確なものでない。なお、広葉樹林には河辺、海岸などの草原種も入れてある。この北方林種の秋田における垂直分布を藤原陸夫の分布図(2000)に基づいてまとめたのが**図6.1**である。

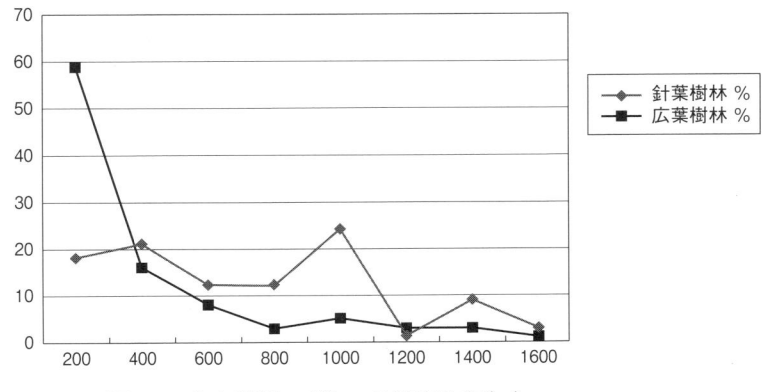

図6.1　北方林種レガシーの高度分布(m)

（1）**図6.1**によると、北方林の種は低海抜高度まで広く分布していて、高海抜高度に限定分布している種は少ない。エゾマツ群団の種は800 m以上に多いが、ダケカンバ群団の種は600 m以下に多く分布している。亜高山帯等の1200 m以上に分布している種は、エゾマツ群団域ではタカネノガリヤス、マルバヨノミ、リンネソウ、スギカズラの4種、ダケカンバ群団域ではミヤマハンノキ、カラクサイノデ、タカネナナカマドの3種と少ない。

（2）北方林を針葉樹林と広葉樹林に区分して秋田の現在の高度分布を見ると、どちらも低海抜高度に多く分布する傾向にあるが、とくに広葉樹林にその傾向が著しい。

（3）北方林種のエゾマツ群団を主とした針葉樹林域の種は、現在のコケモモ—ハイマツ群団やオオシラビソ群団に多く分布している。ところが広葉樹林域の種は、ハルニレ群団、サワグルミ群団、ドロノキ群団、など河川沿いの湿性林とタニウツギ群団、オオイタドリ群団など不安定な斜面の群落およびエゾイタヤ—シナノキ群団の海岸風衝林など低地に多く分布している。このことは、沖津・小島・伊藤（1987）もカムチャッカのダケカンバ林の大型草本の80％以上が北海道の針葉樹林や針広混交林と共通であると述べていることと符合する。また植生史の立場から植村滋（1993）も、氷期の北海道のグイマツ林の林床植物が、後氷期にミズナラなど落葉広葉樹林にスライドさせたと見て、光環境が季節的に変化する落葉樹林に適応的に共存できたからだとしている。

これらのことは、最終氷期最盛期のレガシーは完新世以降植物が一様に上昇したのでなく、低海抜高度域に広く完新世以前の森林構成種を残存させ、湿性で撹乱の多い河川系列に多く残されているのがわかる。植物は気候変動があっても森林帯を構成する下層の種は簡単に絶滅するのでなく、環境を選択し類似環境にうまく順応して持続している。

6.2.2 最終氷期が残した島状地（遺存・逃避）とフロラ

1 風穴のフロラは、最終氷期のエゾマツ林域のものである

極東のエゾマツ林をまとめたP. Krestov & Y. Nakamura（2002）の常在度表による植生体系概要を参考にすると、次のBOX6.1のとおり風穴植物の多くは北方針葉樹林のエゾマツ林域にある。

BOX6.1

A：エゾマツ林 ・コケモモ—トウヒクラス（ウサギシダ、ゴゼンタチバナ）
・ハイマツ—エゾマツ群団域（ベニバナイチヤクソウ、ヤナギラン）
・ハイマツ—エゾマツ群集（コケモモ）
・エゾマツ林域—大陸列島共通（イチイ、オガラバナ、オクヤマシダ）
・エゾマツ林域—大陸（ウスイロスゲ、オオタカネバラ、コメガヤ）
・エゾマツ林域—大陸北部・全列島共通（イソツツジ、アイヅシモツケ、コキンバイ）
・随伴種（コミヤマカタバミ）、そのほか（ナンブソウ—北海道エゾマツ・トドマツ林）

B：ダケカンバ林 ・アオチドリ、エゾヒョウタンボク、ベニバナイチヤクソウ、ヒエスゲ

秋田の風穴の高度分布は、8割近くが500 mまで分布していて200〜300 mが多い（**図6.2**）。この図は植生調査データのある箇所で、ほかに清水（2004）の風穴資料によると　鳥海山猿穴のクロベ低木林と秋田駒ヶ岳小岳があり、田村・高田・八木・西城（1989）から和賀岳が報告されている。

秋田の風穴植生で最も寒冷な時代を示す風穴は、イソツツジ、タチハイゴケ、イワダレゴケ、ダチョウゴケ、ミヤマハナゴケ、マキバエイランタイ等の組成を持つイソツツジ群落が海抜210 mで分

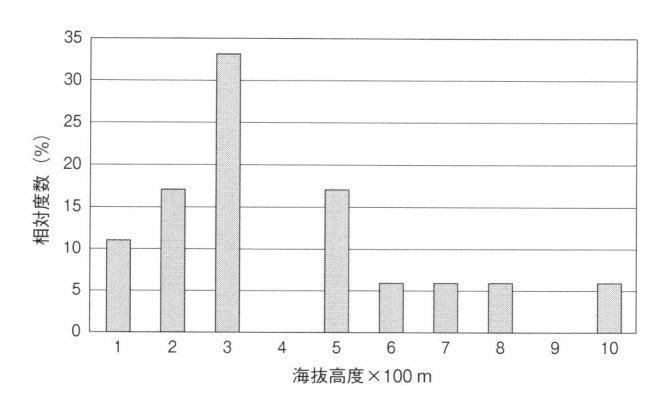

図6.2　風穴の高度分布（風穴箇所18箇所の箇所平均高度）

布していることである。所有者の条件で位置を公表することはできないが、このような組成の風穴は県内ここだけである。この箇所を含む山系にはイソツツジが分布していないので、遺存群落である。佐々木洋(1986)の東北地方、清水長正(2004)がまとめた日本の風穴資料によると、イソツツジのある風穴は北海道にはふつうであるが、ここの風穴の記録は本州ではじめてとなる。氷河最盛期には500m以上が周氷河地域であるとされているが、こういった風穴の存在は、県北部でさらに周氷河地域が下降していて、エゾマツの高度分布も低下していたものとみられる。清水(2004)によると日本の風穴は大部分地すべり地形に依存するとされている。そうであれば、この風穴の形成時期は地すべりが頻発した更新世後半から完新世初頭の気候不安定気の可能性が大きい。増田(1972)によれば、現世のエゾマツの生育温度範囲はWI分布平均値33℃(σ 25〜47℃)と推定していること、内陸に多く分布することから見て、風穴植生は最終氷期最盛期のエゾマツ群団主分布域のものである。

2　山地の湿性岩壁には逃避群落としてのチングルマを残している

すでに4.3.3において、太平山(1170m)地域の山地帯下部230m〜680mの岩壁に分布しているチングルマ等を取り上げている。この分布集団は6月初め開花するが、分布域に最も近い森吉山まで15kmあり孤立集団である。このチングルマの分布域に共通していることは、①花崗岩であること、②北向きの斜面であること、③尾根には、スギ・クロベの針葉樹林が発達し岩壁を取り囲んでいること、④ときにチングルマの開花期、沢になだれによる雪渓が残ることが挙げられる。湿性岩壁に分布する逃避群落であるが、最終氷期最盛期は少雪・乾燥で湿性岩壁や雪田が発達しない時代である。チングルマは火山砂礫地にも分布するので、氷河時代は河谷を埋積した岩礫地に分布をしていた可能性がある。

3　太平洋側と大きな気候差のない時代のフロラを残す男鹿半島・米代川上流域（岩手県旧安代町含む）

アイヅシモツケ、クルマバツクバネソウ、コキンバイ、ザリコミ、スズラン、タガネソウ、チョウセンゴミシ、ミヤマザクラなど大陸シホテアリンのトウシラベ—エゾマツ群団域のフロラの存在は、最終氷期は今より乾燥し大陸性気候下にあったことを示し、氷河時代のレガシーである。これらフロラの秋田における分布は、特に男鹿半島のザリコミ、コキンバイ、スズラン、ミヤマザクラ、クルマバツクバネソウ等と、大館市以東の岩手県北部米代川上流域のザリコミ、コキンバイ、アイヅシモツケ、チョウセンゴミシ、ミヤマザクラ、クルマバツクバネソウ等が分布し両地域の類似性を示し、エ

ゾイタヤ・シナノキ林域に大陸性気候下でのレガシーを残している。このようなフロラが形成された時代は、対馬暖流以前の更新世から完新世初期までである。

6.2.3　亜高山帯にとり残された高山植物群落

　亜高山帯には、雪田・風衝草原・火山荒原・硫気荒原など高山的景観を持つ植生が分布している。しかし、それらの占める植生域は限定された環境で、亜高山帯の一局部に過ぎない。東北地方には、高山植物群落はあっても、植生帯でいう高山帯は形成されていない。

　分子系統地理学の最近の成果によれば、秋田に分布するヨツバシオガマ、ミチノクコザクラ、ハクサンイチゲ、ミヤマタネツケバナ、ミネズオウ、ミヤマキンバイ、イワウメは中部地方と異なり最終氷期の北方系であるという（藤井・池田・瀬戸口 2009）。

　高山帯の植生には、次の3つのクラスがあり、秋田での分布は次のように断片的な分布となっている。

　(1) 高山風衝矮生低木群落　ミネズオウ―クロマメノキクラス *Loiseleurio―Vaccinietea*：秋田におけるこのクラスのコメバツガザクラ群団は、主たる分布域が硫気荒原にあり、ほかはハイマツ群落の縁や岩角地の断片的群落である。マット状に広がりを持った群落は、八幡平焼山（1300 前後ミネズオウ、ガンコウラン、イソツツジ）、玉川温泉（800 m 近くイソツツジ）、栗駒山須川温泉鉱山跡近く（1200 m 近くガンコウラン、ミネズオウ）、泥湯温泉川原毛（600 ～ 800 m ガンコウラン）いずれも硫気荒原である。本来的なこのクラスの群落は、鳥海山北面七高山直下の 2100 ～ 2200 m 風衝矮生低木群落で、コメバツガザクラ、ガンコウラン、アオノツガザクラが砂礫地斜面の微妙な凹凸にモザイクを形成している。しかし、ここには砂礫地に分布する低山要素のチョウカイアザミのパッチ群落が点在し、真の高山帯ではない。

　(2) 高山荒原植物群落　コマクサ―イワツメクサクラス *Dicentro―Stellarietea nipponicae*：まとまった群落を形成しているのは、タカネスミレ―ヒメイワタデ群団で奥羽山脈の風衝火山砂礫地に分布している（岩手山、秋田駒ヶ岳、蔵王山、燧ヶ岳、出羽山地のチョウカイフスマ群集―鳥海山）。しかし、このような風衝火山砂礫地は、新しい火山に限定的に形成されているもので、群団の分布はこのような立地に限られる。この群団にくらべイワツメクサ群団のミヤママンネングサ、シコタンソウ、イワベンケイ、ミチノククワガタなどは、非火山のブナクラス域の岩壁・岩礫地に遺存群落を形成して点在分布しているにすぎない。

　(3) 高山風衝草本群落　カラフトイワスゲ―ヒゲハリスゲクラス *Carici rupestris―Kobresietea bellardii*：このクラスの多くの種群は、蛇紋岩地域で有名な早池峰山に分布している。早池峰山のこのクラスの種群は、最終氷期でなくもっと以前に侵入定着した可能性がある。秋田では、このクラスは分布を欠き、ミネズオウ―クロマメノキクラスやコマクサ―イワツメクサクラスに少数散在して分布するにすぎない。氷河最盛期には、周氷河環境の風衝少雪域に最も発達したクラスであるが、現在の奥羽山脈では周氷河性平滑斜面を泥炭質土壌が覆った地域（特に八幡平）が多く、このような地域ではこのクラスの種群が絶滅したとみられる。

　(4) 周北極要素で氷期最盛期の植物として知られているコケスギランの秋田の分布を見ると、尾根部の平坦な凸型地形で八幡平では大深岳～岩手大白森～関東森の 1200 m から 1420 m に点在する湿性草原、乳頭山では 1230 m ～ 1330 m の湿性草原、鳥海山では 1530 m ～ 1650 m の湿性草原と雪田に分布している。植生はヌマガヤ群団、イワイチョウ―キダチミズゴケ群団、イワイチョウ群団に属している。氷河時代はツンドラ的湿性群落の構成種で多雪化によって雪田や風の影響を受ける平坦な尾根

の湿性草原に遺存分布したものである。

　海抜高度が低い山岳が多い秋田の高山植物群落は、主に完新世以降植生帯の上昇によりほかの植物が入り込めない雪田周囲・風衝地・火山荒原・風穴・岩礫地・岩壁など少雪で土壌形成がなく凍結する箇所や強酸性の硫気荒原に分布している。このように高山植物群落は、氷河期の植生が逃れ生き延び取り残された遺存・逃避群落である。

　今後、分子系統地理学の進展により、これらの地理的分布と移動経路が明確にわかる時代が来るものと期待する。

6.3　現在の亜高山帯の植生は、相互に類縁関係にあり各系列をたどった群落の到達域である

6.3.1　亜高山帯の針葉樹林、低木林は相互に関係し類縁性が高い群落である

1　亜高山帯の群集・群落は、フロラ的類縁性が高い

　秋田における亜高山帯の主要な群集・群落のフロラ的類縁性について、簡単なフロラ的類似度であるJaccard(1901)の共通係数で比較すると(**表6.1**)、ミヤマナラ群集とチシマザサ群集が最も高い。このことはすでに鈴木時夫(1956)により、月山でチシマザサ―オクノカンスゲ群集(後にミヤマカンスゲに訂正)はチシマザサ群落と低木林を包含した群集としたのも意味がある。同じく共通係数を使った石塚・齋藤・橘(1972)の鳥海山も同じ結果で、石塚・橘・齋藤(1975)は亜高山針葉樹林を欠く偽高山帯のマトリックスとしての性格を持つ群落としてナナカマド・ミネカエデ群落を捉えている。この偽高山帯の低木林の特徴は次のとおりである。

　(1) 偽高山帯の低木林は、上層が閉鎖した落葉広葉樹林からチシマザサ群落上層に落葉広葉樹が混生した群落、さらにはチシマザサ密生群落まである。これらの群落は、チシマザサの優勢度合いによって植生の構造と組成が連続的に変化するが同質の群落である。ミヤマナラ群集(ナナカマド・ミネカエデ群落含む)とチシマザサ群集の相違を、石塚・斎藤・橘(1975)の月山でみると、ナナカマド・ミネカエデ群落は比較的雪解けの早い立地や尾根筋の浅土地に、チシマザサ群集は雪田周囲の雪解けの遅い立地である。秋田でも広く認められ、群集間は連続性をもって分布しているが、海抜高度の低い

表6.1　亜高山帯各群落の類縁性(Jaccard共通係数)合計255か所

群団・群落	Qm	Sa	Ab	Al	データ数
Pi	53	48	39	27	63
Qm		59	46	27	92
Sa			46	30	37
Ab				29	33
Al					30

Pi : *Vaccinio—Pinetum pumilae*　　コケモモ―ハイマツ群集(略称ハイマツ群集)
Qm : *Menziesio—Quercion*　　ミヤマナラ群集
Sa : *Carici multifoliae—Sasetum kurilensis*　ミヤマカンスゲ―チシマザサ群集(略称チシマザサ群集)
Ab : *Abietetum mariesii*　　オオシラビソ群集
Al : *Alnus viridis var. maximowiczii*　ミヤマハンノキ群落
(注) Jaccardの共通係数C(群団・群落の場合)
　　C = a/(a+b+c)×100%　　a：A, B群団・群落の共通種数　b：A群団・群落のみの出現種数
　　　　　　　　　　　　　　c：B群団・群落のみの出現種数

山岳の多い秋田の偽高山帯では、ブナ林限上部の落葉広葉樹低木林にミヤマナラがしばしば混生する。

　（2）偽高山帯の低木林上層種の散布体は、風散布と動物散布（鳥散布が多い）に依存している。本来重力落下と動物散布であるブナ低木林のパッチも、7.1.1で述べるようにホシガラスなどによる鳥散布である。これに比べミヤマナラは、重力落下と動物散布（鳥散布の可能性もある）でブナ林限に接続して帯状的な分布パターンを形成しやすい。

　（3）チシマザサの多い群落の分布を見ると、オオシラビソ林が優占する八幡平山系ではチシマザサ群集や畚岳、茶臼岳のナンゴクミネカエデ群落が分布して偽高山帯的相観に見えるし、オオシラビソが疎開する八幡平、森吉山等の斜面ではナナカマド、ミネカエデの常在度の高いチシマザサ群集が分布している（口絵写真）。したがって、単に針葉樹のある亜高山帯と偽高山帯を表面上対立的に捉えることには問題があり、植生成立のプロセスとパターンが問題であると見なければならない。つまり、どちらのタイプの山岳も鈴木時夫（1956）のいうミヤマカンスゲ―チシマザサ群集がマトリックスとなって、後で述べるようにオオシラビソ林はその後の分布拡大の結果（守田益宗 2000）である。

　（4）さらに東北の亜高山帯の共通した特徴は、ダケカンバ帯を造らないでダケカンバがオオシラビソ林やチシマザサ群集にパッチ群落や散生分布していることである。こうした分布パターンが影響してこれらの群落は類縁性が高い。これらの群落だけでなくハイマツ群団、オオシラビソ群団とも高い類縁性が認められ、亜高山帯全体としてモザイクパターンを形成しているため、各群落のフロラ的類縁性が高くなっている。

　なお、この表の中でミヤマハンノキ群落だけは類縁性が低く群団間ネットワークの系列単位を異にした群落である。また、コメツツジオーダーは本来山地帯の風衝岩角地の植生であるが、秋田の真昼山地では偽高山帯の岩角地に分布している。

2　亜高山帯の群落は、群団間ネットワークの系列単位を反映したパターンをつくる

　さらにこれらの群集・群落について相互にどう関係しているかを見るため、組成表から群集・群落の要素値を群団要素別にまとめて相対値を比較したのが、**図6.3**である。例えば、ハイマツ群集Piの

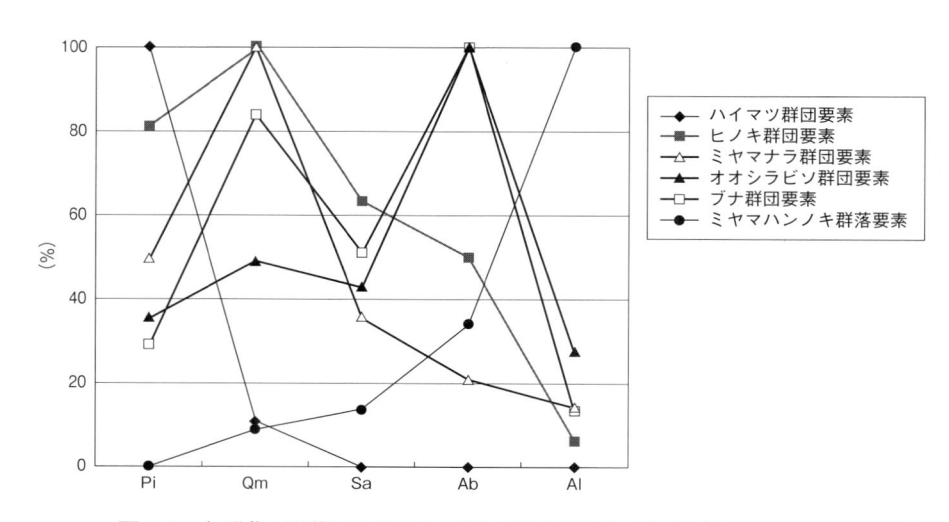

図6.3　各群集・群落における各群団・群落要素値の分布パターン

（注）要素値は、Appendix IVの群団レベルでなく群集レベルであるため、常在度の数値化は異なりV = 5、IV = 4、III = 3、II = 2、I = 1、r = 0.25としている。また群団要素の種群も群集レベルのためAppendix IVと一致していない。

ハイマツ群団の要素値を100とした場合、ミヤマナラ群集Qmは11と低く、ほかの群集・群落には出現していないことがわかる。つまり、ハイマツ群団要素は、チシマザサ群集Sa・オオシラビソ群集Ab・ミヤマハンノキ群落Alには分布しないことを示している。

　これら群団・群落要素値の分布曲線は、次の3つのパターンに区分できる。

　(1) ハイマツ群団とミヤマハンノキ群落の要素値は、対照的な分布曲線で群団間ネットワークには両群団・群落はほとんど不連続で関係していない。ただしここではデータを欠くが、ミヤマハンノキは先駆的で砂礫や岩礫地帯のハイマツ群団まで少数分布し、ハイマツはチシマザサ群集やオオシラビソ群集にも分布する。

　(2) ヒノキ群団と、ミヤマナラ群団の要素値は、同じ分布パターンで、ミヤマナラ群集を頂点にしているが、ミヤマハンノキ群落との関係は薄い。ヒノキ群団要素値は、各群集とともにミヤマナラ群団要素値より上位にシフトし、亜高山の各群集との関係がより強くなっている。

　(3) オオシラビソ群団とチシマザサ―ブナ群団(*Saso kurilensis—Fagion crenatae*)の要素値は、オオシラビソ群集を頂点にミヤマナラ群集と2つ山の類似の分布パターンを示している。しかし、オオシラビソ群集のミヤマナラ群団の要素値は低い。

　これらの分布パターンの相違は、斜面系ではブナ群団、尾根系ではヒノキ群団、河川系等群落が立地系列を移動してきた結果である。

3　亜高山帯の各群落には、チシマザサ―ブナ群団要素と500m以下に分布している種が多く分布している

　亜高山帯といっても図6.4を見れば、ミヤマナラ群集Qm、チシマザサ群集Sa、オオシラビソ群集Abは、チシマザサ―ブナ群団要素が30%前後、それに500m以下に分布している種を加えるとこれらの群集では、70%を超え、亜高山帯の主体は山地帯以下の種である。

　ここでもハイマツ群集Piとミヤマハンノキ群落Alは低く、50%を超える程度でほかの群団と異なる。さらに、東北の亜高山帯針葉樹林をまとめた齋藤員郎(1977)のオオシラビソ林の組成表をみると、早池峰山・八甲田山・八幡平・森吉山・蔵王山・月山・吾妻山も軒並み7割前後で、特に月山・森吉山では8割近くにおよんでいる。ちなみに北海道の亜高山性針葉樹林について、宮脇等(1988)の組成表から求めると低標高(針広混交林帯)では秋田のハイマツ群団と同じ程度で、高標高になって7%低下し50%を割り込む。一見すると多雪環境がこのような分布を決めていそうに見えるが、先のレガシー

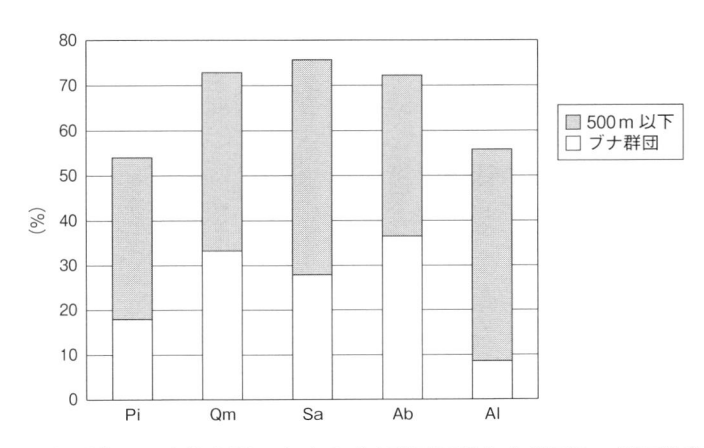

図6.4　各群集の要素値合計に占めるブナ群団要素および500m以下分布種

などとの再構成・融合があり単純でない。この水平・垂直分布の推移帯的性格は、当然予想されたことであるが、気候変動と群落組成の応答は一様でないことがわかる。

　無論、植生の分類体系が変われば異なった結果になる。これまで述べてきた群団・群集・群落は、宮脇・奥田・藤原 1994 の植生体系にしたがった分類体系のため、チシマザサ群集とヒノキ群団（*Chamaecyparidion obtusae*）はブナクラスに所属している。鈴木時夫(1966)は、コケモモ—トウヒクラスにハイマツ—コケモモオーダーのチシマザサ群団(チシマザサ—オクノカンスゲ群集)とヒメコマツオーダーを置いた。したがって、亜高山帯は宮脇らにしたがえばブナクラスとコケモモ—トウヒクラスの混在したゾーンであるが、鈴木の体系では、同一クラスのゾーンに所属する。秋田のヒノキ群団要素は山地帯の尾根筋から亜高山帯まで広く分布しているとはいえ、ヒノキ群団高木林種のクロベ、キタゴヨウ、スギなどの分布域の主体はブナクラスにある。

6.3.2　亜高山帯は、完新世以降各群落移動の到達域である

1　ヌマガヤオーダー等の群団は類縁性が高く構成種の多くは、低地に分布する

　(1) 東北の亜高山帯を特徴づけているヌマガヤ群団等について、Jaccardの共通係数から見ると(**表6.2**)亜高山帯湿性草原の基本骨格を成している群団はツルコケモモ—ミズゴケクラスのイワイチョウ—キダチミズゴケ群団BC、ヌマガヤオーダーのヌマガヤ群団MS、アオノツガザクラ—ジムカデクラスのイワイチョウ群団Sの3群団であることがわかる。

表6.2　ヌマガヤ群団等共通係数(合計538箇所)

	MM	H	BC	BP	MS	S	MR	データ数
ME	14	11	12	14	6	6	6	24
MM		37	40	41	30	21	19	78
H			44	36	31	24	16	79
BC				42	46	32	18	81
BP					29	21	14	75
MS						52	25	74
S							16	70
MR								57

　(注) ME のホシクサ—コイヌノハナヒゲ群団は低地に分布し組成が異質で、MR 湿性岩壁のヌマガヤ群団は岩壁に関連した種によって共通性が低下している。ヌマガヤ群団等に共通しているのは栄養塩類に乏しい貧栄養地 oligotrophic であり、富栄養 eutrophic なヨシクラスと対抗している。低地では湧水湿地に分布し、亜高山帯域では、広く覆う火山灰が風化・溶脱作用を激しく受け、酸性が強く養分が欠乏している立地である(村山磐 1973)。ほかの記号は、表6.3にある。

　(2) ヌマガヤオーダー等の分布を**表6.3**で見ると、低地から亜高山帯まで分布しているが、主な垂直分布域は低地と山地帯上部から亜高山帯域に二分されている。

　低地は、主にホシクサ類—コイヌノハナヒゲ群団と低地の浮島にも分布するヌマガヤ—イボミズゴケ群団である。

　亜高山帯域では、緩傾斜地にイワイチョウ—ショウジョウスゲ群集と雪田性のイワイチョウ群団が、平坦緩傾斜地にワタミズゴケのあるイワイチョウ—キダチミズゴケ群団が広く分布している。これら3つの群集・群団はクラスを異にしているが湿性草原の基本をなし、しばしばモザイクパターンを形成している。

表6.3　ヌマガヤ群団等の高度分布（表の数字は各群団等の高度別構成比％）

群団等	ME	MM	BP	H	BC	MS	S	MR	全平均%
箇所数	24	78	75	79	81	74	70	57	538
～1800m				1					
～1700m						3			
～1600m		1	1	5	6	16	23		7
～1500m			4	16	1	5	10		5
～1400m		4	13	6	22	36	43		17
～1300m		5	7	23	30	24	13		14
～1200m		17	11	20	25	12	11	7	14
～1100m		12		6	2			4	3
～1000m		8	11	1	10	3			5
～900m		14		6	4			9	4
～800m		31	7	3				7	7
～700m								28	3
～600m			9					2	1
～500m			1	5				5	1
～400m				6				12	2
～300m								25	3
～200m								2	
～100m	100	9	36						11

ME：*Eriocaulo—Rhynchosporion fujiiani*　ホシクサ類—コイヌノハナヒゲ群団
MM：*Moliniopsion japonicae*　ヌマガヤ群団
　　　　Carici—Moliniopsietum japonicae　ホロムイスゲ—ヌマガヤ群集
　　　　Inulo—Moliniopsietum japonicae　ミズギク—ヌマガヤ群集
BP：*Moliniopsio—Sphagnion papillosi*　ヌマガヤ—イボミズゴケ群団
H：*Moliniopsio—Rhynchosporion albae*　ヌマガヤ—ミカヅキグサ群団
BC：*Faurio crista—galli—Sphagnion compacti*　イワイチョウ—キダチミズゴケ群団
　　　　Rynchosporo yasudanae—Sphagnetum tenelli　ミヤマイヌノハナヒゲ—ワタミズゴケ群集
MS：*Moliniopsion japonicae*　ヌマガヤ群団
　　　　Faurio—aricetum blepharicarpae　イワイチョウ—ショウジョウスゲ群集
S：*Faurion crista-galli*　イワイチョウ群団
MR：*Moliniopsion japonicae*　ヌマガヤ群団（湿性岩壁）

　湿性岩壁のヌマガヤ群団は山地帯上部まで連続的に分布していて、低地と亜高山帯に二分されているヌマガヤオーダー等の植生をつないでいる。このヌマガヤ群団の群落は離散的分布のため、完新世以降ジーンフローの面から植生帯上昇過程で回廊として機能したと思われるが、DNA解析を待たなければ良くわからない。

　(3) これらの群団・群集の常在度Ⅲ以上出現した種は、亜高山帯のほかの群団等にどのように関連して分布しているのかをまとめたのが**表6.4**である。この表から次の点が指摘できる。①ヌマガヤ群団等に広く分布するイワカガミ、ショウジョウスゲ、ショウジョウバカマ、ゼンテイカ、タチギボウシ、ミツバオウレンなどは亜高山帯のほかの群団等にも分布し森林性の種も含まれていること②一方でヌマガヤ群団等には、木本植物のウラジロヨウラク、ハクサンシャクナゲ、ハイイヌツゲなどが入り込んでいること③ヌマガヤ群団等の骨格を成す多くの種は我が国低地の温帯由来で、完新世以降湿性草原には周極要素、雪田には北米とつながりのある北太平洋要素が入り込み群落を形成したこと。

表6.4　ヌマガヤ湿原、雪田の群団等で常在度Ⅲ以上出現した種の分布

		MM	BP	H	BC	MS	S	MR	QM	WE	SA	QM	AB	TR	AL
		ヌマガヤ群団A（ホロムイスゲ・ミズギク）	ヌマガヤ―イボミズゴケ群団	ヌマガヤ―ミカヅキグサ群団	イワイチョウ―キダチミズゴケ群団	ヌマガヤ群団（イワイチョウ・ショウジョウスゲ）	イワイチョウ群団	ヌマガヤ群団（岩湿）	タニウツギ群団（なだれ）	タニウツギ群団（ヒメヤシャブシ）	チシマザサ群集	ミヤマナラ群団	オオシラビソ群集	オニアザミ―ヒゲノガリヤス群集	ミヤマハンノキ群落
太字*：500m以下分布種	計833箇所	80	76	81	81	75	71	58	24	27	37	92	33	68	30
Moliniopsis japonica	**ヌマガヤ***	Ⅳ	Ⅲ	Ⅱ	Ⅴ	Ⅳ	Ⅰ	Ⅱ	r						
Narthecium asiaticum	**キンコウカ***	Ⅲ	Ⅰ	Ⅰ	Ⅲ	Ⅲ	Ⅰ	Ⅳ	Ⅰ						
Drosera rotundifolia	**モウセンゴケ***	Ⅲ	Ⅳ	Ⅱ	Ⅴ	Ⅰ	r	Ⅲ	Ⅰ						
Parnassia palustris	**ウメバチソウ***	Ⅱ	Ⅰ	Ⅰ	Ⅲ	Ⅰ	Ⅰ	Ⅰ						r	
Triantha japonica	イワショウブ	Ⅰ	Ⅱ	Ⅰ	Ⅲ	Ⅱ	Ⅱ	Ⅱ							
Rhynchospora yasudana	ミヤマイヌノハナヒゲ	Ⅱ	Ⅰ	Ⅱ	Ⅳ			Ⅰ							
Carex omiana var. *monticola*	**カワズスゲ***	Ⅲ	Ⅰ	Ⅳ	Ⅲ	Ⅰ									
Vaccinium oxycoccus	**ツルコケモモ***	Ⅱ	Ⅳ	r	Ⅱ	r									
Eriophorum vaginatum ssp. *fauriei*	ワタスゲ	Ⅰ	Ⅱ	Ⅰ	Ⅲ										
Rhynchospora alba	**ミカヅキグサ***	r	Ⅲ	Ⅱ	Ⅰ										
Sphagnum papillosum	**イボミズゴケ***		Ⅳ												
Sphagnum tenellum	ワタミズゴケ	r			Ⅴ										
Hosta sieboldiana	**トウギボウシ***	r						Ⅴ	Ⅲ	Ⅰ					
Schizocodon soldanelloides	**イワカガミ***	Ⅲ	Ⅱ	Ⅰ	Ⅲ	Ⅴ	Ⅳ	Ⅰ	Ⅳ		Ⅱ	Ⅰ	Ⅱ	Ⅱ	Ⅰ
Carex blepharicarpa	**ショウジョウスゲ***	Ⅰ	Ⅰ	Ⅰ	Ⅰ	Ⅴ	Ⅴ	Ⅴ	Ⅳ		Ⅱ	Ⅰ	Ⅱ	Ⅱ	Ⅰ
Heloniopsis orientalis	**ショウジョウバカマ***	Ⅱ	Ⅰ	Ⅰ	Ⅰ	Ⅱ	Ⅰ	Ⅰ	Ⅰ		Ⅱ		Ⅲ	Ⅱ	
Hemerocallis dumortieri var. *esculenta*	**ゼンテイカ***	Ⅲ	r	Ⅰ	Ⅰ	Ⅱ	Ⅰ	Ⅰ	Ⅰ	Ⅰ	Ⅰ	Ⅰ	Ⅰ		Ⅰ
Hosta sieboldii var. *rectifolia*	**タチギボウシ***	Ⅳ	Ⅰ	Ⅰ	Ⅰ	Ⅲ		r	Ⅰ		r	Ⅰ	Ⅰ		
Gentiana triflora var. *japonica*	**エゾリンドウ***	Ⅰ	Ⅰ					Ⅲ						r	
Coptis trifolia	ミツバオウレン	Ⅰ	Ⅱ	Ⅰ	Ⅰ	Ⅰ	Ⅰ				Ⅲ	Ⅲ	Ⅲ	r	
Sieversia pentapetala	チングルマ	r	r	Ⅰ	Ⅱ	Ⅰ	Ⅳ	Ⅱ							
Aletris foliata	ネバリノギラン	r	r	Ⅰ	Ⅰ	Ⅲ								Ⅱ	Ⅰ
Nephrophyllidum crista-galli ssp. *japonicum*	イワイチョウ	Ⅰ	Ⅱ	Ⅰ	Ⅲ	Ⅴ	Ⅲ			r				Ⅲ	Ⅰ
Tilingia ajanensis	シラネニンジン	r	Ⅰ	Ⅰ	Ⅰ	Ⅲ						r		Ⅲ	Ⅰ
Sanguisorba albiflora	シロバナトウウチソウ	Ⅱ	Ⅰ	Ⅰ	Ⅱ	Ⅲ							r	Ⅱ	Ⅰ
Primula nipponica	ヒナザクラ			Ⅱ	Ⅲ	Ⅱ	Ⅳ							r	
Plantago hakusanensis	ハクサンオオバコ						Ⅲ							Ⅰ	
木本種															
Rhododendron multiflorum	**ウラジロヨウラク***	Ⅰ	Ⅰ	r	r	Ⅱ	r	Ⅰ	Ⅲ	Ⅱ	Ⅱ	Ⅲ	Ⅰ		
Ilex crenata var. *radicans*	**ハイイヌツゲ***	Ⅱ	Ⅰ		r	Ⅰ				Ⅱ			Ⅱ	Ⅱ	
Rhododendron brachycarpum	**ハクサンシャクナゲ***	r	Ⅰ			r				r	r	Ⅰ	Ⅰ	r	
Vaccinium ovalifolium	クロウスゴ					Ⅰ					Ⅰ	Ⅰ	Ⅱ	Ⅰ	Ⅱ

　（4）これらのことは、ヌマガヤ群団等とミヤマカンスゲ―チシマザサ群集、ミヤマナラ群団、オオシラビソ群団等と相互に関係していてヌマガヤ群団の拡大・縮小が土壌の近似性で起こることを示している。近年の平ヶ岳湿原の乾燥化にともなうハイマツ、チシマザサの侵入（安田・沖津 2001）や大雪山系で融雪時期の早期化や土壌の乾燥化でハイマツ、チシマザサなどの低木の分布域を拡大している（金子・星野・雨谷 2014）などの事例はこれらのことを裏づけている。

　（5）亜高山帯に分布するこれら 3（BC, MS, S）群団は、単に植生が上昇したのでなく亜高山帯植生の成立に深く関わっている点である。

　第 1 に泥炭質土層（高山湿草地土ともいう。主に植物遺体の識別困難な黒泥 muck で火山灰層を介在することが多い）は、最終氷期に形成された残雪凹地、周氷河性平滑斜面を覆ったということである。泥炭質土層の生成は完新世前半の約 2000 年間に始まり、消雪の早晩に関係しないこと、また場所により数千年以上の時間差があるという（刈谷愛彦 1994、佐々木・刈谷 2000）。

　第 2 に泥炭質土層には酸化鉄の集積やときに硬盤（hard pan）が認められいずれも下部に不透水層が存在すること（大角・熊田 1971）、オオシラビソ林下の土壌も溶脱と鉄の集積が見られ腐植型湿性ポドソルとされていること（山谷孝一 1976）である。刈谷愛彦（1994）、S. Takaoka, Y. Kariya（1997）、佐々木・刈谷（2000）の土壌断面図を見ると湿性草原辺縁のチシマザサ群集やオオシラビソ群集でも土層内に黒泥や泥炭が認められる。このように土壌が近似していることから、泥炭質土層のヌマガヤ群団等とチシマザサ群集―落葉低木林―オオシラビソ群団との群落分布域の変動が乾燥化や湿性化で起こるとみられる。なお、北海道の針広混交林、カムチャツカのダケカンバ林には、湿性ポドソルが分布しない（タイガには分布）という。やはり湿性ポドソルは、冷涼湿潤な雲霧帯に形成されやすい土壌なのである。

　このように湿潤な亜高山帯の湿性地の木本群落（ハイマツ、ミヤマナラ、ミヤマヤナギなどもヌマガヤ群団の縁に出現するマント群落を形成する）や草本群落は相互に共通する種を持ち、また木本群落、草本群落内の類縁性も高い。このような群落相互の近似性・関係性が気候の小変動（特に積雪）や撹乱でも群落の分布域を変化させ、4.3 で述べた亜高山帯のモザイク性を持続させている大きな要因である。

2　海岸崖地と亜高山帯等を結ぶイワキンバイ群団

　ブナ帯上部から亜高山帯にかけては、海岸断崖地植生と関係のある風衝草原が発達する。このことはすでに工藤祐舜（1924）が触れており以前から知られていたことである。なお余談であるが、工藤裕舜は秋田県湯沢市の出身で分類学者と見られがちであるが、植物生態学にも理解が深く、門下生に舘脇操、正宗厳敬、細川隆英、鈴木時夫を輩出している（伊藤浩司 1987）。大場達之（1974）が多雪山地の亜高山風衝草原と海岸草原の類似性を指摘し、石塚和雄（1977）は、海岸崖地の植生は、寒地・高山植物の南下や暖地植物の北上を最もよく示す育地であると述べている。男鹿半島西海岸の厳冬期は、厳しい季節風のため急崖地に積雪がなく、流水や滲水のあるところは氷結し、風衝の亜高山帯と近似した立地である。

　多豪雪地の日本海側亜高山帯では、雪田草原など湿性草原が大部分を占め中性から乾性草原は限定される。**表 6.5** は崖地を含む海岸地域と亜高山帯に共通して分布する種が、どのような群団に分布しているのかを表している。この表から、広葉草本の多い中性草原タイプと乾性草原タイプに二分された。中性草原タイプは、シュロソウ、ゼンテイカ、トウゲブキなど、乾性草原タイプはキリンソウ、ミヤママンネングサ、イブキジャコウソウなどである。このなかで、イブキボウフウ群団だけ、2 つのタイプの種群が共存している。北海道日本海沿岸地域で相観的に目立つ中性草原タイプの大型セリ

表6.5　海岸と亜高山帯共通種の群団分布

		Qd	Ag	Ps	Wh	Mi	Ra	Sj	Pd	Hv	Sn
ファイル名		P2110	P2103	P2115	P2108B	P2108D	P3105B	P2113	P2116	P2116D	P2116E
箇所数　計735		6	120	89	27	24	137	123	141	41	27
Veratrum maackii(s.lst.)	シュロソウ広義	V	r	I	I	III	III	r		I	
Hemerocallis dumortieri var. *esculenta*	ゼンテイカ				I	II	II	I			
Ligularia hodgsonii	トウゲブキ			r		II	III		r	r	
Serratula coronata ssp. *insularis*	タムラソウ	V	I				I	r			
Senecio nemorenisis	キオン	I		I			I	r		I	
Angelica ursina	エゾニュウ	III	II	III	II	II	r				
Pleurospermum uralense	オオカサモチ			r			r	r		r	
Angelica sachalinensis	エゾノヨロイグサ						II				
Phedimus aizoon var. *floribundus*	キリンソウ			r	r	r		III	II	IV	r
Dianthus superbus var. *speciosus*	タカネナデシコ			r			r		I	II	I
Sedum japonicum var. *senanense*	ミヤママンネングサ							I	I	r	II
Galium verum ssp. *asiaticum* f. *luteorum*	キバナカワラマツバ			I					r	III	I
Thymus quinquecostatus var. *ibukiensis*	イブキジャコウソウ							r	II	r	I

Aceri grabri—Tilion japonicae　エゾイタヤ—シナノキ群団
　Qd：*Brachypodio—Quercetum dentatae*　ヤマカモジグサ—カシワ群集
　Ag：*Aceri glabri—Tilietum japonicae*　エゾイタヤ—シナノキ群集
　　　Aceri glabei—Zelkovetum serratae　エゾイタヤ—ケヤキ群集
Artemisio—Polygonion sachalinensis　オオヨモギ—オオイタドリ群団
　Ps：*Plectrantho-Polygonetum* Ass.-Grouppe　クロバナヒキオコシ—オオイタドリ群集群
Wh：*Weigelion hortensis*　タニウツギ群団
Sj：*Seselion japonicae*　イブキボウフウ群団
Sn：*Stellarion nipponicae*　イワツメクサ群団
Pd：*Potentillion dickinsii*　イワキンバイ群団
Trollio—Ranunculion acris japonici　シナノキンバイ—ミヤマキンポウゲ群団
　Hv：*Galium verum* subsp. *asiaticum* f. *luteolum—Hedysarum vicioides* var. *japonicum*—community
　　　　キバナカワラマツバ—イワオウギ群落
　Mi：*Miscanthetum intermedius*　オオヒゲナガカリヤスモドキ群集(本来山地帯のススキクラス)
　Ra：*Saussureo japonici—Ligularietum hondsonii*　オクキタアザミ—トウゲブキ群集
　　　Calamagrosti sachalinenssae—Athyrietum yokoscensis var. *alpestre*
　　　　タカネノガリヤス—タカネヘビノネコザ群集
　　　Angelica sachalinensis—Calamagrostis matsumurae—community
　　　　エゾノヨロイグサ—ムツノガリヤス群落

(注) イブキボウフウ群団のオオカサモチ、イブキジャコウソウは、津軽半島竜飛崎(65〜80m)のもので、表に無いが竜飛にはススキ群団のトウゲブキ(海抜25m)も分布している。また、海岸に多く分布するエゾノカワラマツバ、カワラナデシコは、それぞれキバナカワラマツバとタカネナデシコと近縁種のため関連性があるものと判断した。これらのことは、ハマフウロ—オガフウロ—ハクサンフウロ、ツリガネニンジン—ハクサンシャジン、ウシノケグサ類にも認められる。地理的に分布域の異なる近縁種はどう分化したのかは、これだけの事実では解明できないが、繰り返された氷河時代の植生移動で分化した種であると推定される。

科植物はエゾニュウで、秋田ではセリ科植物が多い男鹿の海崖地直上部のカシワ風衝低木林を特徴づけている。

　さらにこれらの群団の高度分布を**表6.6**で見るとよりはっきりしてくる。すなわち、乾性草原(Hvキバナノカワラマツバ—イワオウギ群落)は、山地帯上部から亜高山帯下部の崩壊地周辺の風衝地で、

主に真昼山地に分布している。この分布には、海崖地→山地帯のイワキンバイ群団→キバナカワラマツバ―イワオウギ群落の系列単位が想定され、現在イワオウギは遺存群落となっている。

　一方風衝の中性草原Raは、亜高山帯下部と上部に分かれているが、上部は主に鳥海山のオクキタアザミ―トウゲブキ群集である。これらの群落は、周氷河性平滑緩斜面に分布し一部に構造土が見られ、ここにも現在遺存種が分布する。山地帯から亜高山帯にかけての「なだれ地」には、オオヒゲナガカリヤスモドキ群集Mi→シナノキンバイ―ミヤマキンポウゲ群団の系列単位が認められ、大型セリ科植物もこの系列単位に属している。

　これらの群団は、氷河時代海岸や山地帯上部の風衝草原、河谷に埋積した岩礫地に分布していたものが、完新世以降に河川・岩壁・崩壊地・なだれ地を利用して上昇移動し、氷河時代の残存植物と群落を形成していったものとみられる。とくに秋田では、湿性岩壁のヌマガヤ群団と乾性岩壁のイワキンバイ群団の亜高山帯草原の形成に果たした役割は大きい。

6.3.3　亜高山帯植生の主要種の垂直分布から移動プロセスをみる

　亜高山帯に分布する主要な種について、分布する群団等別・高度別に分布をまとめたのが、**表6.7**である。最終氷期以降亜高山帯植生の主要種は、いろいろな移動プロセスを経て現在の亜高山帯植生を形成したことがわかる。この表の分布を見る場合、①山地帯から亜高山帯まで垂直分布に幅があるのかないのか、②いろいろな群団に出現するかどうかに着目して移動プロセスを検討することがポイントである。こういったことをもっと明らかにするためには、今後分子系統地理学や虫媒花の花粉分析の研究成果が蓄積されることが必要である。

　(1)　垂直分布で亜高山帯域に留まっている種は、ミヤマハンノキ、ハイマツ、ナンゴクミネカデで、出現群団数も少なく分布域が限定されている。

　ハイマツやナンゴクミネカエデは完新世以降の疎性群落域や生態的空白域に、後で述べるオオシラビソ（守田 1998）は、泥炭形成後の新しい時代に分布拡大したものである。

　• **ミヤマハンノキ**（*Alnus viridis* ssp. *maximowiczii*）……多豪雪地では典型的な撹乱されやすい沢沿いの立地のほか、岩角地や砂礫地、浅薄な未熟土にも分布する。パイオニア的根粒菌植物で、北千島の火山砂礫地の分布から見て氷河時代から常に森林限界以上に分布していた種である。

　• **ハイマツ**（*Pinus pumila*）……湿原のへりにも分布するが植物化石が見つからないこと、分子系統地理学からは、早池峰山・八幡平以北は北方系集団で、焼石岳・鳥海山・飯豊山以南は南方系の集団で分断されていることがわかってきている（植田・藤井 2000）。これらの点から、完新世に入ってから

表6.6　イワキンバイ群団と亜高山帯草本群団の高度分布（%）

群団等	Pd	Hv	Mi	Ra
調査箇所	140	41	24	135
-2100				1
-2000				
-1900				1
-1800				18
-1700				10
-1600				3
-1500				21
-1400		2	33	19
-1300			54	12
-1200	1	20		7
-1100		2		1
-1000	4	61	8	5
-900	1	15		
-800				
-700	2		4	
-600	26			
-500	20			
-400	26			
-300	10			
-200	9			
-100	2			

表6.7　亜高山帯主要種の群団等別の高度分布(%)

分布種	ミヤマハンノキ		ハイマツ				ナンゴクミネカエデ				ミヤマヤナギ						ダケカンバ				ミヤマナラ				ムツノガリヤス		
ファイル番号	P3103A	全ファイル	P3102	P2109B	P3106	全ファイル	P2109	P3102	P2109B	全ファイル	P3105B	P2109B	P2109D	P3102	P2109	全ファイル	P3101	P3103A	P2109	全ファイル	P2109	P2108A	P2109D	全ファイル	P3105B	P2119	全ファイル
出現率 %	44		88	25	15		52	29	28		34	40	48	18	11		64	41	12		62	96	61		41	12	
出現箇所数	25	48	72	10	18	125	50	24	11	96	47	16	15	15	11	160	21	23	12	85	60	23	19	137	56	15	200
～2200 m		*														1											
～2100 m		*																									*
～2000 m		*														*											*
～1900 m	8	4	1			1						2			13	2											1
～1800 m	4	4	1			1					32		20		9	15									9		3
～1700 m	12	13	3			2	2			1	21		20		9	9									2		2
～1600 m	24	17	13	20	17	14	6	8		6				7		3		4		1					5	33	13
～1500 m	40	44	39	10	33	34	16	50		23	26	6		80	27	24	10	4		5	3			1	13		7
～1400 m	8	15	24	10	11	21	30	25	18	28	2	17		7	7	9	14	4	17	12	10		11	9	30	7	21
～1300 m	4	2	15	60	39	25	46	17	82	42	11	63	7	7	36	18	38	22	67	40	43		26	34	16	33	25
～1200 m			3			3				*			27			8	38	39	17	31	17		11	12	14	13	12
～1100 m			1			1						2				4		4		1	18		5	10	4	7	4
～1000 m										*	4	13	7		9	4				4	3	5		4	7	7	7
～900 m																5		13		5	13	16		4			3
～800 m																1				*		16		2			2
～700 m																*				2	2	17		6			3
～600 m																*				*	3	17	11	6			*
～500 m																*				*		4		1			*
～400 m																*				*		35		7			
～300 m																*				*		13		4			1
～200 m																*											1
～100 m																											
出現群団数		11				12				8						27				21				16			31

(注) 全ファイルとは分布種が出現した簡易データベースにあるすべてのファイルの垂直分布(%)。ファイル番号は簡易データベースの植生単位別の区分表の番号。出現率とは、分布種が出現したファイルの全箇所数に占める出現箇所数の%で、10%以上の群団等を対象。出現群団数とは、種が分布しているすべての群団等の数。*印は、植生データ以外の藤原陸夫(2000)「秋田県植物分布図 第2版」による垂直分布範囲。

ハイマツの分布は、北方から分布を拡大したものと、南方から分布を拡大したものに秋田で分断されていることになる。海抜高度の低い多豪雪地のハイマツは、秋田で植生帯として現れず、大部分チシ

マザサタイプで散生する。ハイマツは、もともと最終氷期の北海道ではグイマツ林下の植物で、完新世になってグイマツが絶滅し分布を拡大した種といわれている（沖津進1991、2000、2002）。

　• **ナンゴクミネカエデ**（*Acer australe*）……秋田の主たる分布域は奥羽山脈にあり現在分布の北限は、八幡平（畚岳、茶臼岳）である。出羽山地の飯豊山・月山・丁岳までは分布するが鳥海山・森吉山・田代岳・岩木山・奥羽山脈の八甲田山には分布しない。

　（2）山地帯から広い垂直分布幅を持っている種に、ミヤマヤナギ、ダケカンバ、ミヤマナラ、草本として東北地方日本海側に分布域を持つムツノガリヤスを取り上げてみた。

　ミヤマヤナギ、ミヤマナラ、ムツノガリヤスは、垂直分布帯の上昇過程で湿原、岩壁などの立地に逃避群落を残し分布している。

　• **ミヤマヤナギ**（*Salix renii*）……ダケカンバとともに最も広く（垂直分布範囲、出現群団数）分布する種で、鳥海山では2200 mまで分布している。ダケカンバは、ミヤマヤナギの菌根を利用して侵入するといわれ（奈良一秀2008）、ともに先駆植物pioneer plantsである。一般的に亜高山帯上部の強風域の多豪雪地では、生育形が高木か低木かによって分布が制限される。このため高木のダケカンバは、低木のミヤマヤナギほど垂直分布を拡大していない。

　• **ムツノガリヤス**（*Calamagrostis matsumurae*）は、山形・秋田・青森の日本海側が分布の主体で（館岡亜緒1983）中性〜乾性のシナノキンバイ群団の構成種とされている。森林限界直上の周氷河斜面に分布していたこれらの種は、主に完新世に入って植生帯の上昇により、撹乱されやすい立地に亜高山帯の草本植生を形成している。ヌマガヤ湿性草原の排水の良い箇所にも分布する。

　• **ミヤマナラ**（*Quercus crispula* var. *horikawae*）……ミヤマナラは、ミズナラとごく近縁の温帯の植物で、ブナ林限の岩礫地、ヌマガヤ群団の縁や岩壁など低海抜高から広い分布域を持っている。秋田のミヤマナラはどこの山岳にも分布すると思われがちだが、北八幡平山系や田代岳ではミヤマナラの分布を欠いている。一方、田村・高田・八木・西城（1989）によると、ミヤマナラ群団の発達する朝日岳（1376 m）―和賀岳（1440 m）―真昼岳（1059 m）の非火山の真昼山地では、尾根沿いの周氷河性平滑斜面にササ、草本、ハイマツの分布、下方の表層崩壊跡地に低木やブナの分布で、遷急線を境界とし地形と植生の対応が明瞭であると指摘している。つまりミヤマナラは、遷急線下方の表層崩壊地をブナに先行して上昇してきた種であることがわかる。北八幡平では、火山灰に覆われ完新世以降泥炭が形成され土壌凍結による撹乱や表層崩壊が起きにくかったことがミヤマナラの分布を欠いた大きな理由である。ミヤマナラの北東北の分布は、藤原・阿部（2017）の分布図によると北上山地には分布が確認されず、奥羽山脈から日本海側に偏った分布をしていて多豪雪化による庇護効果が関係している。

　ミヤマナラとナンゴクミネカエデは同じ立地環境に分布するが、ナンゴクミネカエデのまとまった高度範囲はミヤマナラより一段高いところに主たる分布域を持っている。ミヤマナラはブナクラスの一員であるが、ブナ高木林の低木層を形成することはない。ナンゴクミネカエデは、群落としては未だ独自の組成は持たずミヤマナラと同質の群団にとどまっていることから、地理的分布域からみて完新世の新しい時代に中部地方から北上してきた種で、生態的空白域に分布したものとみられる。なお、ナンゴクミネカエデは、低木林であるが根本近くの幹が肥大成長した個体がある。

─ BOX6.2　ミヤマナラの葉裏の毛の量（%）現地調査および秋田県立博物館収蔵標本 ─

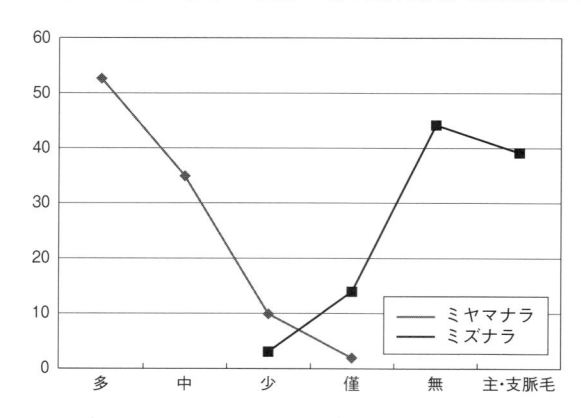

　　　　　　　　　　　　　　　図は、ミヤマナラとミズナラを区別するた
　　　　　　　　　　　　　　　め目視による葉裏の毛の量を表したグラフで
　　　　　　　　　　　　　　　ある。ミヤマナラ（55か所）は、葉裏の支脈間に
　　　　　　　　　　　　　　　細毛・星状毛を持ち、ミズナラ（36か所）は主・
　　　　　　　　　　　　　　　支脈上に毛を持っているか無毛である。ミヤ
　　　　　　　　　　　　　　　マナラで「僅かしか細毛がない」箇所は、笊森
　　　　　　　　　　　　　　　山東方の千沼ヶ原1330mの1か所で、ミズナ
　　　　　　　　　　　　　　　ラの「少」は田沢高原の風穴であった。ミヤマ
　　　　　　　　　　　　　　　ナラとミズナラの区別は、葉の大小、鋸歯、葉
　　　　　　　　　　　　　　　裏の毛の状態で一応区別が可能である。とこ
　　　　　　　　　　　　　　　ろが、鳥海山百宅口のブナ林限1070mからミ
ヤマナラ群集域に入るが、樹高5.0mに達するミヤマナラがありミズナラと区別が難しい場合もある。
男鹿半島本山近くのミズナラとミヤマナラは近接して群落を造っているが区別できる。八幡平の大場
谷地（960m）、大沼（950m）ではミヤマナラでなくミズナラであった。
　　ミヤマナラは、日本海側の多雪地帯に分布域を持ち、山地帯の岩壁、山地帯〜亜高山帯の湿原縁辺
部、亜高山帯の風衝岩礫地に分布している。ミズナラとミヤマナラのアロザイム分析の結果、遺伝的
に大変近く、ミヤマナラはごく最近ミズナラから分化したが遺伝的多様性は高くなっている（河原孝行
2000）。ミヤマナラの遺伝的多様性が高い理由は、多雪、貧養、ナラ類に多い浸透性交雑が想定される
がまだわからないようである。詳しくはいろいろな立地のミヤマナラについて、地理的遺伝情報がわ
かる葉緑体DNAなどによって明らかにされるものと期待される。

6.3.4　植生の上昇を阻害し遅らせた原因は周氷河現象にある

　　最終氷期最盛期以降秋田の植生の垂直移動にとって、山岳斜面の安定化は最も重要なことである。
植生の定着を阻害したのは、①森林限界以上の周氷河現象、②斜面崩壊による開析前線の上昇、③多
雨化による地すべりの多発、④積雪量の増大による沈降匍行圧・なだれ・雪食、⑤火山活動である。
　　氷期最盛期が終了してから完新世にかけては気候の不安定な時代で、植生の垂直移動は容易でなく、
特に周氷河地域で困難であった。秋田では、すでに述べたように氷河時代500m以高地は周氷河環境
下におかれソリフラクションにより地表が安定しないことにくわえて、上昇するにしたがい風衝地の
多い高標高の山岳域となること、完新世に入って山地では地すべりや斜面崩壊が多発し遷急線が上昇
したため、植物の侵入定着は思いのほか時間を必要としたとみられる。
　　真昼山地（薬師岳から和賀岳）の地形を調べた田村・高田・八木・西城（1989）によると、この山地の周
氷河性平滑斜面の形成は、最終氷期だけでなく完新世中期より新しい2000年前ごろもあったと推定
している。この時期は、現在より冬季の季節風が強かったか積雪量が少なかったため形成されたとみ
ている。これに関係したことは、守田益宗（1998、2000）が完新世以降の温暖な時期に植生帯がほとん
ど上昇しなかったと述べ、その原因を気候変化の速度に植物の分布・移動が追いつかないこと、完新
世の多雪化や山岳上部の土壌の未発達を挙げている。

6.4　東北地方の亜高山帯とは何か

6.4.1　これまでの亜高山帯等をめぐる論点

　これまで日本の亜高山帯については、第1に世界的に見て日本の亜高山帯は本当に亜高山帯なのか、第2になぜ針葉樹林のある亜高山帯と欠いている亜高山帯が併存するのかに関する疑問がいろいろ出されてきていた。とくに東北に住む私にとって偽高山帯と名づけた四手井綱英(1956)と大田哲(1956、1957)の論争は、新鮮な学問的刺激であった。

　第1の問題については、区系地理の面から村田源(1995)は、フロラから見て日本の亜高山帯は亜寒帯と相同でなく「寒温帯林」であり、高山帯は欧州シベリア区系の飛び地であるが、亜高山帯は日華区系であるとした。また北村(1972)は、日本の高山植物は欧亜系のもので、日華区系に取り囲まれて残存したという。区系地理の面から亜高山帯を位置づけると、日華区系ということになる。

　植生帯の面から大沢雅彦(1995)は、日本列島の垂直植生帯は熱帯型垂直植生帯と温帯型垂直植生帯を基本構造として成立しているとした。これによると吉良龍夫のいう亜寒帯常緑針葉樹林帯と冷温帯落葉広葉樹林帯は、温帯型垂直植生帯に属し上部山地林と下部山地林に区分できるとした。大沢雅彦の東アジアの垂直植生の模式図によると、北緯40度の秋田は温帯の垂直分布帯に属し、平地から1000mくらいまで下部山地林の冷温帯林(広葉樹)、それ以高2000mくらいまでが上部山地林の寒温帯林(針葉樹)に所属することになる。また田端英雄(2000)は、ダケカンバに着目し寒帯を高山ツンドラの「寒帯」とハイマツ帯・ダケカンバ帯の「亜寒帯」に、亜寒帯の常緑針葉樹林帯を「寒温帯」にすべきとした。当然汎針広混交林は、温帯となる。

　第2の問題については、大森・柳町1991の整理に従えば「多雪環境制約説」(四手井綱英 1952、1956、1957、石塚和雄 1978、1987、酒井昭 1982)、完新世の温暖期に森林帯が400mほど上昇しオオシラビソ林を失った「追い出し説」(梶 1982、杉田 1982、1987、大森・柳町 1991)、これまでの花粉分析の結果から八甲田山や北八幡平の針葉樹林帯はわずか600年前に形成されたものでオオシラビソが分布拡大する以前は落葉低木林であったとする「落葉低木林継続説」(守田益宗 1992、1998、2000)がいわれてきた。このほかに季節風の最強地帯の「強風説」(大田哲 1956、1957)、地形的観点を取り入れた小野有五(1983)、杉田久志(1990)がある。

　亜高山帯の成立を検討する場合は、「多雪環境制約説」、「追い出し説」、「強風説」等は、今でも有益な視点を与える。恐らくこれらの問題は一元的な原因では説明が付かないので、広範囲の花粉分析データを比較検討しこれまでの諸説を踏まえた新しい守田説が秋田の6.3.3の垂直分布から見て評価できる。

6.4.2　東北地方の亜高山帯は、環太平洋のウエットな海洋性気候下の植生である

1　オオシラビソ群集は北米の温帯多雨林Rainforestsと関係している

　オオシラビソ*Abies mariesii*について陶山佳久(2005)が葉緑体DNA分析の結果、日本産のモミ属4種(モミ、ウラジロモミ、トドマツ、シラビソ)とはまったく異なり、北米の*Abies amabilis*と近縁であることがわかった。また、アロザイム分析でオオシラビソ11地域個体間の遺伝子類似関係はきわめて低いレベルで、白山→八甲田山の地理的クラインがあり最北端の八甲田山では特に低かった。これまでも触れたが東北地方ではオオシラビソの化石が得られてないこと、オオシラビソ林の形成は

1500年前以降であることから陶山は、完新世に本州中部から分布拡大し東北地方北部に到達した比較的新しい個体群であると見ている。

Abies amabilis は、北米の太平洋側（Pacific coast）の温帯多雨林（Temprate Rainforests）に属し、およそオレゴン州からブリテッシュコロンビアの300mから1500mの高さに分布している。年間降水量は1500〜3000mmで、緯度のわりに温暖多湿で長寿命・高樹高の針葉樹林として知られている。

北米西部温帯森林の植生を調べたR. Martine *et al.*（1999）は、**Linnaeo americanae—Piceetea marianae**（アメリカリンネソウ—クロトウヒクラス）を体系付けた。体系上 *Abies amabilis* は、次の1オーダー、2群団、3群集に分類される。

Tsugetalia mertensiano—heterophyllae（オーダー）
　Tsugion heterophyllae（群団）　*Abieti amabilis—Piceeyum sitchensis*（群集）
　　　　　　　　　　　　　　　　　　Abieti amabilis—Tsugetum heterophyllae（群集）
　Tsugion mertensiane（群団）　*Abieti amabilis—Tsgetum mertensianae*（群集）

森林を構成する高木組成についてみると、*Tsuga heterophylla*（Pacific hemlock——ツガ属）、*Tsuga mertensiana*（Mountain hemlock）、*Pseudotsuga menziesii*（Duglas-fir ——トガサワラ属）、*Thuja plicata*（Western redcedar ——クロベ属）、*Chmaecyparis nootkatensis*（Alasuka-cedar ——ヒノキ属）、*Abies amabilis*（Pacific silverfir ——モミ属）、*Picea sitchensis*（Sitka spruce ——トウヒ属）から成り立っている。森林の下層の組成をオーダーレベルで見ると、クロウスゴ、コガネイチゴ、ゴゼンタチバナ、ベニバナイチヤクソウ、ウラジロナナカマド、コイチヤクソウ、オオバナノエンレイソウ、ナンブソウ（日本の種と同一かは不明）、属レベルでは、ホツツジ属、ズダヤクシュ属、スノキ属、ツツジ属、マイヅルソウ属、ツバメオモト属、シュスラン属、リンネソウ属、ハリブキ属、コヨウラク属などがある。

これらの針葉樹林は、高木の組成および下層の組成から日本のオオシラビソ群集と類縁性があることがわかり、ともに海洋性の温暖で多湿〜過湿（hyperhumid、ultra hyperhumid）の温帯針葉樹林である。このことはすでに杉田久志（1990）によって、オオシラビソは湿潤・多雪な海洋性気候に適応し森林を形成したということと一致する。

2　ユーラシア大陸とアメリカ大陸をつなぐ陸橋の存在が新第三紀中新世に北米と日本の針葉樹林の類縁性を形成

氷河時代海水面低下によりできたベーリング海峡の陸橋をベーリンジアBeringia（最終氷期に2回陸橋）と名づけている。最終氷期最盛期は、カムチャッカ半島、アリューシャン列島東部、アラスカ半島、北米太平洋岸沿いの多くは、氷河が発達した。氷河時代氷河に覆われることがなかったベーリンジアの植生は、現在のツンドラと異なりツンドラステップ、極地ステップ（いわゆるマンモスステップ）で両大陸の人類移動を可能にしたといわれている（岡田宏明 1984）。ところが現在海面下に没したため、当時ベーリンジアに高木の針葉樹が分布していた化石の証拠はない。

新第三紀中新世（およそ2500〜500万年BP）の化石の証拠からアリューシャン列島に樹木が存在し、針葉樹の温帯森林が日本からベーリングを横切りオレゴン南部まで伸びていた（S. Golodoff 2003）。日本列島では、北米の温帯多雨林Rainforestsに分布するツガ属、トガサワラ属、クロベ、ヒノキ属の中核部分は中新世に出現した阿仁合型植物群といわれ、モミ属、トウヒ属は気候変動に対応し種分化をおこし亜寒帯に分布を拡大した。しかし、なかには湿潤な温帯に分布する種もあるという（堀田

満 1974)。新第三紀後半のベーリング地域は温帯気候であったので、この時代に環太平洋でのオオシラビソと*Abies amabilis*が分化した可能性があるものの、その起源と分布変遷は良くわからない。

　現在のアリューシャン列島には高木はなく、アラスカ半島に近いUnalaska島では低木としてヤナギ属、ミヤマハンノキ*Alnus crispa* ssp. *snuata*で、湿性草原、湿原、ヒースなどのモザイク植生となっている(S. Golodoff 2003)。冬季は、アリューシャン低気圧の強風域で低気圧の墓場といわれている。カムチャッカからアリューシャン、アラスカのフロラを調査したHulutén(1960)は、アリューシャンの植物群落のモザイクは、明らかに広大な範囲の風の影響であるとはいえ、風自身より雪に被われたか否かが重要であると述べている(S. Golodoff 2003からの引用、この書は一般向け)。なお、舘脇操(1963)は、Huluténにちなみ、アリューシャン列島をHulteniaと名づけた。

3　湿潤回廊の環太平洋東西に発達した温帯針葉樹林と西側のダケカンバ林

　これらの森林の成立をマクロに見ると次のような共通点がある。①海洋性気候で湿潤であること②火山フロントに位置していることである。この湿潤回廊に分布する植生は、地史的に背景を異にしているが太平洋をとりまく沿岸部の海洋性気候下で、火山の影響を受け火山噴出物の堆積地(土壌的には環太平洋の火山灰土アンドソル)の山岳地域に分布していることが多い。

　アリューシャン列島―千島列島―日本列島の現植生は、更新世の多湿なベーリンジアの植生から派生した植物群落の常在種によって特徴づけられ、アリューシャン列島、千島列島はベーリンジアの多湿植生の重要な逃避地となったという(P. Krestov *et al.* 2010)。

　高木林のないアリューシャン列島を頂点に西側に落葉広葉樹低木林→亜寒帯針葉樹林・落葉広葉樹林→新第三紀起源の温帯針葉樹林の温存、東側の北米西部に亜寒帯針葉樹林→新第三紀起源の温帯針葉樹林がアーク状に配列している。特に千島列島と多雪山地亜高山帯の相観的近似性はすでに石塚和雄(1978)が触れているが、多雪という環境要因が異なり同じでないといっている。恐らくこの植生配列のクラインは、①冬季北海道から千島列島にかけて発達した台風並みの低気圧とその墓場のアリューシャン列島という強風域の存在(アリューシャン低気圧)②火山活動が活発で若い火山の多い北千島・カムチャッカ③氷河時代の凍土帯で土壌化が遅れたことが原因している。この点から、東北地方の亜高山帯とは近似性が高い。カムチャッカのダケカンバは、完新世の温暖・多湿化で8000年前から始まり急速に分布を拡大し4500～5000年前に最大に達したといわれている(P. Krestov *et al.* 2010)。この湿潤回廊がオオシラビソとダケカンバを持続させている。

　表6.8を見ると環太平洋の湿潤回廊は、北海道からアリューシャン列島までは平地から山岳地までなのに対して本州と北米西部では山岳地帯にシフトしている。この山岳地帯に新第三紀起源の温帯性針葉樹林が遺存的分布をしている。

　ダケカンバ林は、湿潤回廊の代表的落葉広葉樹林で渡邊定元(1967)によって独立した亜寒帯落葉広葉樹林(ただし北海道道東以北)とされ、カムチャッカ半島の近くのコマンドル諸島まで分布している。アリューシャン列島からアラスカにかけて分布を拡大できなかったのは、アラスカ半島、アリューシャン列島の一部が氷河に覆われたことと永久凍土(Hämet-Ahti 1963によるとけっして永久凍土にダケカンバは分布しないという——沖津進 1987より引用)であったことに起因したのでないかと想定される。

　太平洋北部は、寒流の影響もあり海霧の発生が多く根釧地域はとくに有名であり日本で唯一ダケカンバが平地に分布している。この地域以外の北海道、本州では亜高山帯域に分布の主体が移る。これは、吉野正敏(1986)が述べているように我が国山岳の霧日数と海抜高の関係は、1500 mを極大に持ち、年間霧日数は300日にも達し、8月だけ見ると1500～2500 mの高度で毎日霧が発生することと関係

表6.8　環太平洋の湿潤回廊

区　分	本　州⇔	北海道⇔	千島列島⇔	カムチャツカ⇔	アリューシャン⇔	⇔北米西部沿岸
ダケカンバ林 Betula ermanii	岩木山～白山（日本海側）亜高山帯	● 日高山脈ほか亜高山帯 ● 根釧地域平地 ← …	● 北千島分布欠く亜寒帯落葉広葉樹林（渡辺 1967）	● 最もよく発達する … →	欠く コマンドル諸島まで	欠く
温帯針葉樹林	スギ、クロベ、ヒノキ、トガサワラ、ヒノキアスナロ、ツガ属、モミ属 Abies mariesii	ヒノキアスナロ（道南・対馬暖流）	欠く	欠く	欠く	クロベ属 ヒノキ属 トガサワラ属 ツガ属、 モミ属 Abies amabilis
海流	対馬暖流	千島海流（寒流）	… →	… →	コマンドル諸島付近まで	カリフォルニア海流（寒流）
湿潤回廊	山岳地	平地から山岳地	… →	… →	… →	山岳地

している。これにくわえて高海抜高度になるにしたがい降水量が増大するので日本の亜高山帯地域は、まさに湿潤回廊そのものであるといえよう。

　雲霧帯の気象的特徴として①断熱膨張により気温の急激な低下②降水量に加え植物に捕捉された水分の供給③日射量の急減④気流の激しい動き（男鹿の西風、奥羽山脈の東風）があげられる。奥羽山脈では、夏季晴れる日のほうが少なく、ヌマガヤ湿性草原を発達させ、オオシラビソ林やハイマツ林の林床にときにホソバミズゴケが分布している。和賀・朝日岳の稜線では、東風（やませ）のとき夏でも寒い。雲霧帯の存在は、亜高山帯植生に大きな影響を与えており、こういった方向からの亜高山帯植生の詰めが必要である。

　雲霧帯高度を推定した岡上・大谷（1981）に基づき、東北地方のほぼ同緯度の3市について亜高山帯の植物の成長期の6月、7月、8月の3か月の雲に被われる日数が各月の2/3以下1/2を超える平均高度を求めると次のようになる。

- 秋田市　700m……参考　男鹿半島500～600m以高地は、雲がかかりやすい
- 盛岡市　1135m ≒ 1150m……参考　ほぼ奥羽山脈の亜高山帯下限高度
- 宮古市　700m

秋田のダケカンバ林の分布はこの雲霧帯高度に略一致し、偽高山帯では急斜面の凸状尾根筋や不安定斜面（朝日岳、鳥海山等）、オオシラビソ林域ではオオシラビソとの混交や下限高度近くの急・緩斜面にしばしば大きな面積のチシマザサタイプのダケカンバ疎林が分布する（森吉山、駒ヶ岳、乳頭山、八幡平）。これより下方ではブナ林に移行するのが一般的である。雲霧帯にある亜高山帯では、強大な雪圧のため可塑性のあるダケカンバであっても閉鎖林を造れないで疎開し、尾根筋に分布し雪圧を回避したうえで、根元から萌芽した株立に生育形を変え多雪に適応している。厳冬期の亜高山帯では、雪上に出ている高木はダケカンバとオオシラビソで、オオシラビソは樹氷で寒気から保護されることが多い。まるで雪上に出ている高木層は亜高山帯で、積雪下の低木草本層は温帯である。

　カムチャツカのダケカンバ林を調査した小島覚（1994）によると、過湿型沿岸性北方林（perhumid coasyal boreal）であるという。さらにカムチャツカの発達したダケカンバ林でポドソルが認められな

いことから、単に冷涼湿潤なだけでなく反復する火山噴出物の堆積がポドソル化を妨げていると述べている。秋田のダケカンバの分布も多豪雪だけでなく、こういった土壌形成環境も大きく影響している。なお、ポドソルの生成には長い年月を要することが指摘されており、典型的な形態を示すのに3000年以上かかるといわれている(宮下進治 2012)。

ダケカンバは陽樹のため先駆種や放浪種といわれるが、更新(萌芽)が行われる立地では長期にわたり持続する種で、けっして一時的な先駆種でない。

6.4.3 東北地方の亜高山帯の成立

先に 6.4.1 で述べた守田の「落葉低木林継続説」は、東北地方の亜高山帯成立プロセスに関して今のところ最も説得性があるが、いくつかの問題点がある。

第1の問題は、ミヤマナラが亜高山帯領域に広く分布したという点である。ミヤマナラの分布も鳥海山では一部植生帯的分布をするが、奥羽山脈では局所的である。特に八幡平・駒ヶ岳ではほとんど分布を欠いているし、守田・相沢(1986)が調査した田代岳では未だ見つかっていない。完新世以降の植生回復の過程でミヤマナラが先行したという守田の考察について、ウラジロヨウラク―ミヤマナラ群団の組成・高度分布、亜高山帯における他群団とのリンク実態、山岳形成史の観点から再検討が必要である。ミヤマナラは温帯性の植物で多豪雪のブナ帯直上に分布し、少雪・寒冷の未熟土を先行するには、雪の庇護なくしては不可能である。3月下旬亜高山帯の低木林はすべて雪に覆われている。雪上に出ているのはダケカンバとオオシラビソである。氷河時代は低地の河谷に埋積された岩礫地や湿原のヘリに分布していたものと想定される。すでに 6.3.3 で述べたように、後氷期以降表層崩壊跡地をブナに先行した前線群落とみられ、分布域は狭くまた分布を欠く山域の存在などの点から花粉分析の *Quercus* は、ブナの分布拡大に先んじて増大したより低海抜高のミズナラ由来と見るべきと思われる。山地帯のミズナラ由来の花粉飛来があった点については、守田益宗(1996)も認めている。

主に完新世に今の亜高山帯域に先行した植物は、ミヤマヤナギ、ノガリヤス属(ムツノガリヤス、タカネノガリヤス)、ダケカンバ・ミヤマハンノキなどでモザイクパターンが基調をなしていた。ダケカンバは、ミヤマヤナギの菌根を利用した主に完新世以降の先行群落で、土壌がポドソル化する以前の未熟土時代に分布を拡大していた。ところがその後の多雪化・ポドソル化とともに、可塑性があるもののダケカンバ帯を形成することなく散生して今日におよんでいる。

現在亜高山帯に多いミネカエデ、ナナカマド、チシマザサは現在ブナ林要素であるが、齋藤員朗(1977)の組成表によると東北の亜高山帯針葉樹林で最も常在度の高い低木であるし、北海道エゾマツ林域にも分布している。藤原・阿部(2017)の分布図によるとこれらの三種は北上山地で分布が薄く、奥羽山脈より日本海側に偏った分布をしていて、完新世の多雪化に伴ったブナ林の分布拡大と関連している。これらの種群は、奥羽山脈以西は 6.1 で述べた氷期のエゾマツ林からスライドし分布域を生態的空白域に拡大したものである。周氷河作用の大きかった北上山地の分布はこれらの種群を欠き、人為の影響が強かったかもしくはグイマツを伴う亜寒帯針葉樹林の分布域であったためとみられる。

秋田のハイマツは最終氷期分布を欠き北方起源で新しく入ってきた種であり、ナンゴクミネカエデは、完新世以降の中部地方の少雪域からの新しい北上分布である。これらの点については、すでに6.3.3 で述べているが、一口に亜高山帯の落葉低木林といっても、いろいろな経路で亜高山帯に移動し形成されたモザイクのまだ若い植生である。

第2の問題は、オオシラビソが分布拡大しえた山地とできなかった山地は、どうして生じたのかについてである。守田益宗(2000)によれば、2500年前モミ属が次第に増加をはじめる時期は、スギが増

　加する時期と重なること、花粉増加の開始は現亜高山帯下部で始まることから逃避地として細々と生育していたものが、森林未発達の現亜高山帯域に本格的に侵入定着したものと見ている。そのうえで、最終氷期の針葉樹の地理的分布を出発点として、個々の山岳の特性によって相違したとしている。この見解は、オオシラビソの化石が出土しない点、陶山佳久（2005）の葉緑体DNA分析から見た分布変遷（北上）と一致していない。

　しかし、氷河時代オオシラビソの逃避説には再考の余地があり、秋田の森吉山地から八幡平地域は北日本の最大のオオシラビソ分布域なので、地すべり由来の湿性な低地には存在した可能性を否定できない。現在、ブナ林に覆われた八幡平山系の曽利滝820mにキタゴヨウ、コメツガ、オオシラビソが、森吉山系ヒバクラ岳850mの湿性地にオオシラビソが点在し、いずれも遺存的に分布している。逃避群落がその山岳の近傍にあったのであれば、地形等の条件に合致した山岳にオオシラビソが分布拡大する可能性が大きい。今後、低山地で木材化石の発見される可能性もあるが、化石の出土がないため今のところ陶山の北上説を取るしかない。

　以上見てきたように、東北地方の亜高山帯―偽高山帯のプロセス問題は証拠不十分で依然として解決されたわけでない。

6.4.4　植生帯として亜高山帯をどう見るか

　垂直分布帯はヨーロッパで設定されたものといわれているが、垂直分布帯の形成メカニズムとプロセスは、植生移動の本質的問題であるのに、これまではあまり議論されていない。今後の第四紀学による各山岳の地形形成史、山岳気象史、土壌形成史、分子系統地理学の進展、植物化石の集積、フロラや植生の分布データの蓄積などもっと具体的証拠に基づき統合的にプロセスを明らかにしていくことが必要である。

　ここでは、6の冒頭で述べた新たな視点として秋田という地域のフロラと群落のデータから垂直分布を検討してきた結果を要約すると次のとおりである。

　1　氷河時代のレガシー（北方林の種）と島状地の分布を山地帯に多く残していること（6.2）。

　2　亜高山帯の群団・群落はモザイク分布パターンのためフロラ的類縁性が高く、最終氷期以降低地の各群落がそれぞれの系列をたどった移動の到達域であること（6.3.1-1、6.3.1-2、6.3.2）。このモザイク分布には、気候の小変動とホシガラスなど鳥散布が大きかったこと（6.3.1-1）。

　3　亜高山帯の各群落には、チシマザサ―ブナ群団要素と500m以下に分布している種が多いこと（6.3.1-3）。

　4　亜高山帯植生の主要木本種の垂直分布や分布由来にはいくつかのパターンがあるが、異なった移動プロセスであること（6.3.3）。

　5　植生の上昇を遅らせ地理的分布に差異を生み出したのは、周氷河環境の斜面の不安定にあること（6.3.4）。

　これらにくわえて、オオシラビソ林域にも落葉広葉樹低木林（ナンゴクミネカエデ等）が分布していて、けっしてオオシラビソのある山岳とない山岳を対照的に捉えることはできない（口絵写真）。この点で、守田益宗（2000）のいうオオシラビソが分布拡大する前は、同じ落葉低木林であったという見解は東北の亜高山帯の形成史で基本的な視点である。

　種組成から秋田のオオシラビソ群集を見ると、標徴種はオオシラビソのみで独立性がないこと、およびコケモモ―トウヒクラスの汎世界的標徴種であるコケ類をほとんど欠き、ハイマツ群集になってコケ型（蘚類）が分布することから、かなり温帯性の針葉樹林であることを示している。オオシラ

ビソ群集に高い常在度で分布する落葉低木のミネカエデ、ナナカマドなどは、舘脇の汎針広混交林帯を超えることがない。この意味では、区系地理の面からの村田源(1995)の「寒温帯」、北米の*Abies amabilis* も温帯というのも理解できる。また梶幹男(1982)、杉田久志(1982)のいう温暖化による植生帯の上昇説も、多雪化とともに下層植生に機能したと見ることができ、亜高山帯の下層に低地・山地の種の分布拡大が起こったといえる。さらに四手井綱英(1952)、石塚和雄(1978)の「多雪環境制約説」は、今日でも**強風域**の多雪環境下の植生の主動因である。大田哲(1956)の「強風説」は、偽高山帯の真昼山地(非火山)では、冬季ほとんど積雪がないところで土壌凍結、構造土が造られ、依然として地表が不安定で秋田でもっとも遺存的な高山植物の多い山岳のひとつである。先に触れたように強風域下の積雪環境と植生の関係は、千島列島からアリューシャン列島の植生配分と相観的に相似である。

このように植生分布を検討するためには、従来の温かさの指数WIや降水量・積雪深などマクロな推定による数量的なものはあまり有効でなく、第四紀の山岳の形成史(守田益宗 2000 のいう**個々の山岳の特性**)、個々の種の分子系統地理を明らかにしていくこと、地域のフロラや植生の分布がわかるデータベースの整備が必要なことであり、これらの点から具体的にプロセスを明らかにしていかなければならない。

亜高山帯は、地表の安定化にともないいろいろなルートで上昇した群落の集合体である。とくに偽高山帯は強風による積雪の不均一化の影響を強く受けモザイクパターンで持続している特異な植生帯である。しかも、亜高山帯では気候の小変動(積雪と強風)の影響を山地帯より強く受け(Box4.3)、各群落の分布域を相互に変化させてきた。

結局「偽高山帯」とは、モザイクパターンを形成し独自性のない組成(5.3.3のウラジロヨウラク―ミヤマナラ群団は、撹乱の多いヤナギ林と同程度の低い独立性)の現状から、強風域・斜面の不安定・多豪雪により森林帯の上昇が著しく遅れた未発達段階で変動しながら持続している植生という見方が本質的でないか。今のところ植生帯としては組成面から「寒温帯」が最も適切である。しかし、「寒温帯」という用語は一般になじみがなく、当面従来から使用されてきた「亜高山帯」とし、その中に偽高山帯を含めるのもやむを得ない。

7　秋田の森林植生の特徴は、ブナとスギにある

7.1　落葉広葉樹林は、山地―盆地―沿岸域で異なっている

7.1.1　山地のブナ林は、森林植生のベース

　冷温帯落葉広葉樹林(ブナクラス)は、冬季の寒気・乾燥に適応し「落葉性」を獲得したブナが優占する高木林の極相で、地形的な差異を乗り越え広域にわたり長期に地理的空間を独占し支配する。落葉性の獲得は、高緯度地方での冬季日長の急減と寒気への適応で、その起源はAxelrod(1966)によると熱帯周辺の乾燥気候への適応といわれている。

1　温帯性針葉樹を持っていること

　世界的に見て日本の温帯林は、新第三紀起源の多数の針葉樹種を有する点で異色であるといわれる。これは大陸から分離された島に乗ってきた植生、再度大陸とつながったとき入ってきた植物群によって形成された地史が大きく影響している。さらに、一度も氷河に覆われることが無かったことも温存できた理由である。

　フロラ的に見れば、新第三紀周北極植物群(Arcto-Tertiary flora)と属レベルで共通性が高い。新第三紀中新世の阿仁合型植物群(日本列島がアジア大陸東端にあった2400～2000万年前)は現世の種に属レベルで共通性を有している。さらに日本海が北に開いた(朝鮮半島と陸続き)600万年前奥羽山脈形成後の三徳植物群(秋田では、宮田、三途川植物群)は、現在の日本温帯林の主要構成種を含み現世のフロラと直接的な関係にあるといわれている。

　こういった事実は、地史的変遷の点から植生を見る大切さをわれわれに教える。つまり日本列島の成立過程で北上山地や阿武隈山地はずっと存在し続けており、これに比べ日本海側は海面下にあった時間が長かったことがフロラや植生に関係している。温帯性高木針葉樹の現在の分布は、中部地方以南に多いのに比べ東北さらには秋田となるにしたがい少なく、スギ、ヒノキアスナロ、クロベ、キタゴヨウのわずか4種しかなくなる。米代川以北ではさらにクロベを欠いてしまう。秋田の植生を理解するには、地史的に長期間陸上にあった北上山地と阿武隈山地の植生に対する影響を検討する必要がある。しかし、最終氷期の影響を強く受けた北上山地では、現在スギやヒノキアスナロ、クロベは分布が限られるため、温帯性針葉樹の分布変遷は少なくとも最終氷期前の更新世までさかのぼる必要がある。

2　世界的に例外的な多豪雪に適応したブナ林

　チシマザサ―ブナ群団は、大気候に対応した植生であるためブナやチシマザサなど地理的に広範囲に分布する種群を持っている。一般的に気候的極相の森林は、土地的極相であるケヤキ林やハルニレ林などの森林よりも種の多様性が低下する傾向がある。それにしても気候的極相であるチシマザサ―ブナ群集(典型亜群集)の種組成を見ると、なぜこうも一様化し貧化してしまうのであろうか。春季ブナが開葉しても林床には残雪があり、草本層や低木層の大部分は埋雪されているし、暗くなった林床は下層植生を抑制し、組成の貧化を起こしている。このため、多豪雪地では、暗色雪腐病などを回

表7.1　チシマザサ—ブナ群集典型亜群集階層別常在度表（48箇所）

		T1	T2	S	H	
Fagus crenata	ブナ	V	V	III	III	
Acer pictum ssp. *mayrii*	アカイタヤ	I	II	II	II	
Acer japonicum	ハウチワカエデ		IV	IV	II	
Fraxinus lanuginosa f. *serrata*	アオダモ		I	III	II	夏緑性
Hamamelis japonica var. *discolor* f. *obtusata*	マルバマンサク			II		
Clethra barvinervis	リョウブ			II	I	
Acer tschonoskii	ミネカエデ			II	I	
Chengiopanax sciadophylloides	コシアブラ		II	IV	III	
Magnolia obovata	ホオノキ		I	II		
Sorbus commixta	ナナカマド		I	II	II	
Viburnum furcatum	オオカメノキ			V	IV	
Magnolia salicifolia	タムシバ			IV	II	
Padus grayana	ウワミズザクラ			III	II	夏緑性
Toxicodendron trichocarpum	ヤマウルシ			III	II	
Lindera umbellata var. *membranacea*	オオバクロモジ			V	II	
Hydrangea paniculata	ノリウツギ			II	II	
Rhododendron albrechtii	ムラサキヤシオ			II	I	
Vaccinium japonicum	アクシバ			I	III	
Hydrangea petiolaris	ツルアジサイ		I	I	IV	つる植物
Schizophragma hydrangeoides	イワガラミ				IV	夏緑性
Toxicodendron orientale	ツタウルシ				IV	
Ilex leucoclada	ヒメモチ			I	IV	
Sasa kurilensis	チシマザサ			IV	II	
Cephalotaxus harringtonia var. *nana*	ハイイヌガヤ			I	III	
Daphniphyllum macropodum ssp. *humile*	エゾユズリハ			I	III	
Aucuba japonica var. *borealis*	ヒメアオキ				V	
Skimmia japonica var. *intermedia* f. *repens*	ツルシキミ				IV	
Ilex crenata var. *radicans*	ハイイヌツゲ				II	常緑植物
Carex foliosissima	オクノカンスゲ				III	
Carex multifolia	ミヤマカンスゲ				III	
Mitchella undulata	ツルアリドオシ				IV	
Arachniodes mutica	シノブカグマ				IV	
Blechnum niponicum	シシガシラ				III	
Huperzia serrata	ホソバトウゲシバ				II	
Plagiogyria matsumurana	ヤマソテツ				IV	半常緑性
Dryopteris sabae	ミヤマイタチシダ				II	半常緑性
Dryopteris expansa	シラネワラビ				II	夏緑性
Paris tetraphylla	ツクバネソウ				IV	
Disporum smilacinum	チゴユリ				III	
Maianthemum dilatatum	マイヅルソウ				III	夏緑性
Maianthemum japonicum	ユキザサ				III	単子葉植物
Smilax nipponica	タチシオデ				II	
Streptopus streptopoides ssp. *japonicus*	タケシマラン				II	
Asarum heterotropoides	オクエゾサイシン				II	
Peracarpa carnosa	タニギキョウ				II	
Oxalis griffithii	ミヤマカタバミ				II	その他
Monotropastrum humile	ギンリョウソウ				II	

（注）① 常在度II以上の種を対象として、階層別常在度II以上ある種について表を作成。
　　　　なお、階層別常在度10%以下は除外。
　　　② T1：高木第1層、T2：高木第2層、S：低木層、H：草本層
　　　③ この典型亜群集の常在度表では種数は多いが、1調査箇所での種数は少ない。

避できる常緑の低木、ササ類、カンスゲ類といった耐病性の強い種や薄暗い林床に適応した多年草で占められている。これがチシマザサ―ブナ群集典型亜群集の貧化の原因である（**表7.1**）。

　大陸のメインであるナラ型の植生に比べ、列島のチシマザサ―ブナ群集典型亜群集は多豪雪地に適応した例外的な森林で、地理的分布域が限定され組成が貧化した極相林である。

　ところがブナ林全体に出現する種数は417種（簡易データベースP2101）で、エゾイタヤ・シナノキ林495種（P2103）、ヤチダモ・ハルニレ湿性林422種（P2105A）に次いで多い。群団間ネットワークで、独立性が高いチシマザサ―ブナ群集（＝群団）は、5.4.1で述べた乾湿に対応した亜群集のコネクターを持っているからである。このためブナ林は、関係群団と連結して多様性を高め、他群団への影響度の大きい秋田の最も基本となる植生である。

3　沿岸低地から丘陵地帯におよぶ秋田のブナの分布

　日本海沿岸低地・丘陵地の原植生は、風衝側にエゾイタヤ・シナノキ林、風背側にブナ林を配列するのが一般的で、山形県鶴岡市の気比神社、高舘山から善宝寺、秋田県由利本荘市水林国有林などに分布している。温暖な山形県境付近では、ヤブツバキクラスがこの配列に割り込み、エゾイタヤ・シナノキ林の風背側にタブノキなどヤブツバキクラスを配列させることが多い。鶴岡市の気比神社のようにヤブツバキクラスとブナクラスが直接することは少ないが、象潟町（現・仁賀保町）長岡の熊野神社（海抜140 m）のブナ林では低木層にヤブツバキや草本層にヤブツバキクラスの種が浸透Infiltrationしている。この浸透は、クラスが接する地域では一般的な組成変化で隣接クラスへの前線群落 Advanced communityとなっている。

　秋田県の沿岸から内陸にかけての丘陵地のブナ林（二次林含む）は、秋田市以南の地域に偏在し、県北部の丘陵地には社寺林を含め今のところ分布していない。これは、秋田県の総合郷土史（1939）の簡単な植生図によると、米代川流域、八郎潟周辺には特に二次草原が多かったことと、山地に接する丘陵地は天然秋田スギ地帯であったことによる。

4　氷河時代秋田でブナは逃避群落を造っていたか

　滝谷・萩原（1997）は、函館市横津岳にブナの最終氷期の逃避地を推定している。これまでの花粉分析の結果からはブナの北進スピードが速すぎる（結実に50年以上）ことに対しての疑問が出されていた（前田禎三 1991）。しかし渡邊定元1994によるとブナの分布拡大前線では、ホシガラスやカケス類によって担われ北進スピードは速いと述べている。

　一方偽高山帯に分布するパッチ状のブナ低木林（これもホシガラス？）の存在は、氷河時代低地への逃避の可能性を示している。しかし、最終氷期にブナはスギと異なり伏条更新をしないので種子により更新を確保できたかどうかが逃避説のポイントとなる。実際に偽高山帯のパッチ状低木ブナ林について調べてみると、結実し実生による更新が行われている。ブナの結実は豊凶があり豊作のときは離れていても同調することが知られているが、ミヤマナラ群団域のブナ低木林の結実はブナ高木林の結実と必ずしも同調しないという（和田覚私信 2008）。その理由は、今のところはっきりしない。

　これらのことからブナは、氷河時代に温暖な沿岸部の局所的風背側の多雪環境に逃避群落として存在し、温暖化にともない多発的に分布を拡大していった種である。

7.1.2　盆地に中間温帯性のナラガシワ

　森林に被われる日本で水平植生帯は森林帯とも呼ばれ、中間温帯林は田中（間帯1987）以来暖温帯と

冷温帯の移行帯として認識されてきた。我が国の植物生態学に大きな影響を与えた吉良龍夫(1949)は、多雨な日本の森林帯は「温度のちがいにもとづく」として植物生理現象に比例する積算温度として「温かさの指数WI」、「寒さの指数CI」によって暖帯落葉樹林帯(ほぼ中間温帯林)をはじめて定義づけた。すなわちWI85℃以上の土地でCI−10〜15℃以下の土地は、照葉樹もブナも分布しないすきまに、モミ、ツガ、クリ、コナラ、シデ類、アカマツなどの森林で埋められ、この森林帯を暖帯落葉樹林帯とした。吉良龍夫(1949)の分布図を見ると、秋田の沿岸部から秋田市以南の内陸低地・丘陵地は暖帯落葉広葉樹林帯ということになる。しかし、秋田市以南の沿岸部から内陸にかけての丘陵地帯や山地帯にブナ林が残存すること、モミ、ツガを欠くことから、帯状パターンとしてこの帯は存在しない。

　野嵜・奥富(1990)は、東日本の森林帯の位置づけにおいて、中間温帯林・ブナ林・上部温帯林の3森林型の存在を認めている。この中間温帯林は太平洋側の森林帯であるが、アジアからヒマラヤにつながりを持ち、コナラやアカシデ林が特徴的だとしている。日本海側はブナ林であるが一部山形盆地、会津盆地にも中間温帯林が形成されているという。

　この見方をすれば秋田では分布が限られるが、自然度の高いアカシデ林、コナラ林、ケヤキ林、ナラガシワの混交したケヤキ林の位置づけが問題となる。秋田の山地帯に分布するアカシデ林やケヤキ林は、急崖地から岩礫地に限定された土地的極相であり、気候的な植生帯としての中間温帯林は形成されていないと判断してよい。

　(1)　沿岸地域のケヤキは、青森県下北半島が北限(津軽半島はケヤキ優占林の分布を欠く　齋藤信夫1997)で、八郎潟のボーリングコアを解析した吉田・竹内(2009)の花粉組成図を見ると完新世初頭には存在していたことを示している。また最近(2016)日本海東北道象潟ICの建設現場から大量の埋もれ木が出土し、秋田県立大学木材高度加工研究所の鑑定では、ケヤキ(直径1.6m)クリ、コナラ属、トチノキ、アサダ、ブナ、スギなどが認められている。埋もれた時期は、鳥海山の山体崩壊の紀元前466年であるからおよそ2500年前は、ケヤキの混交した落葉広葉樹林が分布していたことになる。ケヤキは植栽もあるが、現在残された自然に近いケヤキは、沖積低地のハルニレ、ハンノキ、次に述べる扇状地のナラガシワ、渓谷のアカシデや、沿岸風衝地のエゾイタヤ、シナノキなどといろいろな立地に分布し、優占林より混交林として群落を形成することが多い。このため群落の所属から見て、ハルニレ群団とエゾイタヤ—シナノキ群団に多く分布している。しかし、アカシデを含めケヤキについては地史的にも植生分類上もわからない点が多い。

　ケヤキ属*Zelkova*はアジア東部と西部に5種あるといわれ、日本では日本海が形成する前の中新世初期の阿仁合型植物化石で古い植物である。アジア東部の分布を見ても中国南部から台湾・朝鮮半島・日本(北限青森県)に広く分布し、ブナクラスの種とはいえない。最近大陸の落葉広葉樹林をまとめたP. Krestov *et al.*(2006)によると、ケヤキを含む群落のクラスはまだよくわからないとしている。

　コナラ林は、田沢湖湖畔と西仙北町(現・大仙市)段丘端に自然林の相観を呈した壮齢林分が分布しているが、土壌・組成からブナクラス域の代償植生と判断される。

　(2)　秋田のナラガシワは、中国—朝鮮半島—西日本を経て我が国の北限域の大仙市の扇状地帯を主体に雄物川沿いに秋田市まで分布している。大曲市(現・大仙市)の温量指数は、WI89℃、CI−25℃であることから吉良のいう暖温帯落葉広葉樹林帯に該当する。夏の日本海側の内陸は、水分不足に陥っていてブナの分布を制限しているという(齋藤員郎1998教示)。事実横手盆地にブナの分布が少ないし(高田順1989)、周辺には更新世起源の赤色土土壌が分布するのもこういったことが関係している

とみられる。

　ナラガシワを含む落葉広葉樹林は、ケヤキ、ケンポナシ、オニグルミ、などと混交した二次的な森林であるが、撹乱されやすい扇状地帯の沖積低地に主分布域を占めている。和田覚(2003)によると、2万年前以降の新規扇状地面に分布し3万年前以上の扇状地南部には分布が少ないという。仙北平野といわれる扇状地は、大規模な利水事業である田沢疎水が江戸時代からあったが、完成したのはつい最近の1969年であった。また岩手県遠野市では1600年に秋田から苗木を取り寄せ植栽したというから、かなり古くから分布していたことになる。

　このような分布は、完新世以降の温暖・湿潤時代に、広大な仙北平野の一部に中間温帯的森林が形成された可能性がある。岩手県では、菊池正雄(1964)が「岩手県内における分布は、北上川に沿う低地の氾濫原や林内に限られている」と述べ、北上市以南に分布するとしている。野嵜・黒原・亀井(2001)によると、ナラガシワ林は中間温帯域を分布域とする森林植生で河川の氾濫に関係し、猪苗代湖のものはハルニレ群団との類縁が認められるとしている。大仙市の扇状地のナラガシワも、組成から見てハルニレ群団と類縁性が高い。ナラガシワの詳細な分布を調べた和田覚の研究成果が待たれる。なお、横手盆地のクヌギ、秋田市大森山に分布するアベマキは、植栽からの逸出である。ナラガシワは、モンゴリナラクラスの一員で、中国植被(1980)によるとアベマキ、クヌギ、カシワ、コナラの変種 Quercus serrata var. vrevipetiolat とともに大陸に分布の主体がある。

　このように秋田の南部内陸に形成された規模の大きい盆地には、一部に不明瞭であるが中間温帯性の森林が分布する。

7.1.3　沿岸域に汎針広混交林と関係のあるエゾイタヤ・シナノキ林

　野嵜・奥富(1990)の上部温帯林は、汎針広混交林とつながりを持つミズナラ、シナノキの森林で、東北では北上山地に分布している。完新世以降の寒冷時代にミズナラの優占する森林が、ブナ林に先行したといわれている。秋田のミズナラ林は、エゾマツ林等針葉樹林の衰退後に分布拡大して、その後多豪雪化によるブナ林の拡大分布とともに現在みられるように尾根、急斜面、河川、沿岸域など限定された立地に後退したもので北上山地と異なる。

　特に風衝の影響を受ける日本海沿岸部では、縄文海進時代海岸に接し、今は内陸に位置する八郎潟町(現・潟上市)高岳山(221m)、五城目町の森山(325m)、雄和町(現・秋田市)の高尾山(383m)、由利本荘市新山神社(約150m)、被覆砂丘の由利本荘市水林(96m)と御嶽神社(149m)、笹森丘陵に分布するシナノキ林(384m、エゾイタヤ含む)は、ヒプシサーマル時代に海水面が上昇したときの海岸風衝林である。これらのなかで最もまとまった組成と規模を持つのは由利本荘市水林国有林で、日本海側屈指のエゾイタヤ―シナノキ群団である。しかし、近年開発が進んだこと、共用林野のため一部伐採されたこと、マツノザイセンチュウ被害木処理などで劣化している。さらに縄文海進のあった由利本荘市の笹森丘陵石沢峡の岩壁には、エゾノカワラマツバ、ハマオオウシノケグサ(松田義徳 2005)の海岸崖地の遺存群落が分布している。

　このエゾイタヤ―シナノキ群団はシナノキ(常在度Ⅲ、沿海州ではアムールシナノキ Tilia amurensis)、ミズナラ(常在度Ⅱ)を随伴しながら、日本海側沿岸部、秋田では湯瀬渓谷から岩手県中北部以北青森県、北海道、沿海州等、舘脇のいう汎針広混交林域に分布している。北海道から東北北部にかけての日本海沿岸部にあるエゾイタヤ・シナノキ林やエゾイタヤ二次林は、氷河時代に発達した亜寒帯針葉樹林や現在の針広混交林とつながりがある。恐らく氷河時代の秋田沿岸部では、チョウセンゴヨウやトドマツ、エゾマツなど針葉樹を交えながらエゾイタヤ、シナノキの落葉広葉樹との混交林(上層も

しくは下層）が形成されていたのではないかとみられる。今後これら広葉樹種の虫媒花が花粉分析でより明確になることを期待する。

　エゾイタヤ—シナノキ群団の組成を見ると、先の<u>北方林種のダケカンバ・広葉樹林域のエゾニュウ</u>（常在度Ⅱ—以下括弧は常在度ランクを示す）、オオハナウド（Ⅰ）、シャク（Ⅰ）、サラシナショウマ（Ⅱ）、ギョウジャニンニク（r）、<u>沿海州のトウシラベ—エゾマツ群団域のコメガヤ</u>（Ⅰ）、イブキヌカボ（Ⅱ）、オオヤマフスマ（r）、ルイヨウショウマ（r—北海道なし）、ザリコミ（r—北海道なし）、ミヤマザクラ（r）、ヒメイズイ（r）、アイヅシモツケ（r）、<u>エゾマツ群団域のエゾボウフウ</u>（Ⅰ）が低い常在度で随伴している。一方では、エゾイタヤ—シナノキ群団はエゾイタヤ（Ⅳ）、シナノキ（Ⅲ）、クルマバソウ（Ⅲ）、サワシバ（Ⅱ）、コブシ（Ⅱ）、ケヤマウコギ（Ⅱ）などは北海道全域に分布し種の常在度が高いことから、北海道の影響を強く受けた群団であることがわかる。またこの群団は、星野義延（1998）のミズナラ—サワシバ群団と類縁性が高く、新設のミズナラ—サワシバオーダーに包括される可能性もあるが、北海道・青森・岩手より湿潤な秋田ではシオジ—ハルニレオーダーのエゾイタヤ—シナノキ群団となっている。なお、エゾイタヤ—シナノキ群団の常在度表はAppendix Vにあるが、二次林の成立とも関係するので後述の二次林総合常在度表（Appendix Ⅵ）にもまとめている。

　秋田のエゾイタヤ・シナノキ林には、ケヤキを随伴していることが多く、本荘市以南ではヤブツバキクラスの種（オオバジャノヒゲⅡ、ヤブツバキⅡ、キヅタⅡ、ヤブコウジⅡ、タブノキⅠ）が浸透している。福嶋司（1984）のエゾイタヤ—ケヤキ群集はこのような群落で、男鹿半島から能登半島まで分布している。これらのケヤキの分布は完新世以降で、ヤブツバキクラスの種は比較的新しく北上してきたものである。

　このように、秋田のエゾイタヤ—シナノキ群団（*Aceri glabri—Tilion japonicae*）は、やや寒冷・乾性の北方の種群をもつエゾイタヤ—シナノキ群集（*Aceri glabri—Tilietum japonicae*）とやや温暖・湿性の南方の種群を持つエゾイタヤ—ケヤキ群集（*Aceri glabri—Zelkovetum serratae*）の交錯域にあたる。種の多様性に富むエゾイタヤ—シナノキ群団は、種組成が貧化しているブナ林と大きく異なり、氷期最盛期にいろいろな種が逃げ込んだ逃避地として存在した可能性が高い。秋田では、分布のまれなイブキソモソモ、ヒエスゲ、トケンラン、ヒロハノハネガヤ、エゾノシロバナシモツケ、レンプクソウ、ザリコミなどは、エゾイタヤ—シナノキ群団に分布する。

7.2　スギ群落は、広域にわたり多様な立地に分散分布している

　スギを含む群落は秋田の植生を理解するためだけでなく、我が国の森林植生を明らかにするうえでも欠かすことができない群落である。秋田のスギについては、これまで最もまとまった調査研究としては岩崎直人（1927、1929、1939）が挙げられる。その後佐伯直臣（1932、1950）、高橋啓二（1970、1971）など秋田のスギ植生について述べているが、植生について全体像を与えるにいたらなかった。

　ここでは、第1に秋田のスギを含む群落の多様な実態と植生的位置づけを明らかにして、第2にスギの地理的分布の特徴を述べ、最後に最終氷期最盛期以降の植生変遷の中でのスギがどう分布を拡大したかについて述べる。

7.2.1　秋田はスギ群落の主たる分布域であるが、群落の独立性を欠いている

　日本列島のスギは、屋久島から青森県鰺ヶ沢まで広く分布する我が国準固有種である。秋田のスギは、列島の中でも最大の分布域で「天然秋田スギ」として著名であった。

表7.2　秋田のスギ群落体系（表中の●は、現存するスギの群落・群集を示す）

ハンノキクラス	*Alnetea japonicae* Miyawaki, K. Fujiwara et Mochizuki 1977
ハンノキオーダー	*Alnetalia japonicae* Miyawaki, K. Fujiwara et Mochizuki 1977
ヤチダモ―ハンノキ群団	*Fraxino―Alnion japonjcae* Miyawaki, K. Fujiwara et Mochizuki 1977
●ミヤマウメモドキ―スギ群落	*Ilex nipponica―Cryptomeria japonica*―community
ブナクラス	*Fagetea crenatae* Miyawaki, Ohba et Murase 1964
コナラ―ミズナラオーダー	*Quercetalia serrato-grosseserratae* Miyawaki *et al.* 1971
マルバアオダモ―ミズナラ群団	*Fraxino―Quercion mongolicae* var. *grosseserratae* Ohba 1973
●オオバクロモジ―ミズナラ群集	*Lindero membranaceae―Quercetum mongolicae grosseserratae* Ohba 1973
●ミチノクホンモンジスゲ―コナラ群落	*Carex stenostachys* var. *cuneata―Quercus serrata*―community
ササ―ブナオーダー	*Saso―Fagetalia crenatae* Suz.-Tok. 1966
チシマザサ―ブナ群団	*Saso kurilensis―Fagion crenatae* Miyawaki, Ohba et Murase 1964
●チシマザサ―ブナ群集	*Saso kurilensis―Fagetum crenatae* Suz.-Tok. 1949
ヒメコマツオーダー	*Pinetalia pentaphyllae* Suz.-Tok. 1966
ヒノキ群団	*Chamaecyparidion obtusae* Yamanaka 1962
●アカミノイヌツゲ―クロベ群集	*Ilici―Thujetum standishii* Yamazaki et Nagai 1960
シオジ―ハルニレオーダー	*Fraxino-Ulmetalia* Suz.-Tok.1967
●ミヤマベニシダ―ヤチダモ群集	*Dryopterido monticolae―Fraxinetum manndshuricae japonicae* Ohno in Miyawaki 1987
オーダーは未定	Communities unknown in the order
ウラジロヨウラク―ミヤマナラ群団	Menziesio―Quercion Miyawaki *et al.* 1968
●ミヤマナラ群集	*Nanoquercetum* Suz.-Tok. 1954
●ムラサキヤシオ―スギ群落	*Rhododendron albrechtii―Cryptomeria japonica*―community
●ミヤマカンスゲ―チシマザサ群集	*Carici multifoliae―Sasetum kurilensis* Suz.-Tok. *et al.* 1956 corr. Suz.-Tok. 1976

　これまでの調査結果から、秋田のスギ群落体系をまとめると**表7.2**のとおりである。この表から秋田のスギ群落は、いろいろな群団に分散して分布しているのが理解される。

　スギ群落は植生体系上多くの群集・群落に区分されるが、その多くは山地帯を覆うブナクラスに包括される群落である。その中心的地位を占めるのがチシマザサ―ブナ群団で、ついでヒノキ群団である。ほかの群落の分布量ははるかに少ない。独自な種組成を持った群落として存在しないスギ群落は、こうした群落の典型部でなく植生体系上は亜群集や変群集レベルに位置づけられる。この意味で大場達之（1999）が和賀山塊で規定したアシウスギ群集は認めがたい。

　このようにスギはもはや群落の独立性を欠き、各群落の一部に拡散した種で、まとまりのある分布をしていたスギの栄えた時代と相違している。

7.2.2　見つかった自然植生に近い沖積低地のスギ湿性林

　2007年初冬フロラ調査のため藤原陸夫に同行した際に、これまで探していた自然に近いスギ群落を偶然発見した。このスギ湿性林は、男鹿半島の付け根にあたる八郎潟残存湖に近接した昭和町（現・潟上市）にあり、被覆砂丘地帯と沖積低地が接するゾーンに北から新関―天神下―大郷守の約1.5kmにわたり4か所に分布している。一番大きいスギ群落でも1.5haで小さいもので0.3ha、4か所合わせ

ても2.7haの限られた面積の群落である。

　スギ林は純林で、高木層の平均樹高8〜18m、風倒によるギャップのため植被率60〜80％でランダム〜集中分布していて、下層には伏条の稚幼樹がみられる。林縁の伐根から推定して大きいスギで60〜70年生である。

　植生は、亜高木層にコブシ、イソノキ、ミヤマウメモドキ、低木層にハイイヌツゲ、草本層にタチギボウシ、ミズバショウ、タニヘゴ、ヒメシダ、イワハリガネワラビ、などからミヤマウメモドキ―スギ群落としてハンノキクラスにまとめている。

1　更新は主に無性繁殖であるが、雪害倒木更新が特異である

　昭和町のスギ群落は、全体的にパッチ状に集団化しており、更新タイプは一見すると複雑に見えるが次のとおり整理できる。しかし、より詳細にはDNA解析など専門的調査が必要である。

(1) 無性繁殖

　伏条更新：最も多いのは伏条更新である。伏条での繁殖は**図7.1**のようにA→B→Cのように推移して別個体群を造り繁殖している。

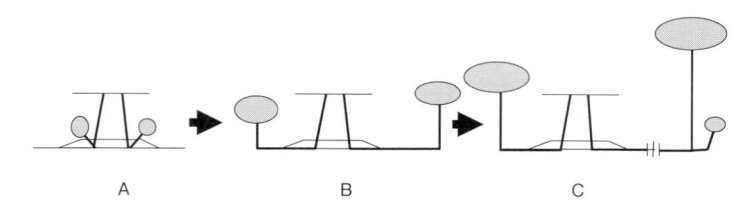

A 落葉・落枝の腐葉土の盛り上がった根本から萌芽枝発生→ B 萌芽枝が成長して
倒れ落葉が堆積し長さ4m直径4cmも伸び一見根に見えることもある。萌芽枝が
発根して地上に稚幼樹群を形成→ C 根に見える部分が腐れ別個のクローンとなる。

図7.1　伏条での繁殖

　その特徴は次の点である。

　① 昭和町のスギ群落の伏条更新は、多雪地帯でいわれている枝の下垂による更新と異なり、親木の根元に落葉が堆積した地際から発生する萌芽枝による点である。

　② 地際から成長した萌芽枝は地下水位が高いため地表近くを横走し、外観上根から萌芽し稚幼樹になったように見える。しかし、スギは根に根出芽(不定芽形成)を作らないといわれているので萌芽枝である。

　③ 地際からの萌芽枝は中高齢樹の個体で、枝が下垂して伏条しているのは稚幼樹群に多い。これら中高齢樹と稚幼樹ともに萌芽枝の横走は、途中で腐れ別個体群を形成する。稚樹の例では直径8mmで14年も林床に生存していて、スギ群落にギャップが生ずれば成長する。このようなことが林内にランダムに起こり、群落を持続させている。

　雪害倒木更新：ここでいう雪害風倒木更新とは、被圧木の雪害(冠雪害による根元裂けか)により生じた倒木の枝を幹に垂直に成長させ更新していくタイプで、一般的な倒木上の実生による倒木更新と異なる。倒木更新と誤用を避けるため雪害倒木更新とした。この更新は、一世代だけに起こるのでなく、**図7.2**(越前谷・和田 2009調査)の平面図にあるように3世代(断面図は3代目)にわたり同じ更新を繰り返してクローンを形成している点が特異である。**図7.2**アの●印は立木でその胸高直径を図示してある。この雪害倒木更新の初代は、地面に細い直径でつながっている(太い直径の立木が倒れても発根しない)太い立木は、若齢時に雪害で倒れたときの枝が成長し立木に肥大したものとみられる。**図7.2**イの断面図は3代目であるが同じパターンの繰り返しである。なぜこうなるのかについては今回

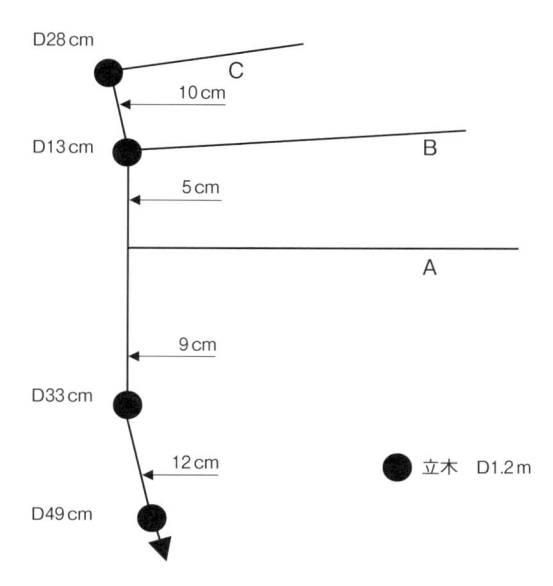

図7.2 ア　スギの雪害倒木更新平面図

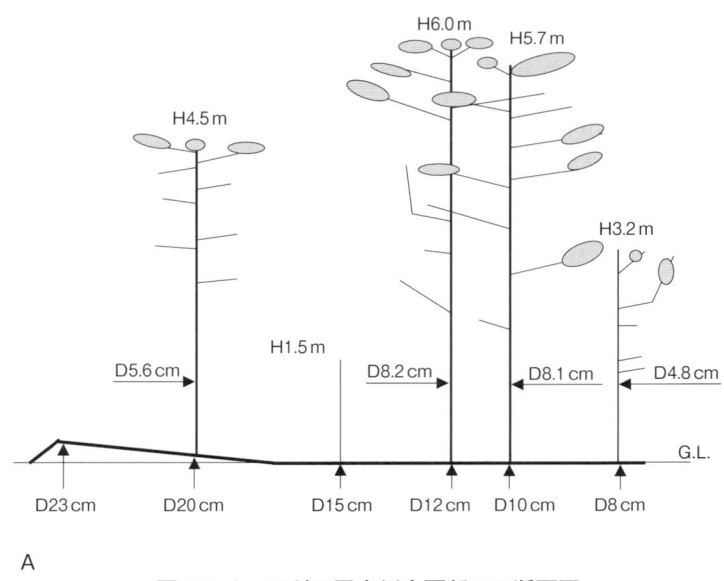

図7.2 イ　スギの雪害倒木更新Aの断面図

の調査だけではっきりしたことはわからなかった。今後雪害倒木更新の形成プロセスを明らかにするためには、詳細調査が必要である。

　ところが、中には倒木の枝が幼樹まで成長しているのに、地上と接しないため発根していない上層木の倒木もある。このような枝の幼樹を8年後の2017年に確認したところ枯死していたが、その根株の部分の幼樹は成長していた。

　こうした更新の仕方はこの湿性林に散在するが、宮古市浄土ヶ浜や亜高山帯の湯森山1420m地点では雪害で根元から裂け地面と接した倒木から枝条が立っている（発根は未確認）のが観察され、同じパターンの更新とみた。しかし昭和町（現潟上市）の雪害倒木からの更新は限られ、倒木の多くは腐朽していく。

このような更新を見ると現在のスギが旺盛な生命力を持ち合わせ、いろいろな方法で個体群を維持している種に見える。

(2) 有性繁殖

実生による更新もあるが全体的に少なく、根株部分や以前の株や倒木が腐朽した箇所、ミズゴケ上に限られる。こうした実生による更新木も条件さえ合えば伏条化していく。

2　この湿性スギ群落は、豊富な地下水による湧水の存在と台風など強風によるギャップに依存している

このような更新をし続けて群落を維持させている条件は、次の2点である。

(1) 明らかに地下水位が高く20〜30cmで水面に達する。このためスギの根圏は地表近くを這うしかなく、倒木の根圏を見るとわずかに深さ20cm程度と極端に浅根性である。つまり地下水位が根圏域をきめている。

この豊富な水分環境は、スギ群落周辺に池沼が隣接していること、林内にはところどころ小流路（人工の可能性もあり）や水面のある湿地、さらには根返り地のピットホールは水溜りとなっている。地元の人の話では、「昔は良い水がボンボン湧いたところで、泥炭の下の砂礫層が秋田市追分まで繋がって井戸が多かった」し、この近くの出戸浜海水浴場では、昔砂を掘れば水が飲めたという。このようなスギ林は昔もっと広がって分布していたと述べている。この場所は、現在でも昭和町の上水道の水源地であり、溶存酸素の高い良質な水環境にある。昭和町から秋田市にかけては、被覆砂丘が分布し、この近くの大清水―秋田市高清水―秋田市新屋には、水質がよいところとして知られていた。また男鹿市の寒風山山麓の溶岩末端から湧出する水は、寒風山周辺の集落の水源となっている。特に滝の頭の勇水量は、1日2万5千トンもあり古くから飲料水、農業用水として利用されてきた。

土壌は地下水位が高く断面観察不可能のため、検土杖(100cmまで可能)で採集可能な箇所について調べた結果は、次のとおりである。No. 3(大郷守)0〜20cm(腐植土)−90cm(カサスゲ？未分解泥炭)−100cm(粘土)、No. 4(新関)砂交じり、No. 5(天神下)泥炭、No. 6(新関)砂交じりであった。豊富な湧水とこうした土壌の関係は、この調査だけでは良くわからなかった。

このように見てくると、この立地条件は富山県入善町の沢杉と似てくる。寒風山山麓の湧水地や昭和町の砂丘地〜沖積低地泥炭下部砂礫層の存在は、富山の沢杉の扇状地の砂礫地に共通した湧水の豊富さがある。秋田で著名な江戸時代の紀行者であった菅江真澄(1810)も、男鹿市払戸のスギ、ケヤキの埋もれ木が野原のような谷地のどこからも出てくると記録している。日本海側の沖積地と接する被覆砂丘や丘陵地等縁辺の地下水豊富な砂礫層のある地帯では、同じようなパターンの立地に昭和町以外にもスギ自然群落が点々と分布していたと想定される。

(2) 地下水位の高い立地は、浅根性のため台風など強風によりギャップが形成されやすい。これらの点が伏条更新と撹乱による雪害倒木更新に有利に作用し、スギ群落を持続させている。しかし、2017年に確認したところ一番大きな林分である大郷守では、地下水位の上昇のため枯死木と強風による風倒木が多数発生し、大きなダメージを受けていた。今後水位の低下があれば回復の可能性が残されているが推移をみる必要がある。

このように湿性のスギ林は湧水（氷期でも水温保持か？）と水位に規制されることから、最終氷期最盛期には広大な湿性林を形成することは困難で、現海水面下を含め限られた丘陵地等縁辺に、時に広く時にパッチ状に連鎖状分布して移動を繰り返していたものと見られる。

3　スギの伏条更新は、これまでいわれてきたように多雪により枝が下垂し発根するというパターンだけでない

　このことは、これまで述べた少雪地の沖積低地の湿性スギ林や後で述べる三陸海岸宮古市の伏条更新でもいえ、伏条更新の起源は多雪化以前の性質であった可能性が高い。亜寒帯、温帯の針葉樹には伏条更新する裸子植物が多く進化と関係し、少なくともスギが栄えたといわれる最終氷期以前どころでなく、更新世より古い新第三紀までさかのぼる可能性がある。スギの伏条更新の多雪条件は、更新全体から見ると部分にすぎないといえる。

7.2.3　かつて天然秋田スギの巨木林があった山地帯のスギ・ブナ林

1　「天然秋田スギ」は代償植生で、「スギ・ブナ林」は自然に近い植生である

　ブナクラスのスギ林には2つのタイプがある。ここでは、人為が比較的入らない自然度の高い広葉樹混交林の群落を「スギ・ブナ林」と呼び、徹底した人為管理のもとにあった純林状態のスギ林を「天然秋田スギ林」と呼ぶことにする。

　天然秋田スギ林は我が国の三大美林とされ、明治期の大館市長木沢国有林の写真が本多静六の日本森林帯論(1912)にあるが、沢から尾根まで一面スギで覆われ見事な林相である。この長木沢の純林だけでも明治32年(1899)の調査では、4万6000haにおよんだというから、県北部は我が国最大の天然スギ林地帯であった。今でも二ツ井町(現・能代市)仁鮒にある水沢学術参考保護林では最大樹高58mと熱帯林の超高木に匹敵し、往時の森林が現代人の想像を超えるすばらしい美林であったことがわかる。天和2年(1682)の記録によると、長木沢では胸高直径67cmから2m40cmの天然秋田スギ14万3400本にもおよび巨木が多かった。ところが、相観的にスギ巨木が点在する「**疎林**」で、混交していた樹種は1835年当時クリ、ケヤキ、カツラの大木であったという(岩崎直人 1927、1939)。この天然秋田スギ林の成立は、当時秋田営林局の岩崎直人(1939)に詳しいが、おもに伏条・立条によって繁殖したもので、混入広葉樹を選択的に除去管理したからであるといわれている。

　自然植生と見られた森吉町(現・北秋田市)森吉山東方海抜1000m前後の「桃洞のスギ」を調べた岩崎直人(1927)は、「遠望すればほとんどスギ林であるが、近接すればほとんどブナ林でスギは2～5本群生し点在し伏条による後継樹を多数有してスギの原生状態を示す(古来1回くらい伐採)」と述べている。またスギの年齢に大差のないのは、広葉樹の過度の伐採により、スギが一時に成立したものとしている。

　その後「桃洞のスギ」を調べた高橋・日比野(1970)によると、「過去に風害などによる過度の疎開があったこと、更新初期には少雪であった」と述べている。最近、この桃洞に隣接する「佐渡スギ林」について調査した大田・正木・杉田・金指(2007)によると、「過去に大径木を中心に伐採が行われ、スギはその当時の根株上に生育している。天然秋田スギの発生時期が1750年前後に集中しているのは、長木沢のスギが切りつくされたほぼ同時代の17世紀後半からであり、この強度の伐採が全県下で行われたためである」としている。

　広葉樹も過度の伐採がおこなわれ、鉱山(阿仁銅山、太良鉱山、加護山銀銅吹分所、大葛金山等)に必要な膨大な薪炭材需要にあり、生活用の薪材まで欠乏していたといわれている。岩崎直人(1939)は、薪炭林欠乏の原因として①佐竹氏移封後の人口増、②採草地の必要、③藩有林の御留め山と鉈伐、④針葉樹林の増加による広葉樹林の衰退、⑤鉱山業の発達と述べているが、やはり鉱山用薪炭材需要増

大が最大の原因である。

　このように、天然秋田スギ林は樹齢が近似していて、スギ・ブナ林のスギ大径木主体の伐採と広葉樹の過度の伐採により少雪時代に成立したものとみられる。ただスギの大量伐採は、長岐喜代次（1988）によると佐竹義宣が入部前、秋田安藤氏により1592～1599年に大阪に多量移出（敦賀港）し秀吉側に引き渡しているというからもう少しさかのぼる。このため秋田藩では秋田スギ資源の枯渇に直面し、正徳、宝暦、文化（18世紀後半から19世紀前半）に3回の林政改革を行い森林の徹底した保護管理に当たった。

　天然秋田スギ林がまだ多く残されていた当時の植生については、戦前の秋田営林局が行った植生調査結果があれば検討できるが、入手が不可能である。このため、ここでは当時秋田営林局の佐伯直臣（1932）と、林業試験場の林弥栄（1951）により概要をまとめると次のとおりである。

　（1）佐伯直臣（1932）によれば、秋田地方の低地（600m以下で米代川流域、これを越えるとブナ林）森林は、スギ、ミズナラが一般的に最も植生を支配する樹種としている。その当時の植生分類で、このスギまたはミズナラを優勢種とする森林は、東北地方スギ・ミズナラ・ブナ・ネズコ（クロベ）群系（Formation）に属し、優勢種の種類によって次の六つに区分している。①スギ群叢（スギ純林状態で、天然秋田スギ地帯）、②スギ・ミズナラ・イタヤ（アカイタヤ）・トチノキ・ブナ群叢（高木階の広葉樹とスギの小群団の混交）、③ミズナラ・イタヤ・トチノキ・ブナ群叢（広葉樹高木林で、高木層にスギを欠く）、④ミズナラ・ブナ・ネズコ群叢（険阻な立地）、⑤ヒバ（ヒノキアスナロ）・スギ群叢、（岩石を含む急傾斜地に多いヒバ林で、秋田のスギと青森のヒバの推移帯と見ている）、⑥ナラ・クリ群叢（広葉樹二次林、スギ稚樹等混交）。

　（2）林弥栄（1951）のスギ天然分布の一覧表は、秋田営林局の施業基案、植生調査、本人調査によって秋田県の97か所について記録している。この表の地区ごと混交樹種を常在度表にまとめたのが、**表7.3**である。無論植生調査区でなくもっと広い地域的スケールの地区であるから概要を知ることとし

表7.3　スギ天然林の混交樹種の常在度表（林弥栄 1951 より作成）

学名・和名	調査地区	A	B	C
		31	46	20
Aesculus turbinata	トチノキ	V		
Pterocarya rhoifolia	サワグルミ	IV		
Thuja standishii	クロベ	I		IV
Pinus parviflora var. *pentaphylla*	キタゴヨウ			III
Quercus crispul	ミズナラ	V	V	V
Fagus crenata	ブナ	V	IV	V
Acer pictum ssp. *mayrii*	アカイタヤ	IV	II	I
Thujopsis dolabrata var. *hondae*	ヒノキアスナロ	II	I	II
Magnolia obovata	ホオノキ	II	I	
Castanea crenata	クリ	I	I	
Cercidiphyllum japonicum	カツラ	II		
Juglans mandshurica var. *sachalinensis*	オニグルミ	r		
Kalopanax septemlobus	ハリギリ	r		
Pinus densiflora	アカマツ		r	
Cerasus sargentii	エゾヤマザクラ		r	

かできない。この**表7.3**によると3つのタイプに区分できА：トチノキタイプは佐伯の①②に、В：ミズナラタイプは②に、С：クロベタイプは④に、およそ対応しそうである。

　（3）現在秋田のブナ林の組成表（P2101）では、トチノキ亜群集が佐伯の①②、典型亜群集が③、オオイワウチワ亜群集およびアカミノイヌツゲ―クロベ群集が④に対応していると見なせる。このように現在天然秋田スギは激減したとはいえ、過去の天然秋田スギ林の植生タイプはかろうじて判断できる状況にある。

　（4）少し意外であったのは現在の天然秋田スギの組成に比べ、ミズナラが多く林弥栄（1951）の97か所の93％を占め、多いと思われたブナの80％を上回っている点である。現在のブナ林とクロベ林の組成表（P2101、P2102）によるといずれもブナ高木が常在度Ⅴと優勢でミズナラはⅢ〜rと少ない。そのうちスギの多い天然秋田スギやアカミノイヌツゲ―クロベ群集ではブナⅡ〜Ⅲ、ミズナラⅠ〜Ⅱと高木の常在度は低下するものの、それでもブナの方が優勢である。現存する植生は、優良な天然秋田スギの主要な分布域の大部分を失った残りであること、広葉樹の選択的伐採による人為的撹乱があったこと、**表7.3**の林弥栄1951のデータは調査区でなく、より広い地域であることが関係している。

　すでに7.1.3で触れたように、完新世の多雨化による土壌浸食があった撹乱時代には、ミズナラの優勢な森林が広く成立していたとみられている。ミズナラの多い森林の形成は3000年前にも多雨などにより山地斜面が撹乱されたことによりブナ林が減少し、スギ・ミズナラ林が分布を拡大したと予想される。

　ブナ林域でのミズナラは、現在急傾斜地や尾根筋に散在して分布している。佐伯直臣（1930）による秋田市仁別（太平山域）の植生図を見ると、低海抜からスギ林→スギ・ブナ林→ブナ林の垂直分布帯を形成していて、このなかにミズナラはスギの間に点在していたという。仁別の天然秋田スギにおけるミズナラは、現在も点在している。往時の天然秋田スギ林には常在度は別にしてミズナラが点在していたとことは、佐伯・林の調査から明らかである。天然秋田スギ地帯に多い急斜面は、3000年前のスギ・ミズナラ林の分布拡大の素因であった可能性がある。このように、スギ・ブナ林よりもスギ・ミズナラ林の方が天然秋田スギの原型に近いとみたほうがよい。

　大館市長木沢や二ツ井町仁鮒などの一斉林的天然秋田スギの美林は、秋田藩林政の徹底した管理の基に成立したもので、それ以外のスギ天然林は②のタイプでスギが小団塊状（伏条集団）にミズナラ、ブナが優勢な広葉樹との混交林である。天然秋田スギの大部分を利用しつくした現在は、その周辺部に残り点在しているスギ・ブナ林である。

　このようにブナクラスのスギ林のタイプは、立地環境と森林管理の相違および撹乱（伐採・土壌浸食等）の程度に応答している。これまで述べてきたことから、「天然秋田スギ林」は代償植生で、各地に残存する「現在のスギ・ブナ林」は人為があったとしても天然秋田スギの母体に近く、自然に近い植生であると結論することができる。

2　スギは、山地帯上部になると豪雪を回避できる限定された貧養のブナ群団やヒノキ群団を選択

　図7.3は、チシマザサ―ブナ群団とヒノキ群団におけるスギ高木の高度分布である。

　チシマザサ―ブナ群団のスギ高木は、山地帯の600ｍ以下に大部分が分布し、この高度を超えると急速に分布しなくなる。この高度以上になるとヒノキ群団（アカミノイヌツゲ―クロベ群集）にスギ高木が多くなり、多雪を回避できる地形の尾根部に分布している。

　ヒノキ群団は尾根筋にクロベ、キタゴヨウと混交群落を形成し、林業的にあまり価値のある材が少ないこと、搬出が困難なことなどで比較的今日まで残されている。特に森吉山系のノロ川下部の急峻

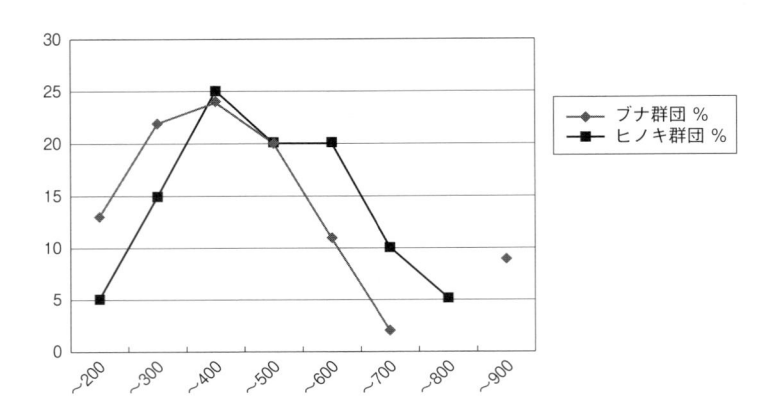

図7.3　ブナ群団（46箇所）とヒノキ群団（20箇所）におけるスギ高木の高度分布

な尾根が幾重にも重なる相観は一大針葉樹林地帯に見える。1991年台風19号により、かなりの風倒木が発生したが、その後根返り地には、クロベやスギの実生が発生していて更新され持続している。

図7.3の高度900mに分布（グラフでは離れた点として表示）しているチシマザサ―ブナ群団は、7.2.3.1で述べた森吉山東方8km付近の溶結凝灰岩上の桃洞・佐渡のスギ林で、高木林としては最高度に位置する。この桃洞・佐渡のスギについて高橋啓二（1970）は、マクロに見れば山稜部の台地性地形であり、環境的に特殊な地域でなく多雪地の温帯針葉樹を混生する代表的林分であるとしている。組成から見ると高木層にスギ、キタゴヨウの常在度高くクロベ、ミズナラ、ブナが低常在度でチシマザサ―ブナ群団に所属する。しかしこのスギ林は、ヒノキ群団との関連性があり、特に佐渡のスギとキタゴヨウとの混交はブナ群団にほとんどなく特異性がある。恐らく高橋啓二（1970）の指摘した成立時の開放的植生と少雪期が、スギ林の成立だけでなく組成にも影響したものである。

　一方ブナ林地帯の600mを超えた平坦地にも、湿性のスギ高木の群落は形成されている。ひとつは森吉山北方のノロ川といわれるブナ林に囲まれたヤチダモ林などが分布する平坦地である。ここは海抜620mで平坦地のはずれにありノロ川下流のアカミノイヌツゲ―クロベ群集に近接するところである。高木層はスギとクロベで、亜高木層にヤチダモ、ブナを随伴し、林床にはオオミズゴケ、ミヤマミズゴケがパッチ状に分布する。

　もう1か所は、鳥海山北方の由利原に近い桑の木台湿原に近い鳥海ムラスギ（660m）である。高木層はスギとブナであるが、亜高木層にトチノキ、ヤチダモを随伴している。鳥海ムラスギの幹形は、根本の方が異常に太いのが特徴で、古い時代の雪上での伐採が原因の可能性がある。この近くの桑の木台湿原は、近年観光地化されたがこの湿原の周囲には、ミヤマナラとともにスギ低木林があり、1986年秋田営林局土壌調査室の千葉技官（当時）と湿原を掘ったところスギの埋もれ木が見つかったところである。湿原を含めてこの辺一帯は、スギの高木が点在していて、およそ2400年前の鳥海山の山体崩壊で埋もれたスギの箇所と5kmと近接していることから関連性のある地帯である。

　これまで述べた例はスギ全体の分布から見れば少数例に過ぎないが、低木となった亜高山帯のスギが豪雪域に分布しないことから、スギは豪雪を回避して分布を拡大している。豪雪に耐えられる高木林は、ブナ林だけである。

7.2.4　コナラ、ミズナラ二次林にも多いスギ群落

　低山帯は主として里山といわれる丘陵地で、かつて採草地、薪炭林として利用されてきたところで

ある。現在この地帯は、スギ人工林とコナラやミズナラの二次林によって占められている。スギは、相観的にスギ・ブナ林と同様にこれら二次林の上層林冠を高く突き抜け広葉樹と混交している。上層林冠に高木のスギを欠く広葉樹二次林であっても、低木層にスギのパッチ状の伏条更新が分布する。秋田の丘陵地には、この2つのタイプの二次林がかなり広範囲に分布している。

　スギ高木型スギ群落は、コナラ二次林域の泥岩や頁岩地帯のやや貧養な立地に多くアカマツと一緒のことが多い。ミズナラ二次林域では、急斜地に多く分布する。かつて、このような二次林域にもスギ・ブナ林が広く成立していたものとみられる。

　丘陵地帯のスギ伏条更新として古くから知られているのが、上岩川地方(現・三種町)の民間のスギ択伐天然更新施業(1940年740 ha、1974年980 ha)で、岩崎直人(1939)および秋田県林務部畠山宏信(1985)によって調査されている。最新の畠山の学位論文(1985)によると、上岩川地方では300年前から伏条更新による択伐天然更新を継続してきた地域である。その施業方法は、雑木といわれる広葉樹を伏条のスギ稚樹の更新のためコントロールし(光環境と湿度・地力維持―薪炭材として利用)、スギの大径材を抜き伐りし(八郎潟の舟材の需要)混交林として管理してきた。一方、広葉樹をすべて除去して一斉林化し閉鎖林分としてしまえば、伏条の稚樹はほとんど消失してしまい天然更新は不可能になるという。このような施業法は、秋田藩林政の影響を受けていると見るべきで、天然秋田スギ林の育成もこのようなものであったといえる。

7.2.5　太平洋沿岸にも伏条性のスギが分布している

　長いあいだ伏条性のスギは日本海側に分布するアシウスギ(*Cryptomeria japonica* var. *japonica* f. *radicans* 学名は邑田・米倉 2012 による)の特徴で、針葉の形態が柔軟で内曲するといわれてきた。東北森林管理局の東北国有林の保護林(2013)によると、太平洋側の牡鹿半島にある牧ノ崎に伏条のスギがあることが知られている。林弥栄(1951)のスギ天然分布をみると、三陸沿岸には牡鹿半島から宮古市の船越半島まで点々と分布している。このため2014から2016年にかけ調査した結果、新に宮古市館ヶ崎(浄土ヶ浜)と姉ヶ崎(休暇村)の2地区で伏条性のスギが分布しているのを確認した。なお、姉ヶ崎には、ヒノキアスナロが少数分布している。

　このスギは、岬の先端域でアカマツ林やミズナラ二次林に分布している。階層構造から見ると、高木層のアカマツやミズナラと混交していて、スギは亜高木層から低木層に伏条集団を形成していることが確認できた。さらに岬の急崖地に人工林に似た純林状のスギ林は、危険のため調査できなかった。

　このような伏条のスギが分布するのは、第1に半島の先端部は夏季海霧が入りやすく、ときに濃霧となり水分が供給されることである。この海霧はオーツク海高気圧と親潮＝寒流がもたらしたもので、宮古市街地まではおよばないという。第2として土壌の落葉層(L層)が厚めである。こうした条件下で、スギの下垂した枝に落葉が堆積し発根している。宮古市の南の三陸沿岸には、日本海側に多いタニウツギやオオバキスミレに近縁のフチゲオオバキスミレなどが分布するのも、この海霧が関係しているものとみられる。いずれにしても三陸沿岸の自然性のスギについては、もっと詳細な調査が必要である。

7.2.6　亜高山帯域に進出したスギ群落

　秋田における亜高山帯域のスギ群落については、すでに越前谷・武田(1985)で報告されている。ここでは、その後のデータの蓄積により明らかになったことを含めて亜高山帯域のスギ群落を総括する。

1　亜高山帯域のスギ群落の分布

これまでの調査から我が国の亜高山帯域のスギ群落の分布をまとめたのが**表7.4**である。

表7.4　亜高山帯域のスギ群落

県名	山岳名	山頂高度(M)	分布上限高度(M)	推定WI	群落域	環境省メッシュ番号	備　考
青森	八甲田逆川岳	1183	1110	39	オオシラビソ林	60407657	山中ほか(1983)
秋田	田代岳	1178	1160	40	チシマザサ群落	60405313	越前谷(2001)明らかな植栽もあるが自然に見える群落？がある
〃	森吉山	1454	1410	36	オオシラビソ林	59407463	越前谷(2005)
〃	同(山人平)	1414	1305	38	オオシラビソ林	59407474	越前谷(1999)
〃	ヒバクラ岳	1326	1290	38	オオシラビソ林	59407475	越前谷(1999)
〃	太平山	1170	1060	45	ミヤマナラ群落	59405254	越前谷(2001)
〃	馬場目岳	1038	1020	47	チシマザサ群落	59405292	越前谷(1998)自然に見えるが植栽か？
〃	乳頭山	1478	1390	36	チシマザサ群落	59405666	越前谷・高橋(1979)
〃	湯森山	1471	1360	37	チシマザサ群落	59405625	越前谷(1985)
〃	同(岩手側)	1471	1420	34	チシマザサ群落	59405626	越前谷(1986)
〃	駒ヶ岳	1637	1360	37	ミヤマナラ群落	59405604	越前谷(1985)
〃	山伏岳　高松岳	1315　1348	1260　1000〜1200	45	ミヤマナラ群団	58403467　58403458	(山伏岳鈴木 1994)(高松岳1000〜1200m田口・佐々木 1990)—富谷松之助 1995引用
〃	鳥海山	2236	690	64	桑の木台湿原周囲	58406004	越前谷(2007)
岩手	大白森	1269	1240	38	オオシラビソ林	59406638	竹原・菅原(1990)
〃	栗木が原	1162	1140	43	オオシラビソ林	59406619	竹原・菅原(1989)
宮城	栗駒山	1626	1100	47			林(1951)
新潟	飯豊山	2105	1600	37			同　上
富山	僧が岳	1855	1770	37	オオシラビソ有り		平(1980)
〃	毛勝岳	2414	1860	34	同　上		同　上
〃	猫また山	2378	2050	28	オオシラビソ林		同　上
〃	赤谷山	2770	1880	34	オオシラビソ有り		同　上

（注）このほかに兵庫県氷ノ山頂上(1510m)の古生沼湿原の縁にスギ群落分布(高原光 1998)。

この表から次の3点が指摘される。

（1）亜高山帯のスギ群落は、本州中部から北部の日本海側多豪雪地帯に分布する。しかし生育立地は、豪雪でも寡雪でも分布しない。森吉山では、オオシラビソと同様に樹氷を形成する。

（2）スギ群落の大部分は、ヌマガヤ群団の周囲、オオシラビソ群集域やミヤマカンスゲ—チシマザサ群集域の湿性に傾く立地に分布する。

（3）暖かさの指数から見ると、アカエゾマツの最適温度域(増田 1972)まで分布していることから、最終氷期最盛期に低地に逃避しても生存可能である。

2 更新の実態
(1) 伏条更新

　亜高山帯のスギ群落はすべて伏条更新による集団で、もとの個体数は少ないものと予想される。**図7.4**は、恐らくもとは一個体で7本立ち上がっており、伏条枝は地面に接して匍匐→地面から少し浮いて匍匐→立ち上がり→また地面に接して匍匐の繰り返しでクローンを維持拡大している。さらにこの伏条枝は途中で枯死し、別個のクローンとなる。このような更新は、7.2.2で述べた沖積低地の更新と共通した類似性がある。

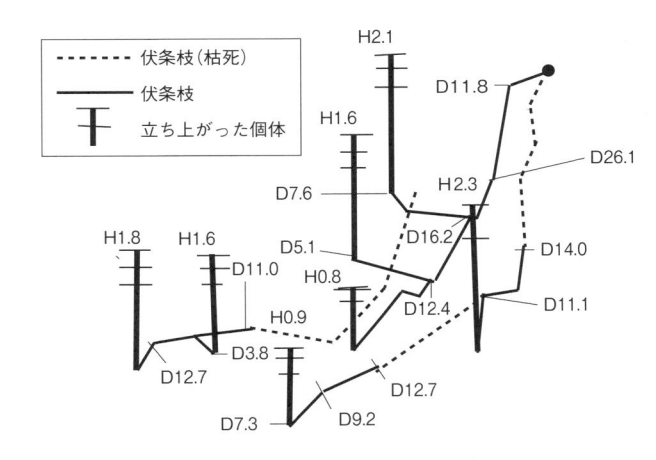

図7.4　亜高山帯での伏条更新
（駒ヶ岳小岳1340m　SW、30°、越前谷・白沢調査1985一部改図）

(2) 実生更新

　亜高山帯域においては、これまで実生更新の確実な個体は確認されていない。各山域の球果については次のとおりであった。

　① 秋田駒ヶ岳では、越前谷・武田（1985）によると、㋐球果の量は年変動があること、㋑着生位置は、群落高の中層であること、㋒球果の大きさは平地の半分であることから実生更新はほとんどないと推察している。乳頭山スギ群落では球果が少しあったが、駒ヶ岳北方にある湯森山では1985年スギ群落（1360m）で球果は確認できず、2003年岩手県側（1420m）でも球果は見当たらなかった。

　② 森吉山では、森吉山系ヒバクラ岳で2002年、2005年、2006年、森吉山で2007年球果は確認できなかった。森吉山系の亜高山帯では、その後2017年現在まで球果は確認されていない。

　以上のことから亜高山帯域におけるスギは、主として気温条件に制約され実生更新のチャンスは温暖時代以外ないと判断している。亜高山帯では、地形と季節風で積雪深が大きく変動し、スギは豪雪を避け、しかも寒風害を避けて分布域を確保している。

7.2.7　スギ群落の地理的分布の特徴

1　水平分布
　表7.5の針葉樹の水平分布をみると次のことがわかる。

表7.5　針葉樹（高木種）の水平分布

学名（邑田・米倉 2012）	種名	本州	東北（新潟県含む）	うち日本海側	秋田
Picea koyamae var. *koyamae*	ヤツガタケトウヒ	○	−	−	−
Picea koyamae var. *acicularis*	ヒメマツハダ	○	−	−	−
Picea maximowiczii	ヒメバラモミ	○	−	−	−
Pseudotsuga japonica	トガサワラ	○	−	−	−
Abies homolepis	ウラジロモミ	○	−	−	−
Abies firma	モミ	○	○	−	−
Larix kaempferi	カラマツ	○	○宮城	−	−
Picea alcoquiana	イラモミ（マツハダ）	○	○福島	−	−
Picea torano	ハリモミ	○	○福島	−	−
Pinus koraiensis	チョウセンゴヨウ	○	○福島	−	−
Pinus parviflora var. *parviflora*	ヒメコマツ	○関東以西	○？	−	−
Tsuga sieboldii	ツガ	○	○福島	−	−
Chamaecyparis obtusa var. *obtusa*	ヒノキ	○	○福島	−	−
Abies veitchii var. *veitchii*	シラビソ	○	山形・福島県境	−	−
Torreya nucifera var. *nucifera*	カヤ	○	○宮城	○新潟・山形	−
Picea jezoensis var. *hondoensis*	トウヒ	○	○関東以西	○新潟	−
Chamaecyparis pisifera	サワラ	○	○岩手・山形	○山形	−
Thujopsis dolabrata var. *dolabrata*	アスナロ	○	○	○山形	−
Sciadopitys verticillata	コウヤマキ	○	○新潟・福島	○新潟	−
Taxus cuspidate var. *cuspidata*	イチイ	○	○	−	○
Abies mariesii	オオシラビソ	○	○	○	○
Pinus parviflora var. *pentaphylla*	キタゴヨウ	○	○	○	○
Tsuga diversifolia	コメツガ	○	○	○	○
Cryptomeria japonica	スギ	○	○	○	○
Thuja standishii	クロベ（ネズコ）	○	○	○	○
Thujopsis dolabrata var. *hondae*	ヒノキアスナロ	○	○	○	○

（参考）コメツガ北限域の青森県の分布は、城ヶ倉渓谷、岩木山、深浦町桝形山、塩見山（530 m本州最低海抜高）、茶臼山（894 m山頂の風衝樹形）、尾太岳。最近、五十嵐・刈谷・下川（2013）によってコメツガが北緯47°32′のサハリンアルカンザスに1700〜630BPに分布していたことがわかった。針葉樹の一部には、想像を超えた分布があることを示唆している。なお、能代市母体のモミは自然分布の引用されることがあるが誤りである。桧山城址、各神社のモミ植栽からの逸出で、この地域に点在分布している。

　（1）本州を北上するにしたがい針葉樹種が少なくなる。

　（2）東北の太平洋側に比べ（福島県は太平洋側の種が多い）日本海側の多豪雪地に分布する種類はさらに限定され、秋田ではオオシラビソ、キタゴヨウ、コメツガ、スギ、クロベ、ヒノキアスナロ（イチイは1か所僅少）と6種類に過ぎない。

　（3）伏条更新は、多豪雪地帯に分布する種に多い。

　このような分布については、いくつかの観点から考えることができる。我が国の中部地方は、最近DNA解析で多くの針葉樹は最終氷期以前の氷河期に分布していた遺存であるとされた。これに比べ北東北は、厳しい乾燥・寒冷により最終氷期以前の針葉樹の多くが北進を妨げられ、完新世以降の多豪雪化で適応できた種に限定されている。氷河時代のクロベ、スギ、ヒノキアスナロは、伏条で低地

の湿原周囲に逃避し個体群を維持できたことで今日につながっている。

2　垂直分布で日本海側と太平洋側で異なるクロベとヒノキアスナロ

表7.6でヒノキアスナロとクロベについて垂直分布をみると、次の点で分布が相違している。

表7.6　北海道・東北のクロベ、ヒノキアスナロの分布上限高度

種　名	県　名	山岳名	山頂高度 m	分布上限 高度m	推定WI	備　考
ヒノキアスナロ	北海道	江差八幡岳	665	600	49	齋藤（1988）
〃	青　森	下北朝比奈岳	874	800	43	齋藤（1988）
〃	〃	南八甲田	1516	1210	36	持田（1979）
〃	岩　手	早池峰山	1913	1800	25	齋藤（1988）
〃	〃	薬師岳	1645	1400	36	齋藤（1988）
〃	〃	五葉山	1341	1200	41	齋藤（1988）
〃	秋　田	釣瓶落とし峠	713	580	62	越前谷（2001）
〃	〃	太平山	1170	540	66	越前谷（2001）
〃	〃	朝日岳	1376	780	57	越前谷・藤原・松田（1994）
〃	〃	虎毛山	1433	940	52	藤原（1975）
〃	〃	ヒバクラ岳	1326	420	68	越前谷（2009）
〃	〃	高松岳	1348	1320	40	越前谷（2003）
クロベ	岩　手	五葉山	1341	1300	37	奥田（1968）
〃	秋　田	森吉山	1454	1400	36	越前谷（2005）
〃	〃	小白森	1145	1140	44	越前谷（2005）
〃	〃	朝日岳	1376	1240	41	藤原・松田・白沢（1995）
〃	〃	高松岳	1348	1340	40	越前谷（2003）
〃	〃	秣岳	1424	1380	39	越前谷（2001）

　（1）岩手県と秋田県の分布を比較すると、ヒノキアスナロは太平洋側北上山地で高海抜高度まで分布（早池峰、五葉山に集中分布）するが日本海側では山地帯にとどまる。クロベの垂直分布は、ヒノキアスナロと逆に日本海側で高海抜高度まで分布する。クロベの水平分布は、秋田県米代川以北には分布せず（北限は、白神岳西方の600？m）白神山地の藤里町釣瓶落とし峠ではアカミノイヌツゲ―クロベ群集のクロベがヒノキアスナロに置き換わってキタゴヨウと混生する。秋田のヒノキアスナロは、**表7.6**によると、偽高山帯の高松岳では伏条の風衛低木群落（1320m）、急峻な山地帯の虎毛山では尾根の高木林（940m）の2か所が例外的に高海抜高分布である。いずれも豪雪地帯の山岳であるがヒノキアスナロの立地は、齋藤員郎（1988）のいうように急斜面・やせ尾根の浅土地である。しかし、高松岳のヒノキアスナロの分布は、高度・近くのクロベ低木林の存在・組成からみて偶発的な分布とみられるが、伏条で個体を維持している。

　（2）秋田のヒノキアスナロは、渓谷の急斜面や石礫の多い匍行～崩積斜面に多く分布しトチノキ、ミズナラ、アカシデ、などと混生する。一方クロベは、アカミノイヌツゲ―クロベ群集からミヤマナラ群団に分布している。なぜこのような分布になったのかについては、すでに6.1.1で述べているように秋田のヒノキアスナロは、現在より乾燥していた氷期に逃避した群落のためである。

7.2.8　DNA解析から見たスギの地理的変異

　スギの地理的変異については、DNA解析ができる以前にスギの針葉に存在するジテルペン炭化水素を用いて分析した安江ほか（1987）がある。この分析結果、ウラスギとオモテスギの地理的変位が認められたが、秋田県の大部分は各タイプの混生するオモテスギタイプとなっている。

　津村義彦（2001）はアイソザイム分析では地理的傾向はほとんど見られないが、唯一6Pg—1対立遺伝子の分布が秋田を中心とした地域に分布していて、最終氷期にスギの小集団が存在した可能性を指摘している。また高橋・平・津村（2006）は、マイクロサテライト分析から高い変異性を認めたが、集団間の遺伝的分化は低かった。これは、スギが風媒花で遺伝子流動が広範囲にわたることと、スギの長寿命が影響しているという。ウラスギとオモテスギの集団は、実生―伏条という更新形態で分類することは難しいが、針葉型などで地域差が認められた。この報告でも、最終氷期逃避地の小集団から分布拡大した可能性を指摘している。最近になって津村（2012）は、集団間の遺伝構造を表すSTRUCTURE（集団のクラスター解析ソフト）解析の結果、オモテスギとウラスギは明瞭に遺伝的分化していたと述べている。

　最近、東北森林管理局（2009）が五城目町の国有林で行った調査によると、親木と同じ遺伝子型を持つクローンの分布範囲は10×6mで、平山貴美子（2007）の芦生スギの6mより広い。また三種町上岩川地方の伏条更新について沢田・蒔田・三島・高田（2006）によりDNA解析に基づく調査が行われ、親木から伏条枝が伸びた範囲はほとんどが1m以内で狭い範囲であった。このようにスギの伏条更新のクローンの範囲についてはさまざまであり、亜高山帯のスギクローンも同じくさまざまである。ハイマツ、クロベ、ヒノキアスナロなど多くの針葉樹は伏条更新することが知られており、針葉樹の伏条に関わる遺伝子レベルの検討がまだ不十分である。

　これらのことから、①伏条という更新形態で地理的区分は難しいが、ウラスギとオモテスギは明瞭に遺伝的分化していること②北日本には、最終氷期逃避地の小集団があり、ここから分布拡大したことの2点が植生地理上重要である。

7.2.9　自然植生の秋田のスギはどう分布を拡大したか

1　更新世後期の間氷期に純林状態のスギ群落が存在

　更新世の花粉化石についてみると、青森県上北地域の上部洪積層（更新世）からスギがかなりの率でカバノキ属 *Betula*、マツ属 *Pinus*、トウヒ属 *Picea*、モミ属 *Abies*、ツガ属 *Tsuga* と混交して出現（竹内貞子 1970）している。秋田県北秋田市石巻岱の下部洪積世（更新世）からスギとヒノキアスナロがモミ属 *Abies*、カバノキ属 *Betula* 優勢のなかに混交していた（山崎次男 1954）。岩手県盛岡市外山川葉水の更新世の段丘堆積物からマツ属 *Pinus*、モミ属 *Abies*、トウヒ属 *Picea*、ツガ属 *Tsuga* とスギ、ヒノキアスナロが5〜10％混交して出現（山中三男 1981）。岩手県花泉から更新世後期にスギ花粉化石が出現（井上・金子・吉田 1981）。福島県駒止湿原は、3.8万年前トウヒ属、マツ属、ツガ属等亜寒帯針葉樹と混交林形成（吉田・長橋・竹内 2008）。

　このように花粉化石から見た更新世後期のスギは、亜寒帯性針葉樹と混交林を形成することが一般的のようである。現在の植生で針葉樹と混交するスギは、アカミノイヌツゲ―クロベ群集で、この群集の一部はコメツガ、オオシラビソが含まれ組成は異なるものの更新世後期の亜寒帯性針葉樹の混交林と似てくる。しかし、トウヒ属がくわわるのでこの群集よりは亜寒帯性針葉樹の混交林である。

　日比野・竹内（1998）は、「過去に、現在では考えられないほど純林状態のスギ林が広く分布していて、

現在見るスギ林と異なる」と述べている。最終氷期以降のスギの変遷をまとめた高原光(1998)によると、①最終氷期初期(10万年前)はスギを中心とする温帯性針葉樹が卓越する時代で数万年は続いていた②最終氷期亜間氷期(4万年前)東北地方では、赤井谷地(福島県)、成安(山形県)でスギが優勢である③最終氷期最盛(3万年前以降)東北地方で優勢となったスギは、多くの地点で急速に減少したとまとめている。このことは、守田・八木・井口・山崎(2002)もこれを支持したうえで、東北地方南部ではブナが生育できない過湿地にスギ湿地林が存在した可能性を述べている。

　これまで述べたように、沖積低地の湿性スギ林、天然秋田スギ地帯の表層グライ土、佐渡のスギ(湿性ポドソル鉄型―以下1983秋田営林局土壌調査室千葉技官当時教示)、鳥海ムラスギ(偽似グライ)、駒ヶ岳亜高山帯のスギ(湿性ポドソル腐植型)の存在は、最終氷期最盛期以前に地形の平坦で水分が多いところにスギ湿性林が広く存在していた可能性を示している。スギの純林時代は温暖湿潤気候が安定して長く続いた結果、主に完新世の沖積低地のスギに類似した湿性な立地に極相林を形成しえたことは理解できるが、本当にそのような気候が長期間存続し広く山地帯まで森林を形成していたのかについてはわからない。

2　完新世の北東北の花粉化石には遠距離飛来のスギ花粉化石が多い

　完新世についてみると青森県下北半島尻屋崎では8000年前5％、5000年前15％の出現(Yamanaka *et al.*1990)であるし、青森県南八甲田の「ソデカ杉」は、4000～5000年以前から湿原周囲に分布(山中・菅原・石川1988)していたと見ている。秋田県大館市芝谷地湿原(川村智子1977)では、9500年前5％亜寒帯針葉樹とともに出現している。これらの調査結果の問題点(更新世含む)は、スギ花粉化石の遠距離飛来にある。守田・関口・那須・百原(2006)は、北海道根室沖のユルリ島湿原の表層部の高木花粉を調べた結果、スギが平均8.3％(19.7～3.7％)出現し、明らかに遠距離飛来花粉であることがわかった。この調査結果から芝谷地湿原など一部の結果には、遠距離飛来花粉含まれている。こうした点から完新世のスギ花粉化石の分布を見ると、青森県尻屋崎、八甲田の分布もスギの分布拡大スピードから群落として存続しえたかという疑問が残る。

　一方、調査の新しい秋田県八郎潟(吉田・竹内2009)、宮城県宮城野海岸の沖積平野(竹内・安藤・藤木・吉田2005)の結果は、完新世初頭には分布していたことを明らかにしている。結局、スギは最終氷期最盛期に沖積低地だけが分布の逃避地であったと推定される。

3　秋田のスギの移動経路はどうたどったのか

(1)スギは最終氷期最盛期に低地の湿原のヘリに逃避群落を形成していた

　① これまで多くの花粉分析やDNA解析の結果からは、最終氷期最盛期のスギの逃避分布が指摘されている。さらに越前谷・武田(1985)は、亜高山帯のスギ群落の実態から氷河時代に伏条更新で湿性地に逃避分布していたと指摘した。塚田松雄(1987)の6000年前若狭湾からのスギ北上説もあるがいろいろな事実が判明してきた現在、スギ群落は最終氷期最盛期に秋田の低地(現海水面下含む)に逃避していたのは確実である。

　沖積低地の埋もれ木は加藤萬太郎(1978)によると男鹿市脇本飯の森2170±90yBP、本荘市内越2060±90yBP、象潟町横岡1420±100yBPがある。また若美町(現・男鹿市)福川では、天保初年(1757)まで、原野に埋没しているスギ材を掘り取り使用し、建築用材にも使用した(岩崎直人1929)という。私が確認したところでは、昭和町(現・潟上市)豊川、三種町金光寺、西目町(現・由利本荘市)の沖積地にスギの埋もれ木があった。

　② 最終氷期最盛期のスギ群落は、水分環境に恵まれた温暖な沿岸地帯に接する沖積低地の辺縁部に逃避していた。最終氷期最盛期は海水面が低下していたので、秋田のスギは富山県魚津のスギ埋没林のように現海面下にスギ群落が分布していた可能性が高い。なお、現在沖積低地に分布する昭和町のスギ林は、最終氷期最盛期のスギ逃避群落が移動を繰り返し、縄文海進以降に形成された沖積低地に成立したものである。

(2) スギの逃避地として男鹿半島─八郎潟の形成史が特異であった

　八郎潟周辺の沖積低地には、およそ2000年以前のスギの埋もれ木が多い。先の吉田・竹内(2009)により、白石建雄(1977)の八郎潟のボーリングコアから完新世初頭までの花粉化石のデータが公表された。

　この結果と次に述べる山地帯の分布拡大から判断して、最終氷期最盛期のスギ群落は、完新世初頭から連続して出現し、長いあいだ沖積地・丘陵地付近に分布域を停滞させていたように見える。このあいだは、3.3.2-5で述べた八郎潟の変遷史が海水面変動により沖積低地が変化し約2000年前汽水湖となり現在の男鹿半島となったことと埋もれ木の分布・年代が符合する。このように沖積低地にとどまったように見えるのは見かけ上で、海水面変動による沖積地の形成史が大きく影響し、スギ群落が現海水面下の地域を含め移動を繰り返していたためである。秋田におけるスギ湿性林は八郎潟周辺が多く代表的逃避地であるが、本荘市や能代市の沖積地にも分布していた可能性が高く、北陸地方に分布していた湿性林と同じパターンである。

(3) スギの時代は、山地帯の撹乱によって造られたもので巨木混交林であった

　いわゆる「スギの時代(今から2000～3000年前)」の特徴は、完新世のなかで最も寒冷なネオグラシエーション(新しい氷期)に相当する多雨時代にある。多雨時代は、山地斜面崩壊、地すべり、洪水など撹乱をもたらした。スギの種子による分布拡大は、これら撹乱地に依存した。この間山地では、すでにミズナラが先行した後にブナが山地帯を覆っていた。くわえて、多雪が定着したのは約4000年前ともいわれ、スギ分布地に多い土壌の表層グライ化に時間を要したということになる。

　これらのことは、秋田県玉川温泉を調べた辻誠一郎(1977)もこの地域では、6000年前以降常にブナ林で被われていて2500年前の気候の湿潤で急速にスギが侵入しスギ・ブナ林が成立したのは2500年前と見ていることで裏付けられる。

　スギの時代は、鳥海山の山体崩壊(BC466年)による由利原のスギ(直径3.8m、樹齢1200年)の埋もれ木が巨木であり、樹齢から見てこのスギの成立は、3400～3900年前である。また県北部の二ツ井町(現・能代市)切石の埋もれ木を調べた三輪・太田・米延(1991)によると、1550±130yBPのスギは根本から3mの位置で直径2mあり年輪数約800年であったというから、ここのスギは2400年前である。スギの時代は、巨木林の時代であった。

　現生の二ツ井町(現・能代市)仁鮒のスギは60mにも達する超高木であることから、林冠部に着いた種子は上昇気流をともなう強風で運ばれていったもので、スギの通常の散布能力をはるかに超えたものと予想される。スギは、大きく分布を拡大するときは風散布の種子で、不利な環境の時は伏条で個体群を維持する。種子は、山地帯では撹乱された裸地に発芽定着し次々と移動の拠点を築き分布を拡大していった。

(4) 亜高山帯のスギは、地表が安定し湿原が形成された後の時代である

スギが亜高山帯に分布したのは、亜高山帯に湿原が形成された後で、オオシラビソの亜高山帯進出とほぼ同じ新しい時代である。亜高山帯の駒ヶ岳から大深岳と森吉山にスギ群落が多いのは、近傍の種子供給源の存在と火山で湿原を形成されやすい地形が存在していたことにある。亜高山帯では湿原の縁にあるミズゴケに種子が落下し発芽定着したのが多いとみられる。その一方北八幡平地域にスギ群落を欠くのは、周辺に大きな種子供給源のスギ群落が広範囲に分布していなかったことが関係している。

(5) 秋田のスギの移動経路のまとめ

これまで述べてきた秋田のスギの移動経路をまとめると、およそ**表7.7**にまとめられる。

北東北全般を見ると現在スギは秋田に分布の主体があるが、三陸沿岸にも分布している。三陸のスギの分布由来も更新世後期の東北地方南部のスギが優勢な時代までさかのぼる必要がある。日本海側と三陸沿岸の東西に分かれた東北の分布変遷の解明には、更新世後期から完新世のスギの分布に何が起きたのかもっと古気候とそれに応答した海水面変動の地形変化がわかり、植物化石の地理的分布データを増やし、そのうえで4.1の群落の秩序に基づいて検討しなければ明確にできない問題である。

表7.7 スギの移動経路

区　分	沖積低地	丘陵地	山　地	亜高山帯湿性地
気候環境（時期）	寒冷少雪（氷期最盛期）	冷涼多雪（完新世多雨期）	冷涼多雪（完新世多雨期）	寒冷多雪（完新世後期）
土壌環境	・被覆砂丘縁 ・湿性泥炭 ・砂礫層と湧水の存在	・堆積岩 ・表層グライ系褐色森林土 ・山腹崩壊地多発	・凝灰岩、花崗岩 ・表層グライ系褐色森林土(700 m以下) ・山腹崩壊地多発	火山灰・湿性ポドソル
生育形	高木・低木林（純林）	高木林（混交林）	高木林（混交林）	低木林（純林）
更新方法	伏条更新、雪害倒木更新、種子更新稀	伏条と種子更新（裸地）	伏条と種子更新（裸地）	伏条更新（種子不稔多い）
分布拡大（時期）	海水面変動に伴う沖積地の湿性地を移動	3000年前より湿性林から山腹崩壊地・表層グライ土に急速に分布拡大	土壌の安定化とともにミズナラからブナ優勢に 2500年前より崩壊地・表層グライ土にスギ分布拡大	1420 mまで湿性地にパッチ状分布
	逃避群落　⟹	⟹	⟹	

(注) 表層グライ系とは、降水量の多い地域の緩斜面や鈍頂尾根に分布し、土壌は重粘質で排水不良によるグライ斑が表層部にみられる。県北部の天然秋田スギ地帯に多い（山谷孝一 1974）。

8　歴史的に大きく変貌を遂げた秋田の植生景観

　人類史を見るまでもなくわれわれ人類は、生存のため自然植生を大きく変えてきたことは承知の事実である。1992年青森県三内丸山遺跡の本格的発掘は、これまでの縄文の常識を覆すものであったし、この時代が1万年以上続いたのも世界史にほとんど類例がないことであった。特に三内丸山遺跡では、縄文時代前期の紀元前3500年ごろから中期の2000年ごろまでの1500年間定住し社会も高度化が進み、栗、稗を栽培していたことがわかり、海産物にも恵まれ日本で最も豊かな地域であった。当時北東北から南北海道は円筒式土器文化圏(のち縄文の華といわれる洗練された亀ヶ岡土器圏へ)であり、三内丸山は交易圏も広く大きな文化圏の中核を担っていた。

　1万5千年前の縄文土器は、世界で最も古い土器といわれている。今後バイカル湖中心の北方細石刃文化の沿海州、サハリン、アムール川一帯、中国東北部などの遺跡調査が進めば、縄文文化とつながる旧石器時代の北方の文化圏との関係がより明らかになってくるものとみられる。さらに、これまで東北地方の稲作が8世紀以降とされていた歴史を1981年の青森県田舎館遺跡の発見により、水田稲作が弥生中期にはすでに津軽半島に定着していたことを示し、歴史を塗り替えることになった。

　秋田において自然植生に対する人間の干渉は、青森県三内丸山遺跡のように縄文時代の遺跡が見つかっているものの、どの程度の人為作用の強度・規模で自然植生に影響を与えたかはよくわかっていない。少なくとも石斧と火を使用できたので、伐採や野火の使用が行われていたことは確実で、単なる採取経済程度の人為の影響よりはるかに大きかったといえる。

　そののちは律令国家の統一の歴史で、秋田は狩猟・採取文化の蝦夷(えみし)が住む「化外の地」として勝者側の歴史で扱われ、蝦夷地の住民生活史はほとんど史実を欠いている。出羽国の開発は水田稲作中心で本格的開拓は8世紀以降のことである。秋田県ではこの時期の方向付けが、今日まで引き継がれている。

　森林に対する大規模な人間の干渉は中世以降に始まり、人口増加による燃料など生活資材の需要増大、水田稲作主体の農業と鉱山業の発達である。今でも自然植生が多く残っていると思われている秋田でも、過去人間の影響を受けなかった自然植生はほとんどないといってよい。一見すると原生林にみえるブナ林であっても、よく観察すれば過去の木炭生産や鉱山・生活資材として伐採された跡の再生林であることがわかる。秋田のような多豪雪地では、伐採などの人為があってもブナ林に容易に再生されていく。

　このような森林に対する人為の影響は、秋田が突出したということでない。日本は森林の国だと思っている人が多いが、小椋純一(2006)によると江戸初期の頃北海道を除く日本の山の5割から7割以上が草柴山であった可能性を指摘している。人間の森林利用による荒廃をまとめた千葉徳爾(1973)も、近世以降日本の森林には「はげ山」が多く、特に瀬戸内から尾張にかけて著しかったと述べている。このように現在とまったく異なる植生景観であった日本の森林は、戦後の高度経済成長期から農業用資材やエネルギー供給源としての利用価値を失い、近世以前から荒廃し続けた森林を国土緑化推進運動で「みどり」にする「植樹祭」をてこに、植林が勧められ今日にいたっている。こうしてみると現代は、商品経済が進展する近世以降最も森林に覆われた時代であり、短期間に植生景観が大変貌を

遂げたことがわかる。

　すでに秋田の森林に対する人為作用の概要については、越前谷(1982)によってまとめられている。このまとめでは人為作用によって自然植生が相観、種組成の面で大幅に変えられた代償植生を中心に述べているが、さらに人為作用の少ないと思われてきた自然植生まで範囲を拡げ取り上げることとした。くわえて、過去の人為作用については記録も大切なことから、これまで収集した情報も併せて述べる。

8.1　集落の分布状況は、人為作用の指標である

8.1.1　人間の活動域を示す集落の分布と移動経路

　集落の分布は、集落住民の食料・燃料など生活のため周辺の森林に与えた影響の度合いを間接的に示す指標である。**表8.1**は、秋田県の「総郷土研究」(1939)による昭和初期の集落の垂直分布を示したもので、海抜100m以下に73％、海抜400m以下に99％とほとんどの集落が分布(べき乗則分布)している。海抜500mを超える集落は、温泉集落、鉱山集落に限定される。このように秋田県の集落の分布が平野、盆地に密集するのは水田稲作中心の農業に便利な土地利用が行われてきた結果であるといわれている。

　このことは集落の移動経路も利水の便に良い開田の歴史によく現れており、台地・段丘の末端→扇状地末端→沖積地→近世の新田開墾による低湿地・扇状地中央部・砂丘へと集落が拡大分布していったものとされている。このような水田稲作主体の土地利用は、植生に対する人為作用の働いた期間、強度を間接的に知ることができる。例えば、現在広く分布するコナラ二次林は、大まかに見て海抜400m以下に分布し、集落の垂直分布域に合致し、かなり強い人為が働いた地帯であることがわかる。

表8.1　集落の垂直分布

海抜高 m	集落分布率 %
～100	73.1
～200	14.7
～300	8.9
～400	2.3
～500	0.5
～600	0.1
～700	0.1
～800	0.1
～900	0.1
～1000	－
1000～	0.1

秋田県の「総合郷土研究」(1939)から作表

8.1.2　野火や伐採の繰り返しで分布拡大したアカマツも撹乱の指標

　塚田松雄(1981)によると各地の花粉分析の結果からRⅢb帯(1500年前以降)は人類干渉帯の大部分を占め、二葉松亜属が急増するのは東北地方で800〜700年前であるとして、アカマツ二次林は先史時代の焼畑農耕の集約化の結果形成されたものとみなしている。秋田県のアカマツについての史実はいくつか残されている。①河辺郡では1670年代すでにアカマツが存在していた。②大館市、比内町では、アカマツを「二葉松」として頗る珍重し、1674年アカマツ林を官に収めた。③1804〜1829年大館・比内地方各地にアカマツが蔓延した。④さらに隣接の津軽藩では、1684年江戸よりアカマツ種子を求め苗木を養成し、千年山(弘前市の南)に植栽し下刈りを行った。⑤1757年男鹿市門前近くの小浜、双六、台島3村から「当山は、古来よりヒバ、マツが全然ない」と申し出があった(岩崎直人1929)。

　このような史実から、秋田県では男鹿半島を含めアカマツの自生はなかったものと推定される。アカマツは県北部で300年以前から無立木地(火入れ延焼地が多い)を中心に徐々に分布域を拡大していったものであり、かつて本多(1912)が野火や伐採の繰り返しによる土壌悪化にともないアカマツ林が成立するとしていた点に再度注目する必要がある。

8.2　自然植生に対してどのような影響を与えてきたのか

　秋田の自然は、現在見るとわれわれは自然豊かな県だと思っている。しかし、過去をたどると秋田の自然は徹底して利用され、特に里山の民有林は広漠とした原野と小柴地に少ない薪炭林とスギ林があった程度で、今とまったく異なる景観であった。森林の主体は藩有林（おおよそ後の国有林）であったが、天然秋田スギ林や鉱山用広葉樹林の過伐でしばしば山林荒廃を招いて、3度にわたる林政改革を行わざるを得ない歴史であった。歴史的に見ると、秋田の森林は決して豊かなものでなく、他県同様貧相そのものであった。

　このような森林変遷史の流れの中で、秋田の植生景観が歴史上最も急激に変貌したのはごく近年の1960年代からわずか30年間のことで、広大な原野がなくなりスギ人工林と広葉樹樹二次林に置き換わったことである。温暖な多雨気候のもとでの森林への回復力の速さには驚くばかりである。

8.2.1　自然植生に対する人為作用

　秋田における自然植生に対する人為作用の強度、規模（**表8.2イ**）に応じ植生がどう変えられたかをまとめたのが**表8.2ア**である。

8.2.2　人為作用の記録

　ここでは、人為作用の記録についてまとめているが、調査の傍らで記録の収集は思いのほか困難であり未だ十分なものでない。

1　亜高山帯域への放牧

　これまで情報収集が思うに任せず、秋田県の亜高山帯域への放牧について実態がよくわからなかった。近年になって少しずつ明らかになり、亜高山帯域への牛や馬の放牧はかなり広範囲に行われていたことが判明してきた。

(1) 雪田域およびヌマガヤ群団域

　① 八幡平べこ谷地1070m（牛）人為的な四角の水飲み場あり、大場谷地960m（牛）この地区では最も遅く1980年代頃まで、大谷地1070m（馬）1960年代？。

　② 藤里町駒ヶ岳田苗代湿原770m（牛）1947年頃まで。

　③ 秣岳1380m（牛？）年代？人為的な四角の水飲み場あり放牧の可能性大、地名も秣。

　④ 焼石岳1450m（短角牛）県境に連なる岩手県にあるが1993年頃までで、焼石沼周辺で夏の間多い時で140頭放牧。

　⑤ 森吉山1400m（馬）森吉山山頂近くの「稚児平1380m」に細長い一列に石積みがある。「馬止めの石」といい大正時代から昭和初期にかけて森吉町と阿仁町の農家が農耕馬の放牧のため作ったもので、馬が沢に下りないようにした足止めである（秋田魁新聞2003）。したがってこれ以高地の主に雪田域は、放牧場であったことになる。森吉山の場合稚児平（1400m）、山人平（1300m）は、特に植生破壊が著しくヌマガヤ群団の泥炭まで失われている。

(2) ミヤマナラ群団域

　① 真昼岳1059m（牛）兎岱および北真昼のムツノガリヤス群落の箇所。真昼岳の山頂部西斜面に広がるチシマザサ群落は、同山地の同じ海抜高・傾斜の稜線西側にはミヤマナラ群団が分布することお

表8.2ア　自然植生に対する人為作用の影響度合い

人為作用	質	強度	規模	期間・記録	地域	原植生	代償植生	備考
都市化	土地の改変	5	4					
開田		5	5	弥生時代〜計画的開拓8世紀以降	全県の主に沖積地	• ハンノキクラス • ブナクラス • ヨシクラス	• イネ・アゼナ・タウコギ各クラス • ハンノキ二次林	• 近年放棄水田にヨシクラス増加
開畑		5	3	〜近年	洪積台地、扇状地、砂丘地、沖積地	• 主にチシマザサ—ブナ群団	• コハコベクラス • ヨモギクラス • 放棄ススキクラスを経てコナラ二次林	• 男鹿の西海岸は現在ほとんど放棄畑 • かつての丘陵地の畑は、現在スギ人工林
採草	定期的火入れ、刈り取り	4	5	〜昭和30年代後半	全県丘陵地〜山地	• チシマザサ—ブナ群団	• ススキクラス • ススキクラスを経てコナラ、ミズナラ二次林	原野とは • 萱場—屋根、炭俵 • 秣場—馬の飼料 • 草地—草肥
小柴採取	過度な伐採の繰り返し	3	3	〃	〃	〃	• コナラ、ミズナラ二次林	
薪炭材の採取	定期的伐採の繰り返し	2	5	昭和40年代急減〜現代	〃	〃	• コナラ、ミズナラ二次林 • ブナ二次林	1、生活資材、農業資材（木灰肥料） 2、鉱山製錬用資材
落葉の採取	広葉樹の枝葉の収穫	3	2?	昭和期前半までか？	全県丘陵地〜山地	〃	• コナラ、ミズナラ二次林	肥料の供給源
焼畑、ワラビ採取	火入れ、耕起、根茎の掘り取り	5	1	昭和26年ごろまで		〃	• コナラ、ミズナラ二次林	
製塩の燃材採取	伐採の繰り返し	2	2?	〜16世紀盛ん、18世紀以降薪不足で他県、他町から移入〜昭和20年代	全県海岸	• エゾイタヤ・シナノキ林 • カシワ群落	• エゾイタヤ・シナノキ二次林 • カシワ二次林	• 18世紀能代で津軽大間越より移入
銅精錬の煙害	硫黄酸化物	5	4 激害地1	19世紀後半〜	県北部 北秋田、鹿野両郡	チシマザサ—ブナ群団	• コナラ、ミズナラ二次林 • 激害地ススキクラス	
絹織物、漁網染材の原料採取	根茎の掘り取り	5	1	19世紀初頭から	県北部沿岸	• ハマナス群団	• 飛砂の発生を経て海浜草本植生	• 秋田黄八丈の染材 • 海岸林の破壊につながった
択伐など	スギ、ブナなど有用木の択伐	1	4?	〜現代	スギは県北部、ブナは八幡平焼山	• チシマザサ—ブナ群団 • ヒノキ群団	自然植生に近い	主に国有林、ブナの択伐あとは、チシマザサ優占
放牧	採食、踏みつけ	1	1	昭和50年代まで	森吉山、真昼岳、大石岳など	• ミヤマナラ群団 • ヌマガヤ群団 • イワイチョウ群団	• ムツノガリヤス群落 • チシマザサ群落 • ヌマガヤ、イワイチョウ群団は自然植生に近い	放馬 放牛
林間放牧	〃	1	?	昭和50年代まで	森吉山 鳥海山	チシマザサ—ブナ群団	下層植生のチシマザサの激減	放牛

よび頂上近くにわずかにムツノガリヤス群落があることから判断して、ミヤマナラ群団を焼き払った後ムツノガリヤス群落に放牧した可能性が残されている。

② 大石岳 1059 m：大石岳山頂域には航空写真で明確な「喜左衛門屋敷跡とスギ防風林」があり、ミヤマナラ群団域を焼き払った後に放牧した可能性が高い。

表 8.2 イ　強度・規模ランクの評点

評点	強　度	規　模
5	土地の改変、土壌の撹乱、亜硫酸ガス	8 万 ha 以上
4	草本群落への退行	4 万 ha 以上
3	過度な伐採の繰り返し	2 万 ha 以上
2	定期的伐採の繰り返し	1 万 ha 以上
1	択伐、放牧	1 万 ha 未満

（注）強度、規模の評点は主観的であるが、道路宅地は、6 万 ha 強、農地は 15 万 ha を勘案している。

2　海岸植生と人為の影響

① 八森海岸は全体的に人為の影響が大きく、海食崖にある草本植生の多くは立地環境から見て森林植生であったと推定される。秋田の海食崖の原植生の多くは、カシワ、エゾイタヤ、シナノキなど森林であり、草本植生は急崖地・風衝地に限定して分布していたものである。これらの森林は燃材として利用されていたが、厳しい環境のため回復が遅れ現在もエゾイタヤ林のパッチ群落がオオイタドリ群落など草本群落に点在している。

② 男鹿の西海岸に多い段丘面の植生は、地域住民により徹底して利用されたもので、そのほとんどが放棄畑から森林へ遷移しつつある（入道崎、戸賀、加茂青砂、門前）。

③ 岩城町（現・由利本荘市）親川のエゾイタヤ・シナノキ林は、戦前製塩のため全山が丸坊主になり、薪に不自由し隣の大内町（現・由利本荘市）から移入したという。

3　砂丘植生の消滅

戦後（1946 年？）の米軍撮影の航空写真と現代（1980 年頃）を比較して、河口域では海岸線が 100 m 以上も後退しているのがわかる。原因は上流からの砂の供給量の減少で、広大な原野がスギ人工林と広葉樹二次林に変わり森林が安定したこと、各種ダムや河川整備などで洪水が減少したことが関係しているとみられる。それでも自然度が高い砂丘植生は、1960 年ごろまでは多く残されていた。

その後、北部日本海側の砂浜海岸は秋田だけでなく浸食海岸となり、津波被害と浸食を防ぐため防潮護岸が築かれ秋田県の人工海岸率は高くなり、今では自然度の高い砂浜はほとんど消滅してしまった。くわえて近年階段型の海水浴場の整備やショベルカーによる海水浴場のごみ処理（秋田県の海岸では、対馬暖流に乗ってプラスチック等のゴミの漂着が著しい）、漁港の改修・新設などでさらに失い、本県砂丘植生にまとまった自然植生は米代川・雄物川・子吉川河口域に局部的分布する程度で、もはやないといって良い現状にある。

現在の秋田の砂丘植生の一部は、砂丘地帯でなく磯浜の発達した男鹿半島西海岸に自然度の高い磯浜植生に点在する。また砂丘植生のハマナス群団は、秋田市向浜の自衛隊演習場に自然に近い植生を見ることができた。秋田の砂丘植生のデータは、まだ自然海岸の多かった 1970 年代のものが主で、秋田の砂丘植生の最後の記録である。

① 秋田の海岸の特徴は、長い海岸砂防林が造成されていることである。現代に住む人々は、過去飛砂に悩まされ続けたことを、すっかり忘れてしまっている。しかし、飛砂による被害の大きかった青森津軽の屏風山、秋田の能代・秋田・本荘、山形庄内など地域住民の生活を守るため、多くの失敗

を乗り越えた栗田定之丞や加藤景林など江戸時代の先覚者の業績を忘れてはならない。その後昭和時代になってから秋田県では、秋田市は秋田県林務部、能代市と本荘市は秋田営林局が砂防林の造成にあたり、治山事業の主たる業務は海岸林の造成であった。このため、砂丘植生や砂丘の生態を調査し業務に反映した技術者が多かった。近年単純林であったためマツノザイセンチュウの被害が多発し、その防除に追われた。

　② 砂丘地帯の砂丘間湿地は、かつて1970年代まで能代市落合から峰浜村沼田にかけて放牧利用されていた。放牧利用がなくなった後、現在は、都市化（能代市）、開田、ヨシ優占群落（峰浜村）になり、砂丘間湿地は喪失した。同じように男鹿市脇本から秋田市追分にかけての砂丘間湿地も昭和の時代開田が進み、能代市以北の砂丘間湿地より先に失ってしまった。1979年越前谷によって天王町出戸（現・潟上市）に小規模なムラサキミズゴケ、イボミズゴケの小浮島を持つ湿原、ムジナスゲが優占する湧水のある湿原がみつかり、かつて砂丘間湿地に広く分布していたことを示す唯一の湿原である。

　③ 千葉徳爾（1973）にある樹根採取禁止時期の図によると、秋田市北部から八郎潟にかけての沿岸部に1666～1710年と示されている。この地帯は、砂丘地帯で現在もクロマツでなくアカマツ林が分布する地帯である。マツの樹根は灯火材料で、近江・京阪地方を中心に越前へ広がり、東北地方では一番早く禁止されている。このことからアカマツは、灯火用として出羽柵（733）以降、日本海の海上交通の盛んな時代に関西からもたらされた可能性がある。

4　焼　　畑

　焼畑（鹿ノ子畠ともいう）の歴史は古く、おそらく縄文時代までさかのぼるものとみられる。焼畑の記録として一応評価できる「1950年世界農業センサス」が現在入手困難なことから、このデータを活用した佐々木高明（1971）の「稲作以前」によると秋田県でも広範囲に行われていたことがわかる。現在でも行われている山形県の温海カブ、秋田県由利原の赤カブなどは焼畑利用の作目である。

　① 原始的粗放な農耕形態を存続している。急斜面から緩斜面に、3から4年間耕作して新たな土地に交替する方法で、大豆、小豆、粟、蕎麦などの雑穀類を主とし、桑を栽培する場合は、20～30年間連続して利用されていた。自然傾斜面をそのまま利用して、ときに40度以上に近い急斜面まで利用していた。奥羽山脈中の南北性河谷の傾斜面に良く行われている（秋田師範　郷土の地理　第1輯1933）。

　② 西木村（現・仙北市）堀内の焼畑は、ソバ（1年目・夏土用過ぎに収穫）→アワ・アズキ（3～4年間・10月中旬収穫）→ヒエ（最後の1年・10月中旬収穫）で、40～50年前西木村の各地で行われていた。昔は麻をよく栽培していた。ミヤマイラクサから繊維をとった（カラムシよりよい）という（1981越前谷）。

　③ 皆瀬村湯ノ沢地区

・1940年ごろまで採草地であったところや野火をつけた所に現在ミズナラ林が成立している。

・焼畑は、秋にソバ春にアワで良い所は何十年もつづいた。アズキ、キビ、豆も植えた。

・明治頃から終戦後1950年頃ワラビの根からデンプンを採取していて、この地区は特に盛んであった。ワラビの根堀の土返し（2尺くらい掘る）を行い、また焼かなければデンプンが根に蓄積されないという。デンプンは、木槌で4、5人で潰し、これを丸木舟に似た樋を5段くらい繋いだ物に入れ、水を流して底に溜まったデンプンを採取。根25から30貫で生デンプン1升、乾燥すると300匁（1981越前谷）。また同村畠等でも盛んに行われていた（岩崎直人1939）。

　④ 仁賀保町両前寺では、カナカブは火野（カノ）カブで、急斜面の山地で8月に斜面上部から火入れ（下から火を入れると危険）し、種まきして10月下旬には収穫する。今では量が少ないものの在来種の

白長カブは仁賀保町の特産になっている(仁賀保風土記 1995)。かつては、由利原の矢島にかけて焼畑のカブ栽培がおこなわれていた。また、山形県温海の赤カブ(西洋系)も有名である。

⑤ 阿仁町(現・北秋田市)荒瀬、比立内の上流繁沢も元は焼き畑でその後スギを植栽した(岩崎直人 1929)。上小阿仁村南沢焼畑跡地(1887)、萩形赤沢〜阿仁町根子 20 世紀初頭まで焼畑があった。

秋田でまれな分布のフサザクラは、五城目町から阿仁銅山ルート(馬場目→萩形→赤沢→根っ子→阿仁銀山)沿いに過去には阿仁町銀山まで分布している。江戸時代の深刻な薪不足または焼き畑、鉱山の治山用とも関係した早成樹の移入であるとみられるが、未だ良くわからない。

⑥ タニガワハンノキは、コバハンといわれていて早成樹である。コバは焼畑のことで畑地跡に肥料木として植えるハンノキがコバハンである(細井幸兵エ 1968)。秋田のタニガワハンノキの自然分布は旧南部領の十和田湖周辺に多い。このためもあって秋田では往時使用されず、近年になって治山用樹種として多用されている。

5 林間放牧

牛、馬の由来は今日でも異論があり明らかでないが、これまで日本列島には 4 世紀ごろ朝鮮半島から導入されたとされている。

(1) 放馬——秋田は全国 4 位の馬産県であった

最近になり和栗秀一(2007)は、これまでの朝鮮半島経由のルートのほかに在来の小型の馬(3尺6寸・109cm〜3尺8寸・115cm)である「狄馬テキバ」は、アムール川→サハリン→北海道→本州という北経由ルートの存在を主張している。入ってきた時期もこれまでの見方よりずっとさかのぼり縄文中・後期以降と考えてよいとみている。「狄馬」は寒さに強く足腰の強い頑健な馬で、緩やかな地形とミヤコザサ、ススキ、シバなどイネ科草本と木立があれば、ほっておいても大丈夫な馬で野飼いされたものという。ミヤコザサは、太平洋側の少雪地帯のササであり、ススキ類は、火山灰地帯のクロボク地に成立する。このため狄馬は青森県太平洋側で野飼されたものである。

このような太平洋側の植生に対して日本海側では、多・豪雪地帯のチマキザサ、チシマザサの分布域である。これらの種のうち、ネマガリダケ(チシマザサ)はふつうの食飼植物であり馬の混牧林(阿仁町打当沢)では、晩秋にネマガリダケの嗜食傾向(秋田営林局 1935 牧野に関する調査)であるという。

秋田県の馬産の歴史は古く、奈良時代文武天王の大宝厩牧令にある。718 年朝廷に馬千匹献上するなどの歴史を持ち藩政時代は積極的に奨励した(秋田県史)。確かに奥羽地方は我が国でも良馬の産地といわれ、主に仙北以南に産したといわれる。この良馬は、8 世紀使節として出羽に来航した渤海からもたらされたと見られている(新野直吉 1989)。これだけ多くの馬を献上できるためには、水田稲作と結びついた戸飼いでは限界があり少雪地域では一部冬も野飼いを行っていた可能性がある。特に、秋田県の総合郷土誌(1939)によると、米代川流域に原野が多く分布していることも関係していたとみられる。

このように秋田県の家畜の歴史は、馬の歴史であった。明治前期の記録では、馬 7 万 5500 頭、牛1500 頭で青森県、岩手県に並ぶ馬産県で、また昭和 8 年(1933)の第十次農林省統計によると北海道、岩手県、青森県に次ぐ全国第四位の馬産県であった。また、まだ原野の多かった 1958 年の県統計年鑑では、4 万 4213 頭と依然として多かった。

馬産県の青森県八甲田萱野高原も有名で、古くは樹林で永いあいだ採草地がススキからシバへ変わり、シナノキ、ナナカマドなどを残して燃料になるものはみな切った(生態学研究 Vol.6 25 〜 48 吉井・吉岡・岩田 1940)。八甲田田代放牧は、明治初年から放牧し、一時陸軍軍馬補充部の用地となるが後

農林省3000 haの民間放牧となった（生態学研究Vol.7 74〜88吉井・吉岡・岩田 1941）。

（2）放　　牛

①　畜牛の起源は不詳である。往昔から飼育していて比較的山間僻地、交通不便な地の林産物運搬、鉱石運搬のためであった（秋田県史）。

②　森吉山ノロ川、鳥海矢島で林間放牧（秋田営林局資料）。

③　大正初期1910年代　夏季をつうじて昼夜放牧（林間？）仙北郡田沢・生保内・桧木内、北秋田郡前田・荒瀬、鹿角郡大湯、そのほか山本郡・南秋田郡・河辺郡の一部にも明治時代牛を林間放牧（秋田県史）。

④　仙北道（東成瀬村豊ケ沢林道〜柏峠1017 m〜岩手県胆沢町大寒沢林道）で、1955年代まで放牧でも利用した道であるが（秋田魁新聞 2003）林間放牧かは不明。

⑤　藤里町藤琴白石叉沢は、地形が緩斜なため沢どおり峰どおりに至るまで昔から現在（施業案時）も牛が放牧されていた。また、黒石叉の奥青森県境までの台地状に放牛を見る（明治41年・1908年太良事業区施業案説明書　秋田営林局）。

⑥　小坂町砂子沢では2012年でも牛の林間放牧をしていて、100年ほど前から林間放牧。

⑦　岩手県安比高原も林間放牧。

6　広大な面積を必要とした採草の原野

先の小椋純一（2006）によると、江戸時代初期の頃日本の山の5割から7割以上が草柴山であったと述べているように、秋田の広大な原野も全国的には特に多かったとはいえない。

水田稲作中心の秋田県農業の発達は草肥需要の増大となり、17世紀後半で平野地域農村の採草および薪山の不足が山麓・山間の村に草や薪を求めざるを得なくなってきていた。この場合地元村に入り会う形式をとるため、草をめぐって入会地の紛争がしばしば発生した。採草地は当時の農業経営上必須の用地であるため、植林は無論、田畑の開発さえ制限された。

当時の堆肥は、夏草を刈って厩に入れて踏ませ、冬はワラを踏ませて作ったもので、各農家で馬を飼育しているのは、農耕に使うよりも肥料をとることにその目的があった。牛糞は水分多く粘質であるのに対して、馬糞は繊維質が多く通気性に富み発酵しやすいかけがえのない肥料として利用された。ちなみに代掻きには使われていたが乾田馬耕が普及したのは明治後期になってからで、それまでは湿田であった。

原野の記録は紛争という形でしかなく、統計上の問題はあるがどうにか捉えられるのは大正年間からである。

表8.3　原野面積の推移（民有林）

年　　代	面　積 ha	備　　考
1918（大正　7年）	255,979	
1926（大正15年）	191,100	
1931（昭和　6年）	143,385	
1953（昭和28年）	100,046	
1963（昭和38年）	83,216	
1980（昭和55年）	3,936	入会林野のみ

表8.3は、秋田県林業統計による民有の原野面積の推移を示したもので、大正年間は民有林の半分が原野によって占められていたことになる。秋田県の原野管理は粗放で単位面積あたりの収量が低く、収量の不足を面積でカバーしたため広大な原野を必要としたといわれている。「焼山のワラビ」という言葉があるように火入れを行い維持していたが、火入れが過度になると地力が下がりヤセワラビしか生えなくなり、飼育頭数も少なくなり原野の拡大につながった。

さらに、草を表土とともに削り取り、あるいは広葉樹の新芽を刈り取り肥料とする「刈敷」、「しぼみ」が行われ地力を低下させた。

山野井徹(1997)は、黒色土は火入れによる微粒炭が主因であると述べ、縄文時代にさかのぼるとしている。ススキや柴などの原野の大部分は、秋田の黒色土の分布(森林立地懇話会　森林土壌図1972)と秋田県の総合郷土誌(1939)の原野の分布とおおよそ一致している。この土壌図を見ると、米代川流域、鳥海山北の由利原、仙北の扇状地、男鹿寒風山周辺、田沢湖東方、河辺町、大森町などが原野のあった地域である。

これらの原野の大部分は、入会地≒公有に偏在し、この有効活用は秋田県林政推進上の大きな課題であった。一方民有林の立木地の広葉樹林についてもその資源内容は劣弱で、1934年の記録によると約半分は小柴状であったとされている。

戦後これらの原野は、機械化と化学肥料による農業生産性の著しい向上により、草地の存在価値が失われ、昭和40年代から原野は急速に減少していった。まとまった二次草原は近年まで、鹿角市湯瀬、田沢湖町生保内、皆瀬村生保内・木地山にもあったが、現在(2017)では仁賀保町冬師と男鹿市寒風山のみとなった。

7　落葉広葉樹二次林

表8.3から秋田の広葉樹二次林の成立に主動的役割を果たしたのは採草(原野)で、ほかに薪炭材・小柴の採取であることがわかる。

(1) コナラ二次林について

① 田畑の肥料のため莫大な広葉樹の枝葉を山地から収穫していたことは、当時の日本農業として山林が重要な役割を担っていた(H. Mayr「秋田県山林問答集」1886)。

② 矢島町(現・本荘市)元町字堀切、金ヶ沢採草地に放馬していた。(明治から大正までか)そのため、近くに駒止めの盛り土が残っている。家の土台のため、クリの盗伐が在った(1981 越前谷)。

③ 採草収量の増加、放馬のための焼殺駆除のための火入れは、土壌の有機物を焼却し結合度を減じ、乾燥をきたし地力を減耗—土地が荒廃した(大迫元雄 1937)。この地力の減退程度とつりあった立地にはまりこんだものがコナラ林のひとつのパターン。ミズナラ・コナラ林では、伐ると陽性なコナラがDominantになりやすい(萌芽試験)。

本県のコナラ林とミズナラ林の分布は海抜400mで一応区分されることから、見かけ上温量指数が関係するように見えるが、人為の影響である。北海道胆振地方にもコナラが分布するのは、同じ円筒式文化圏(石狩低地帯から秋田・青森県)の縄文人の食料として拡大分布した可能性がある。コナラは、ミズナラに比べタンニン量がずっと少なくミズナラ8.4%、コナラ3.9%である。青森県のコナラ優占林は、津軽半島になく太平洋側は八戸市以南の岩手県境域に成立して本州の北限域である。縄文時代の遺跡では、コナラがやはり青森県東南部の遺跡から出土している。

(2) ミズナラ二次林、ブナ二次林について

① 過去、木材を利用するとき一番困難な問題は、運材にあった。ミズナラはブナに比べ比重重く、ブナを選択的に伐採した(全乾比重　ミズナラ0.68、ブナ0.51)。しかし、ブナより価値高く利用された。

② 田沢湖町(現・仙北市)田沢湖高原地区では、約60年前(1920年ごろ)、酢酸の会社にブナを売却し、1200m以下は全部伐採して、6、7合目まで土橇で運材した。残木は、木炭、枠木に使用された。田

沢湖スポーツセンターあたりは原野で、ここまで荷馬車が歩いていた（1981 越前谷）。

　③ ブナ二次林は、田沢湖町高原地区のように母樹を残して更新（良い木を残したわけでない、本数も少ない）、鳥海町（現・本荘市）猿倉のようにクリを伐採して結果として優良なブナ二次林へ誘導（ブナとクリの混生林分）など人為の影響による。このような豪雪地緩斜面では、優良なブナ林を形成する（1981 越前谷）。

　④ 鳥海町猿倉のミズナラ・コナラ林は、古くは採草原野でぽつぽつ木を残してそのあいだ草を刈っていた（火入れあり）。火をつけて皮が焼けて萌芽が発生しなくなれば伐った。良い萌芽を残し小柴として利用し、その後薪炭林として利用した（1981 越前谷）。

　⑤ 西木村（現・仙北市）堀内のミズナラ林は、昔ススキ原で火入れのため延焼した所に成立。ミズナラ二次林は、純林の一斉林で、一般に採草地あとに多い。優良で純林の二次林の多くは、斉一な緩斜面に成立する（1981 越前谷）。

　⑥ 鳥海町猿倉（真坂氏談）：子供の頃全山ブナ林であった。ミズナラは尾根筋に混生し、イタヤカエデは 100 本に 1 本と少なかった。ブナは形質良く 7 玉（1 玉長さ 7 尺・1 尺 7 寸上の直径）14.7 m もとれた。60 年でブナ尺上の成長したところもある。キハダは雪に折れないが、ヤチダモは虫がついて折れる（1981 越前谷）。

　⑦ 秋田だけでなく全国的に野火による森林被害が多いのに驚く（H. Mayr「秋田県山林問答集」1886）。火入れはしばしば隣接の森林に延焼し、1679 年二ツ井町仁鮒刈又石（現・能代市）の森林火災は過去の記録中秋田で最大の数百 ha におよんだといわれる。1798 年には男鹿市安養寺で 40 ～ 50 ha の森林火災でスギを 10 万本焼損したという。

　　参考）薪の 1 釜は、長さ 3 尺の薪を 6 尺 3 寸四方に積む層積（5 尺四方という資料もある）。1 棚の 1/3 にあたる。木炭一俵は十貫匁 37.5 kg 入り。

8　鉱山業の発達がもたらした森林に対する大規模なインパクト

　秋田はグリーンタフ地帯に属し、最も重要な鉱産資源は浅熱水性鉱床の「黒鉱」である。鉱産資源の開発は、佐竹氏が秋田に入部してから急速に進められ、17 世紀前半は金・銀主体で阿仁金山、院内銀山は著名であった。17 世紀中頃にはこれら金・銀山の衰退とともに 17 世紀後半の鉱山業の中心は銅山へと移行する。

　これら鉱山業の発達は、精錬用として莫大な薪炭材を必要とし、18 世紀中頃阿仁銅山だけでも約 3 万 9000 ha の薪炭林を必要とした。このため、秋田藩では阿仁町（現・北秋田市）と上小阿仁村の上流部 4 万 9880 ha（内薪山 3 万 2880 ha、炭山 1 万 7000 ha）を銅山掛山とし確保した（長岐喜代次 1988）。このため、銅山の近傍の森林はほとんど伐りつくされ、山を越えた隣接の河辺郡、仙北郡の一部からも用材・木炭が供給された。木炭は、もともと精錬用であって一般家庭用でなかった。現在藤里町にあった太良鉱山も菅江真澄（1802）の絵図では全山丸坊主であり、阿仁と同様であった。このほか鉄山のある近傍の山（田沢村、桧木内村いずれも現仙北市）はほとんどきり尽くされたし、院内銀山（現・湯沢市）も 1608 年に人口 1 万人近くいたといわれ（長岐喜代次 1988）付近の山を伐りつくし矢島領（現・由利本荘市）からも供給した。秋田県の行政資料である「秋田県における休廃止鉱山 1980」の鉱山 238 か所（1818 年 519 か所）の分布図を見ると全県にわたり奥山まで鉱山があったことがわかる。秋田の広葉樹林は、鉱山精錬用の膨大な薪炭需要に特色があり、くわえて地元住民の燃材需要とあわせると資源の欠乏に悩まされた歴史である。特に薪不足は深刻で、ササ、カヤまで利用したといわれ、現代のわれわれから見ると想像を絶する状態であった。このため現在自然林にみえるブナ林の多くは過去の人為が強く働い

た二次的に再生されたブナ林である。

　一方で鉱山の精錬にともなう煙害も大きく、小坂鉱山では5万8000haの広大な森林に被害を与えた。内特に激害地の3300haは裸地化やススキ・ササ類の植生に置き換わった。このように秋田では鉱山業の発達による森林への影響は、最も規模の大きい人為によるインパクトである。

9　天然秋田スギ

　天然秋田スギについてはすでに7.2.3で述べているが、人為の干渉という面からはスギ・ブナ林からスギ一斉林への転換という施業であった。秋田では、米代川流域に広大な天然秋田スギ地帯を形成し、人為の強度は小さいが規模の大きい干渉であった。このためもあって代償植生といっても、自然度が比較的保もたれている。

10　人工林

　人工林の歴史は、享和年代(1801～1804)以降といわれているが、それ以前の人工林は地域住民の防災のためであった。1609年能代市檜山、中沢、大森にカシワ林、1711年能代市後谷地にクロマツ、1712年三種町から能代市往時原野で風雪など防ぐクロマツ植栽である。特に砂丘地帯では、飛砂防止のためクロマツの植栽で尽力を尽くした先人の努力が著名である。1793年には、秋田藩では冬季の交通、夜間の交通などのため幹線道路に並木を造成した。スギの人工林で現存する最も古いのは、民有林の田沢湖町(現・仙北市)田沢にある千葉家の家伝林と国有林の合川町(現・北秋田市)羽根山沢である。千葉家の家伝林は、文化6年(1809)～文政10年(1827)で、羽根山沢も文政年間でありほぼ同じ時代であった。

11　徒伐(いたずらぎり)

　地域住民の生活のため、樹木の一部を利用していたが、過度に行われると森林の荒廃につながった。その主なものは、スギの皮剥ぎであったが、紺屋灰焼き(スギの小径木を林地で焼き、木灰をとり紺屋用の藍染の原料で珍重された)、盤木、箸木などにも利用した。

12　神　　社

　古代の自然神であった「ウブスナ」が中世の「エゾ征伐」により上方勢力の基に常緑樹林域の神々と盛んに習合した。常緑＝永遠の生命の象徴であった。本県の常緑樹(タブノキ、ヤブツバキ、チャボガヤなど)は、この時期に植栽されたものから二次的に分布を拡大した可能性が高い。また、ヤブツバキは港のあるところに多く椿の地名を今に残し、柳田國男の植栽説がある。椿は油や椿もち(平安時代樹液から甘味料)に利用できたし、カヤ(チャボガヤ含む)は灯明用の油でいずれも有用な植物であった。本県のタブノキ林に、ヤブツバキとヤダケが多いのは植栽起源と関係している。こういった点から、本県の社寺林域のタブノキ林は植栽起源から分布拡大した可能性がある

8.3　コナラ、ミズナラ二次林の分布と特徴はなにか、またどう形成されたのか

8.3.1　分布拡大スピードの速い二次林

　落葉広葉樹二次林は、カスミザクラやガマズミなど鳥による種子散布、結実林齢の早いコナラなど繁殖力が高い種が多く、森林に空白域ができれば急速に分布を拡大する。秋田では広大な原野が、草

肥需要のなくなった1960年代以降わずか20年間で激減し、スギ人工林と広葉樹二次林に置き換わった。このような原野の急減と人工林・二次林の急増は、少なくとも江戸時代以降歴史的にもっとも大きい里山景観の変化であったといえよう。火入れ、草苅、柴採取などの人為作用は、土壌の貧養化と乾燥をもたらしコナラ―ミズナラオーダーの分布拡大に最も有利な立地を提供した。このため秋田のコナラ林は優占群落をつくりやすく、かつ過去の植生や周辺植生の組成の影響を受けて地域的な組成の差を造りだしている。

8.3.2　秋田の広葉樹二次林の垂直分布は、コナラ二次林とブナ林で明瞭である

　秋田の広葉樹二次林は、二次林等の種類ごと海抜高度ランク別に分布を示すと**図8.1**のように明確である。

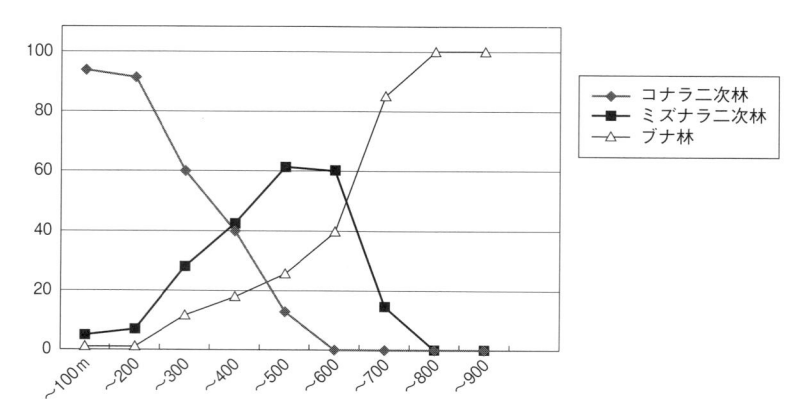

図8.1　広葉樹二次林等の海抜高度ランク別分布（％）

ブナ林とは、チシマザサ―ブナ群団（213箇所）の自然植生であり、コナラ二次林（168箇所）、ミズナラ二次林（ブナ二次林を含む75箇所）の総計456箇所のデータである。またデータは、平均樹高10m以上（階層構造が安定）で高木層の優占種の被度が4以上を原則として取り上げている。なお、コナラ二次林にはアカマツファシースが含まれている。

　（1）コナラ二次林は400m以内に98％を占め、ほとんどがこの高度範囲である。秋田のコナラ林は、先の8.1.1で述べた集落の分布とよく一致し、火入れや刈り取りによる採草原野など人為の影響が強かったことを示している。しかし、ほぼ同緯度の太平洋側の北上山地では650mまで分布し日本海側と異なっている。

　（2）コナラ二次林と対照的なのは、チシマザサ―ブナ群団の分布で700mを超えるとブナ林だけになってしまう。

　（3）秋田のミズナラ二次林の分布は、コナラ二次林とチシマザサ―ブナ群団にはさまれた形で、しかも優占群落は400〜700mで60％程度に留まり、あまり明確な分布でない。

　このような高度ランク別の分布から、秋田の二次林の垂直分布は低山地帯の人為の影響度合いの強さと高海抜地域になるにしたがって多くなる積雪の制限によって群落分布の序列が形成されている。

　つまり、丘陵・低山地では人為の影響が強く働いた原野由来のコナラ二次林で、高海抜高では豪雪域となり人為の影響がより少ないブナ二次林しか成立しない。ミズナラ二次林は、この2つの二次林に挟まれた多・豪雪地の薪炭林が多いことによる。

　（4）これらのことを別の側面から見たのが**図8.2**のササ属の種と二次林等の関係である。

　この図からクマイザサの分布がチシマザサ―ブナ群団で著しく低く、チシマザサが際立って高い

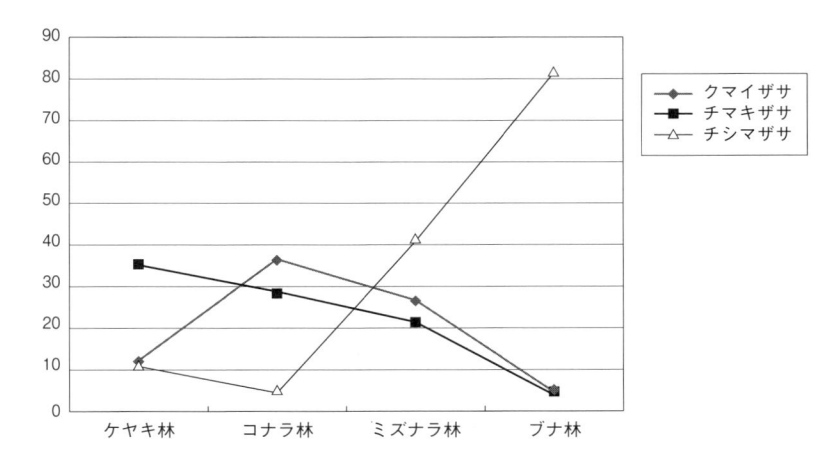

図8.2　主要森林におけるササ属の分布（ササ各種の出現率％）
データ：ケヤキ林 120、コナラ林二次林 168、ミズナラ林二次林 75、ブナ林 213　計 576 箇所

のと対照的であることがわかる。北海道大学天塩演習林で「山火事にあったところはクマイザサであるが、チシマザサのところは自然林である」と説明を受けたとことと同じである。火入れが頻繁に行われたコナラ林ではチシマザサがほとんど分布しないでクマイザサが最も多く分布している。チマキザサは、ケヤキ林（エゾイタヤ―シナノキ群団）に多くブナ林にはほとんど分布していない。このようにササ属の分布は人為の影響を強く反映している。

8.3.3　湿潤気候下の秋田の二次林のなかでコナラ二次林は、乾燥化に対応した植生である

　これまで述べてきた人為の影響は、群落の組成にどのような影響を与えたのであろうか。秋田の場合原植生の大部分がチシマザサ―ブナ群団である。一方秋田には、沿岸部の風衝域やケヤキの入る内陸崖錘・岩礫地などにエゾイタヤ―シナノキ群団が発達し、垂直分布高度の 97％が 400 m 以下でコナラ二次林の分布域と重なる。したがって秋田の二次林を検討するには、両群団の組成面での影響を明らかにする必要がある。このためこれら両群団を含め二次林等について、群団等の要素値が各群団・二次林にどのように分布しているかを示したのが**図8.3**である。

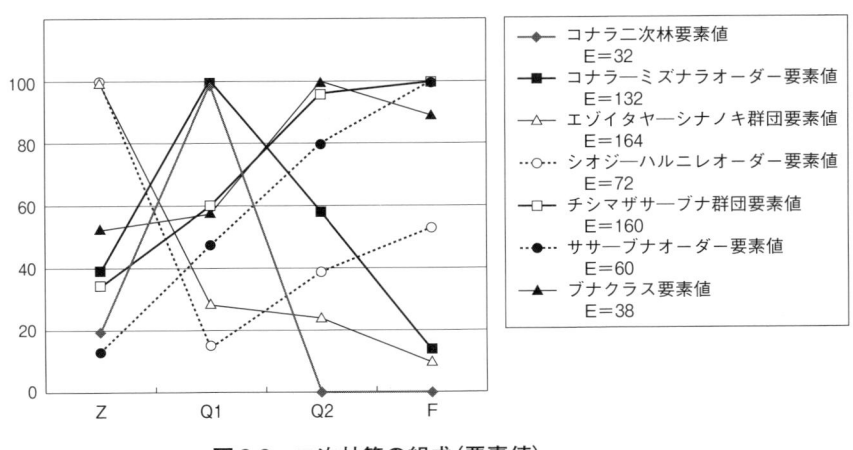

図8.3　二次林等の組成（要素値）
Z：エゾイタヤ―シナノキ群団（120 箇所）　Q1：コナラ二次林（168 箇所）
Q2：ミズナラ二次林（75 箇所）　F：チシマザサ―ブナ群団（213 箇所）　全体 576 箇所

　(1) 植生分類上当然の結果であるが、この図から次の3つのパターンが認められる。

　① エゾイタヤ―シナノキ群団要素値はコナラ二次林、ミズナラ二次林で低く、チシマザサ―ブナ群団で最も低い。シオジ―ハルニレオーダー要素値はチシマザサ―ブナ群団で高く、コナラ二次林でもっとも低くなる。

　② コナラ二次林要素値とコナラ―ミズナラオーダー要素値は、エゾイタヤ―シナノキ群団とミズナラ二次林やチシマザサ―ブナ群団で急減する。秋田のコナラ二次林はコナラ―ミズナラオーダーに所属する。

　③ チシマザサ―ブナ群団要素値とササ―ブナオーダー要素値およびブナクラス要素値が高いのは、ミズナラ二次林で、最も低いのはエゾイタヤ―シナノキ群団である。秋田のミズナラ二次林は、明らかにササ―ブナオーダーに所属する(本書の体系では、従来のコナラ―ミズナラオーダーとしている)。

　(2) これら二次林等で最も特徴的なことは、コナラ二次林でシオジ―ハルニレオーダー要素値がほかの二次林等に比べ極端に低いことである。このことは、永いあいだの火入れや刈り取りで維持されてきたススキ草原の存在で、植生構造が多層の森林から単層の草原に後退したためである。Appendix Ⅵの二次林総合常在度表(添付CD-ROM参照)にあるようにアキノキリンソウ、ワラビなどススキクラスの要素とモミジイチゴ、サルトリイバラなどノイバラクラスの要素は、コナラ二次林で最も高く次いでエゾイタヤ―シナノキ群団でチシマザサ―ブナ群団には分布していない。

　検土杖により泥岩・頁岩上のコナラ二次林の土壌を調査した結果では、黒色土系が約4割(全35か所)を占め、火入れによる原野の長期的持続がコナラ二次林の分布と関係している。まさにかつて大迫元雄(1937)が述べた「地力の減退による土地荒廃」がコナラ二次林の誘因であった。これらのことは、二次林等の中でコナラ二次林は最も乾燥した立地の二次林であることを示している。

　気候的・土地的極盛相の自然植生と異なり、広大な生態的空白域に生じた代償植生のコナラ二次林は、先に述べたように過去日本の山の半分以上が草柴山であったことから成立スピード速く北上し、同じような撹乱圧に対して同じような種組成で応答し、連続して広域にわたり種組成の均質化が起こった。このため二次林の種組成は、クラス域を簡単に超えその地域ごとの自然植生との関連度合いによって種組成のバリエーション variation が決められている。

8.3.4　二次林の組成には、氷期以降の植生史と大陸の植生が関係している

　東北地方で最も周氷河地形が発達したのは北上山地の早池峰山より北部地帯で、その山地斜面はソリフラクションなどで不安定化しやすい地形である。しかも寡雪・少雨・寒冷の立地は大陸性気候と相似で、北海道のエゾマツ、トドマツ林と関係し、星野義延(1998)のいうミズナラ―サワシバ群団(ミズナラ―サワシバオーダー)が成立している。この地域には、藤原・阿部(2017)の分布図によると現在でもエゾイタヤ、オオバボダイジュ、ハシドイ、チョウセンゴミシ、ミヤマザクラ、カラコギカエデなど北海道と関係した種が分布している。

　一方、日本海側の秋田では北上山地より周氷河作用が弱く、完新世の多雨気候で開折前線の上昇や雪崩、地すべり(北上山地ほとんどない)の頻発にともなう斜面の不安定化でミズナラ林が成立し、その後にスギ、ブナの分布拡大が起こったササ―ブナオーダーの地域である。このように北東北といっても太平洋側と日本海側では、気候の差異によって周氷河の影響度合いや地表の撹乱度合いでややプロセスが異なり、オーダーレベルでの違いとなって現れている。

　（1）秋田の広葉樹二次林を検討するためまとめたのがAppendix Ⅵの二次林総合常在度表で、エゾイタヤ―シナノキ群団とコナラ二次林との関係を見ると次のことがわかる。

　すでに7.1.3で述べたように汎針広混交林と関係のあるエゾイタヤ―シナノキ群団は、エゾイタヤは常在度がⅣと高く、その分布域はK. Ogata(1967)によると東北北部の周氷河地形が卓越した地域と概ね合致する。

　エゾイタヤは汎針広混交林の代表的種で、トドマツ林やエゾマツ林のレガシーとして、日本海沿岸部では風衝・弱乾燥下で細い帯状のエゾイタヤ―シナノキ群団に分布域を保持している。このため先に述べた北海道全域に分布するクルマバソウ（Ⅲ―常在度ランク以下同）、サワシバ（Ⅱ）、コブシ（Ⅱ）、ケヤマウコギ（Ⅱ）、などが分布し北海道と関係している。

　一方、コナラ二次林とエゾイタヤ―シナノキ群団の関係は、エゾイタヤ―シナノキ群団のミチノクホンモンジスゲ（Ⅴ）が、コナラ二次林で常在度Ⅲと高い点が特徴的である。ミチノクホンモンジスゲは、栄養繁殖と種子で分布拡大するが、その分布域は日本海側に限定されることなく北東北に広く分布している。こうした点から見るとコナラ二次林のミチノクホンモンジスゲは強い繁殖力で、エゾイタヤ―シナノキ群団と関係してコナラ二次林に組み込まれ、広く分布域を確保した可能性がある。

　（2）星野義延（1998）によれば、ミズナラ―サワシバ群団（ミズナラ―サワシバオーダー）→ミズナラ―マルバアオダモ群団（ミズナラ―コナラオーダー）→コナラ―イヌシデ群団（ミズナラ―コナラオーダー）は、大陸性気候から海洋性気候の傾度上に配列するとしている。

　（3）野嵜玲児（2012）は、二次林の構成種の多くは朝鮮半島や中国と共通種で、乾燥気候に適応したナラ林フロラであるという。P. Krestov _et al._(2006)によると、秋田のコナラ―ミズナラオーダーの種はAppendix Ⅵの常在度表で、コナラ（常在度クラスⅤ）、カスミザクラ（Ⅴ）、チゴユリ（Ⅴ）、エゴノキ（Ⅳ）、ガマズミ（Ⅳ）、ミヤマガマズミ（Ⅳ）、クリ（Ⅳ）、サルトリイバラ（Ⅳ）、アズキナシ（Ⅲ）、マルバアオダモ（Ⅱ）、ヒカゲスゲ（Ⅱ）、ナツハゼ（Ⅱ）、ムラサキシキブ（Ⅱ）が、チョウセンハウチワカエデ―モンゴリナラオーダー（_Aceri pseudosieboldiani_―_Quercetalia mongolicae_）と共通種で、モンゴリナラクラス（_Quercetea mongolicae_）と類縁性が非常に高い。

　（4）落葉性のコナラ亜属の起源は古く、少なくとも日本列島成立以前の第三紀始新世には大陸に分布していた。その後第三紀の中新世には温帯の阿仁合型植物群、さらには現世と直接つながる三徳型植物群に引き継がれている。日本列島は、第四紀まで大陸とつながりを持つ期間が長く、コナラ亜属は大陸の朝鮮半島から中国が本来の分布域で西日本とつながっていた。こうした分布圏からコナラ亜族の植生は、ブナクラスに包括されるのでなく、コナラ―ミズナラオーダーの再検討が必要である。日本のコナラ二次林は、P. Krestov _et al._(2006)のいうモンゴリナラクラスの一員とするのが適切で、代償植生の広域分布の特徴である。

　最近、菅野宗武（2006）はコナラ、ミズナラ、カシワ、ナラガシワ4種の葉緑体DNA分析から氷期最盛期には、関東平野の太平洋沿岸に逃避地があり、そこから北東方向に分布拡大したと述べている。また、本間・並川・河原・北村（2011）は、マイクロサテライトマーカーにより、コナラが北海道日高地方に氷河期レフュージアとして存在したと述べている。しかし、これらの種は地理的に広域に分布しているので、今後大陸の分布を含めて検討する必要があり、その成果が期待される。

8.3.5　秋田のコナラ二次林は今のところコナラ―ミズナラオーダーに、ミズナラ二次林はササ ―ブナオーダーの成立の若い二次林が多い

（1）広大な原野や小柴地の生態的空白域にすばやく成立した多くのコナラ二次林は、日本海では秋田が北限に近く、群集レベルで地理的に区分できるほど独立性を持った群集ではない。しかし下位単位レベルで秋田の南北で相違が認められる。

① 秋田市以北には、コナラ二次林の典型部とコブシ下位単位が分布する。コブシ下位単位は、以前奥富・星野（1983）のミズナラ―エゾイタヤ群落とされていたもので、星野義延（1998）によってサワシバ―ミズナラ群団のキタコブシ―ミズナラ群集とされ北東北に分布し、この群集と関係している。秋田市以北には、低地・丘陵地にブナがほとんど分布しないことは先に触れたが、往時は丘陵地に原野が多く山地は天然秋田スギ地帯で表層グライ土壌が点在することが影響している。

② 秋田市の南の地域は、沿岸から丘陵地にブナ林が残存していて、秋田市以北と異なる。このためオクチョウジザクラ（V）、ホナガクマヤナギ（II）、ブナ（I）、ユキツバキ（I）が分布し表面的には多雪域の分布と見られがちであるが、必ずしもそういう分布ではない。ブナ、ユキツバキの常在度は低く、特にオクチョウジザクラは少雪の沿岸地域や県北部にも分布していて、最新の藤原・阿部の「北東北維管束植物分布図 2017」によると青森県津軽にも分布している。オクチョウジザクラは、鳥散布により現在も分布が北上拡大途上にある。

（2）ミズナラ二次林は、県内の地理的に組成の差はない。このことは、**図8.1** の分布高度を見れば明らかなように、ミズナラ二次林は山地帯に分布しコナラ二次林より多雪地で600 m を超えると天然秋田スギもなくなり豪雪地ではブナしか成林しないことによる。無論人為の影響度合いも併行的に関係している。秋田のミズナラ林は、モンゴリナラクラスのサワシバ―ミズナラ群団でなく、またコナラ―ミズナラオーダーでもなく先に述べたようにブナクラスのササ―ブナオーダーが適切である。

BOX8.1

　秋田の落葉広葉樹二次林の植生体系は、これまで大場達之 1973 のオオバクロモジ―ミズナラ群集（原記載は、コナラ、ミズナラ、クヌギ、ブナの混交林7か所）、星野義延 1998（イヌシデ―コナラ群団、マルバアオダモ―ミズナラ群団、サワシバ―ミズナラ群団）、鈴木伸一 2001, 2002, 2007（マルバアオダモ―ミズナラ群団、サワシバ―ミズナラ群団）、辻誠治 2001（オオバクロモジ―コナラ群団、サワシバ―ミズナラ群団）が発表されている。秋田ではコナラ二次林、ミズナラ二次林、ブナ二次林はオオバクロモジ―ミズナラ群集に包括されていて、県南部にオクチョウジザクラ―コナラ群集が認められている。これらの体系は、根本的にモンゴリナラクラスとブナクラスの体系上の再検討が必要である。

8.3.6　秋田の二次林の形成史

　植生の変遷史とこれまでの結果をもとに、コナラ―ミズナラオーダーのコナラ二次林の形成史を大局的にまとめると次の**表8.4** のとおりとなる。無論、植生の変遷史がよくわからない秋田では、二次林形成史の目安にすぎない。

表8.4 秋田のコナラ二次林形成史のまとめ

時　　　代	沿岸　丘陵地帯 ⇨	モンゴリナラクラス要素の侵入・分布拡大 ⇦	内陸　山地帯
氷期最盛期 18000年前〜（乾燥・寒冷）	● 針広混交林（トドマツ、エゾマツ、カラマツ属、エゾイタヤ、シナノキ、ミズナラ等） ● 逃避群落としてのブナ等広葉樹林・スギ群落	－	● 針広混交林（エゾマツ、ダケカンバ等） ● アカエゾマツ林（湿性地、岩礫地）
完新世前半 12000年前〜（乾燥・寒冷→冷涼）	● 亜寒帯性針葉樹の後退でエゾイタヤ—シナノキ群団形成、スギ林、ブナ林分布拡大の動き ● ケヤキの北上と男鹿のフロラ形成期	－	● 針広混交林から亜寒帯性針葉樹の後退でミズナラ林の先行
完新世 8000年前〜（温暖・湿潤・多雪）	● ケヤキの入ったエゾイタヤ—シナノキ群団と県南ブナ林隣接	● モンゴリナラクラス要素が縄文集落域の撹乱域に侵入開始	● 全県ブナ林の分布拡大
完新世 5000年前〜現在	● 県南沿岸地域のエゾイタヤ—シナノキ群団に新にヤブツバキクラスの種分布拡大	● 人為の影響による広大な生態的空白域（主に原野）にモンゴリナラクラスのコナラ二次林分布拡大（急速な拡大は1965年以降）	● チシマザサ—ブナ群団にスギ林分布拡大 ● 天然秋田スギ林

引用・参考文献

(アルファベット順)

阿部裕紀子 2002. 秋田県のクロマツ植林の植生学的研究. 秋田県立博物館研究報告. 27: 1-18.

秋田地学教育学会 2001. 森吉火山——その形成と解体・周氷河地形・広域テフラ. 寒冷地形談話会通信. 3 号.

秋田県 1978. 特定植物群落調査報告書. 環境庁委託　第2回自然環境保全基礎調査. 275 pp. 秋田県.

秋田県 1979. 植生調査報告書. 環境庁委託　第2回自然環境保全基礎調査. 118 pp. 秋田県.

秋田県 1980. 秋田県における休廃止鉱山. 87 pp. 秋田県環境保健部公害課.

秋田県 1997. 白神山地世界遺産周辺地域保全活用計画策定調査報告書. 80 pp. 秋田県.

秋田県師範学校・秋田県女子師範学校 1939. 総合郷土研究. 1208 pp. 秋田.

青山高義 1995. 東北日本におけるヒノキアスナロとスギの分布と寒冷環境. 季刊地理学. 47: 91-102.

バラバシ, A.L. 2002. 新ネットワーク思考 (青木 薫訳). 327 pp. NHK出版, 東京.

ブラウン－ブランケ 1971a. 植物社会学 Ⅰ (鈴木時夫訳). 359 pp. 朝倉書店, 東京.

ブラウン－ブランケ 1971b. 植物社会学 Ⅱ (鈴木時夫訳). 329 pp. 朝倉書店, 東京.

千葉徳爾 1973. はげ山の文化. 233 pp. 学生社, 東京.

中国植被輯委員会 1980. 中国植被. 1375 pp. 科学出版社, 北京.

Chytrý, M. and Tichý, L. 2003. Diagnostic, constant and dominant species of vegetation classes and alliances of the Czech Republic: a statistical revision. *Folia Fac. Sci. Nat.* 108: 1-231. Univ. Masaryk., Brno.

Czerepanov, S. K. 1995. *Vascular plants of Russia and adjacent states.* 516 pp. Cambridge University Press.

大丸裕武・池田重人 1993. 雪田の消長からみた高山～亜高山帯の気候変動. 森林立地. 35(1): 9-14.

大丸裕武 2003. 雪田土壌による古気候復元の方法論. 寒冷地形談話会講演要旨集.

Dengler, J. *et al.* 2003. New description and typification of syntaxa. *Feddes Repertorium.* 114(7-8): 587-631.

越前谷 康 1975. 計画基礎としての植生. 大滝山生活環境保全林整備計画報告書. 6-16. 秋田県林務部.

越前谷 康 1976. 秋田県玉川におけるハルニレ林とその立地. 秋田自然史研究. 7: 1-6.

越前谷 康 1982a. 秋田県出戸砂丘におけるミズゴケ湿原の植生. 秋田自然史研究. 15: 5-11.

越前谷 康 1982b. 秋田県広葉樹二次林の分布と人間の干渉. 日本林学会東北支部会誌. 34: 180-182.

越前谷 康・藤原陸夫・白沢芳一 1987. 鹿角市湯瀬渓谷地域　Ⅱ植物. 自然環境保全地域等調査報告書. 9-73. 秋田県.

越前谷 康・三浦義之・畠山宏信 1976. 秋田市向浜における海岸クロマツ林の植生と土壌条件 (Ⅱ). 日本林学会東北支部会誌 第28回大会講演集. 58-65.

越前谷 康・高田 順・高橋祥祐・望月陸夫 1976. 泥湯地区地熱発電開発に関する生物学的調査報告 (植物). 秋田県小安・泥湯地域地熱発電環境影響調査報告書. 43-82. 秋田県分析化学センター.

越前谷 康・武田英文 1985a. 秋田県における高海抜高のスギ群落 (Ⅰ)——秋田駒ヶ岳の実態——. 日本林学会東北支部会誌. 37: 186-188.

越前谷 康・武田英文 1985b. 秋田県における高海抜高のスギ群落 (Ⅱ). 日本林学会東北支部会誌. 37: 189-190.

遠藤邦彦・奥村晃史 2010. 第四紀の新たな定義：その経緯と意義についての解説. 第四紀研究. 49(2): 69-77.

藤井紀行・池田啓・瀬戸口浩章 2009. 遺伝子解析からみた高山植物の起源. 増沢武弘 (編). 高山植物学. 135-151. 共立出版, 東京.

藤岡一男 1963. 阿仁合型植物群と台島型植物群. 化石. 5.

藤岡一男・狩野豊太郎 1966. 土地分類基本調査　秋田　表層地質各論. 1-35. 経済企画庁.

藤原陸夫 1982. 大滝沢の植物相と森林植生. 自然環境保全地域等調査報告. 1-31. 秋田県.

藤原陸夫 1983a. 親川御岳神社周辺の植生概要と植物相. 自然環境保全地域等調査報告. 1-24. 秋田県.

藤原陸夫 1983b. 石沢峡のケヤキ林. 自然環境保全地域等調査報告. 35-39. 秋田県.

藤原陸夫 2000. 秋田県植物分布図. 1196 pp. 秋田県環境と文化のむら協会.

藤原陸夫・阿部裕紀子 2017. 北東北維管束植物分布図. 804 pp. 秋田植生研究会.

藤原陸夫・後藤鉄雄 1983. 秋田県六郷町潟尻国有林の植物相と植生. 真木真昼県立自然公園六郷黒森地域学術調査報告書. 23-78. 六郷町.

藤原陸夫・松田義徳・阿部裕紀子 2005. 秋田県植物目録第11版. 152 pp. 秋田植生研究会.

福田正巳・小疇 尚・野上道男（編）1984. 寒冷地域の自然環境. 274pp. 北海道大学図書刊行会.

福岡誠行 1966. 日本海要素の分布様式について. 北陸の植物. 15(1-3): 63-80.

福嶋 司 1972. 日本高山の季節風効果と高山植生. 日本生態学会誌. 22(2): 62-68.

福嶋 司 1984. 能登半島のエゾイタヤ-ケヤキ群集について. 植物地理・分類研究. 32: 136-145.

福嶋 司・岩瀬徹（編著）2005 1973. 図説日本の植生. 153pp. 朝倉書店, 東京.

福嶋 司・高砂裕之・松井哲哉・西尾孝佳・喜屋武豊・常冨 豊 1995. 日本のブナ林群落の植物社会学的新体系. 日本生態学会誌. 45: 79-98.

福澤仁之・斎藤耕志・藤原 治 2003. 日本列島における更新世後期以降の気候変動のトリガーはなにか？ 第四紀研究. 42(3): 165-180.

Golodoff, S. 2003. *Wildflowers of Unalaska Iland*. 219pp. University of Alaska Press.

後藤香奈子・辻誠一郎 2000. 青森平野南部, 青森市大矢沢における縄文時代前期以降の植生史. 植生史研究. 9(1): 43-53.

箱崎真隆・吉田明弘・木村勝彦 2009. 福島県鬼沼における木材化石と花粉化石からみた完新世後期の時空間的な植生分布とサワラ・アスナロ湿地林. 植生史研究. 17(1): 3-12.

HametAhti, Ahti. T. and Kopnen. T. 1974. A sheme of vegetation zones for Japan and adjacent regions. *Ann. Bot. Fennici*. 11: 59-88.

原 正利 2006. 東日本太平洋側におけるブナの分布とその下限を規定する要因について. 植生学会誌. 23: 1-12.

長谷川陽一・鈴木三男 2013. 仙台市富沢遺跡のモミ属花粉化石からDNA増幅と主同定に関する試み. 植生史研究. 22(1): 3-12.

橋本隆之・菅原亀悦・森永直也・鳥谷尾洋一 1989. 和賀岳自然環境保全地域及び周辺地域の植生と植物相. 和賀岳自然環境保全地域調査報告書. 75-132. 環境庁自然保護局.

畠山宏信 1985. 秋田県岩川地方におけるスギ林の択伐作業に関する研究. 87pp. 秋田県林業改良普及協会.

服部 保・中西 哲 1983. 日本の照葉樹林の群落体系について. 神戸大学教育学部研究集録. 71: 123-157.

林 弥栄 1951. スギの天然分布概説. 林業試験場研究報告. 48: 146-168.

林 弥栄 1960. 日本産針葉樹の分類と分布. 農林出版, 東京.

シュミットヒューゼン 1968. 植生地理学（宮脇 昭訳）. 307pp. 朝倉書店, 東京.

日比野紘一郎・飯泉 茂・守田益宗 1980. 小又峡周辺地域の花粉分析. 森吉山小又峡周辺地域特別学術調査報告書. 57-64. 秋田県教育委員会.

日比野紘一郎・加藤君雄 1975. 秋田県女潟および横手盆地の花粉分析. 秋田県立博物館調査報告書. 15pp. 秋田県教育委員会.

日比野紘一郎・竹内貞子 1998. 東北地方の植生史. 図説日本列島植生史. 62-72. 朝倉書店, 東京.

檜垣大助 1987. 北上山地中部の斜面物質移動期と斜面形成. 第四紀研究. 26(1): 27-45.

平吹喜彦・原 正利・富田瑞樹（編）2006. 北上山地中・北部に残存する中間温帯性自然林の分布と特性. 北上山地森林生態系研究グループ. 74pp.

日浦 勉 1996. ブナの地理変異とブナ林の種多様性の維持機構. 日本生態学会誌. 46: 175-178.

本間航介 2003. ブナ林背腹性の形成要因. 植生史研究. 11(2): 45-52.

本多静六 1912. 日本森林植物帯論. 本多造林学前論ノ三. 400pp. 三浦書店, 東京.

Horikawa, Y. 1972. *Atlas of the Japanese Flora I: an introduction to plant sociology of East Asia*. Gakken.

堀内孝雄・酒井 昭 1973. スギの耐凍性変動におよぼす温度の影響. 日本林学会誌. 55(2): 46-51.

星野義延 1998. 日本のミズナラ林の植物社会学的研究. 東京農工大学農学部学術報告. (32): 1-99.

ホーテス・シュテファン 2007. 湿地生態系の多様性──その分類と保全再生. 地球環境. 12: 21-36.

堀田 満 1974. 植物の分布と分化. 植物の進化生物学Ⅲ. 400pp. 三省堂, 東京.

宝月欣二（訳）1979. ホイッタカー生態学概説. 363pp. 倍風館, 東京.

Hubbell, S. P. 2009. 群集生態学（平尾・島谷・村上訳）. 327pp. 文一総合出版, 東京.

五十嵐八枝子 1986. 北海道の完新世におけるコナラ属の分布. 北方林業. 38: 266-270.

五十嵐八枝子 1989. 南サハリンの森林北海道・氷期の森林および他の北方林との比較. 北方林業. 41: 36-41.

五十嵐八枝子 2000. 北海道西南部高地の京極湿原における約13,000年間の植生変遷史. 日本生態学会誌. 50: 99-100.

五十嵐八枝子・五十嵐恒夫 1998. 南サハリンにおける後期完新世の植生変遷史. 日本生態学会誌. 48: 231-244.

五十嵐八枝子・刈谷愛彦・下川浩一 2013. サハリン南西部に分布する後期完新世埋没土層からのツガ属花粉の産出. 第四紀研究. 52(3): 39-64.

五十嵐八枝子・生川淳一・加藤孝幸 2005. 北海道中央部・富良野盆地とその周辺山地における過去12,000年間の植生変遷史. 東京大学農学部演習林報告. 114: 115-132.

井上克弘・金子利巳・吉田 稔 1981. 北上川上流域における後期更新世の周氷河現象と火山灰層序. 第四紀研究. 20(2): 61-73.

井上克弘・冨岡成悦・千葉斐子・吉田 稔 1978. 秋田駒ヶ岳の植被構造土. 東北地理. 30(4): 215.

石川県 1997. 石川県植生誌. 230pp. 石川県植生誌編纂委員会.

石川慎吾 1980. 北海道地方の河辺に発達するヤナギ林について. 高知大学学術研究報告(自然科学). 29: 73-78.

石川慎吾 1982. 東北地方の河辺に発達するヤナギ林について. 高知大学学術研究報告(自然科学). 31: 95-104.

石沢 進・池上義信 1995. 多雪地域における植物の生態的分布解明の試み――ユキツバキの分布圏をとりまく植物の分布類型――. 植物地理・分類研究. 43: 1-7.

Ishizuka, K. 1961. A rerict stand of *Picea glehni* masters on Mt. Hayachine, Iwate prefecture. *Ecol. Rev.* 15(3): 155-162.

Ishizuka, K. 1965. Ecological studies on the vegetation of dunes near Sarugamori, Aomori prefecture. *Ecol. Rev.* 16(3): 163-180.

石塚和雄 1968. 岩手県におけるコナラ二次林とミズナラ二次林の分布および北上山地の残存自然林の分布について. 一次生産の場となる植物群集の比較研究 JIBP-CT(P). 153-163.

Ishizuka, K. 1969. A preliminary report on the injury of natural vegetation by refinery smoke from the Matsuo sulfur mina, Iwate prefecture. Annual report of JIBP-CT(P) of fiscal year 1968. 65-69.

Ishizuka, K. 1970. Notes on the lowland forest communities in Yamagata prefecture, Northeast Japan. Annual report of JIBP-CT(P) of fiscal year 1969. 11-16.

Ishizuka, K. 1971. On plasticity in growth forms of the pines in and around the lava flow of Sainokawara, MT. Zao, Northeast Japan. Annual report of JIBP-CT(P) of fiscal year 1970. 88-95.

Ishizuka, K. 1972. Abies mariesii on Mt. Gassan, Northeast Japan – general description and its growth forms. Annual report of JIBP-CT(P) of fiscal year 1971. 59-67.

石塚和雄 1977. 山形県の社寺林調査報告. 森林. (7): 19-74. 土井林学振興会, 緑地研究会.

石塚和雄 1978. 多雪山地亜高山帯の植生(総合抄録). 吉岡那二博士追悼 植物生態論集. 404-428.

石塚和雄 1979. 宮古市の植生. 宮古市の自然. 43-60. 宮古市.

石塚和雄 1981a. 八甲田山におけるアオモリトドマツの雪害樹型. アオモリトドマツ林の生態学的研究. 39-48.

石塚和雄 1981b. 北上山地・三陸沿岸地域の森林植生の分布と気候. 北上山地森林植生の生態学的研究. 1-7.

石塚和雄 1981c. 岩手県宮古市域の自然林――三陸沿岸中部域の森林植生予報. 北上山地森林植生の生態学的研究. 17-23.

石塚和雄 1982. 山形県最上川県立自然公園の天然スギ林. 最上川. 383-406. 山形県総合学術調査会.

石塚和雄 1987a. 早池峯の植物. 日本の生物. 1(4): 26-34.

石塚和雄 1987b. IV日本列島における東北地方の植生の分布的特性2. 地域特性5)早池峯の植生. 日本植生誌 東北. 408-414. 至文堂, 東京.

石塚和雄 1987c. 積雪と植生. 日本植生誌 東北. 127-138. 至文堂, 東京.

石塚和雄 1987d. IV日本列島における東北地方の植生の分布的特性2.地域特性8)鳥海山・月山・朝日連峰の植生. 日本植生誌 東北. 424-427. 至文堂, 東京.

石塚和雄 (編)1977b. 群落の分布と環境. 植物生態学講座1. 364pp. 朝倉書店, 東京.

石塚和雄・齋藤員郎・橘 ヒサ子 1978. 神室山・加無山の植生. 神室山・加無山. 118-138. 山形県総合学術調査会.

石塚和雄・齋藤員郎 1981. 酒田市の植生. 酒田市の植生と植物相. 23-43. 酒田市.

Ishizuka, K., Saito, K., Komizunai, M. and Chiba, T. 1982. Alpine vegetation of Mt. Hayachine in the Kitakami mountains, Northeast Japan. *Saito Ho-on kai Museum Research Bulletin*. (50): 1-22.

石塚和雄・齋藤員郎 1986. 早池峰自然環境保全地域及び周辺地域の高山帯植生. 早池峰自然環境保全地域調査報告書. 81-122. 環境庁自然保護局.

石塚和雄・齋藤員郎・佐々木 豊・畠山茂雄 1980. イヌブナの新北限分布域. 植物研究雑誌. 67(1)33-43. 東京.

石塚和雄・庄司葉子・青木 弘 1983. 山形市東方の丘陵におけるアベマキ林の分布と小地形. 現代生態学の断面. 169-175. 共立出版社, 東京.

石塚和雄・橘 ヒサ子・齋藤員郎 1972. 鳥海山の植生. 鳥海山・飛島. 52-88. 山形県総合学術調査会.

石塚和雄・橘 ヒサ子・齋藤員郎 1975. 月山および葉山の植生. 出羽三山・葉山. 59-124. 山形県総合学術調査会.

伊東 明 2011. 森林の水平構造. 森林生態学. 93-110. 共立出版, 東京.

伊藤浩司 1984. 高山の群落生態. 寒冷地域の自然環境. 154-155. 北海道大学図書刊行会.

伊藤浩司 (編)1987. 北海道の植生. 378pp. 北海道大学図書刊行会.

伊藤秀三 1973. 植生研究の方法と植生概念. 佐々木(編). 生態学講座4 植物社会学. 103-109. 共立出版, 東京.

伊藤秀三 1994. 島の植物誌. 講談社選書メチエ 16. 246pp. 講談社, 東京.

伊藤秀三・川里弘孝 1978. わが国における二次林の分布. 吉岡那二博士追悼　植物生態論集. 281-284. 仙台.

伊藤 驍・梶川正弘 1975. 秋田の豪雪と雪氷災害に関する調査研究. 雪氷. 37(2): 55-66.

伊藤 哲 1995. 山地渓畔域の地表変動と撹乱体制. 日本生態学会誌. 45: 323-327.

巌 俊一・大崎直太(監訳) 1982. ロバート・H・マッカサー地理生態学. 300pp. 蒼樹書房, 東京.

巌佐 庸・松本忠夫・菊沢喜八郎・日本生態学会(編) 2003. 生態学事典. 682pp. 共立出版, 東京.

岩崎直人 1927. 杉天然生林の研究. 107pp. 秋田営林局.

岩崎直人 1929. 秋田に於けるスギ林成立の史的考察. 林学会雑誌. 10(5): 215-256.

岩崎直人 1939. 秋田県能代川上地方に於ける杉林の成立並びに更新に関する研究. 605pp. 興林会, 東京.

岩田悦行 1971. 北上山地の二次植生・特に草地植生に関する生態学的研究. 岐阜大学農学部研究報告. 30: 288-430.

Iwata, E. and Ishizuka, K. 1967. Plant succession in Hachirogata polder ecological studies on common reed (*Phragmites communis*) I. *Ecol. Rev.* 17(1): 37-46.

岩田修二 2003. 日本アルプスにおける最終氷期の重力地形・氷河拡大期・山岳永久凍土. 第四紀研究. 42(3): 181-193.

井関弘太郎 1983. 沖積平野. UP Earth Science. 145pp. 東京大学出版会.

Kadono, Y. 1984. Comparative ecology of japanese *Potamogeton*: an extensive survey with special reference to grouth form and lief cycle. *Jpn J. Ecol.* 34: 161-172.

貝塚爽平 1998. 発達史地形学. 286pp. 東京大学出版会.

梶 幹男 1982a. 日本と北米の山岳植生における後氷期気候変動の影響に関連した現象の比較. 現代生態学の断面. 243-248. 共立出版, 東京.

梶 幹男 1982b. 亜高山性針葉樹の生態地理学的研究――オオシラビソの分布パターンと温暖気候の影響. 東京大学農学部演習林報告. 72: 31-120.

梶本卓也 2002. 風衝地低木群落を支える積雪環境. 梶本・大丸・杉田編. 雪山の生態学. 125-142. 東海大学出版会, 東京.

梶本卓也・大丸裕武・杉田久志 (編) 2002. 雪山の生態学　東北の山と森から. 289pp. 東海大学出版会, 東京.

亀井節夫・ウルム氷期以降の生物地理総研グループ 1981. 最終氷期における日本列島の動・植物相. 第四紀研究. 20(3): 191-205.

上林徳久・近藤昭彦、ユーリ・イワノフ・マニコ 2004. ロシア極東森林における大規模立ち枯れ現象と周辺環境への影響に関する予備的研究. 日本測量学会平成16年度秋季学術講演会. 131-132.

鴨居幸彦・斎藤道春・藤田英忠・小林巌男 1988. 新潟県北部に産する最終氷期の植物遺体群集. 第四紀研究. 27(1)21-29.

Kaneko, T. 1965. Altitudinal Changes in the leaf activities of trees on Mt. Hakkoda. *Ecol. Rev.* 16(3): 181-187.

金子正美・星野仏方・雨谷教弘 2014. 空間情報を用いた高山帯の植生変化と環境変動のセンサス. 地球環境. 19(1)13-21.

環境庁 1988. 特定植物群落調査報告書(秋田県). 第3回自然環境保全基礎調査. 327pp.

菅野宗武 2006. 日本産コナラ属コナラ節植物(ブナ科)の系統地理学的および集団遺伝学的研究. 日本植物分類学会. 6(1): 65-70.

刈谷愛彦 1994. ^{14}C年代とテフロクロノロジーから見た月山の亜高山帯に分布する埋没黒泥層の生成期. 第四紀研究. 33(4): 269-276.

Kariya, Y., Sugiyama, S. and Sasaki, A. 2004. Change in Opal Phytolith Concentration of Bambusoideae Morphotypes in Holocene Peat Soils from the Pseudo-Alpine Zone on Mount Tairappyo, Central Japan. *The Quaternary Research*. 43(2): 129-137.

Kashimura, T. 1968. Natural forest communities in Abukuma mauntains. *Ecol. Rev.* 17(2): 75-85.

Kashimura, T. 1969. Ecological study of the natural forest vegetation in the snow region along lower Tadami valley. *Ecol. Rev.* 17(3): 153-170.

Kashimura, T. 1974. Ecological study on the montane forest in the southern Tohoku district of Japan. *Ecol. Rev.* 18(1): 1-56.

樫村利道 1980. 猪苗代湖周辺地域の自然植生. 福島大学特定研究 [猪苗代湖の自然] 研究報告 1. 39-45. 福島.

樫村利道 1981. 高層湿原中心部の微地形とミズゴケ類の分布. 生物科学. 33(4): 193-199.

樫村利道 1984. 猪苗代湖周辺の自然林. 野口記念館学報. 6(2): 2-4. 福島.

樫村利道 2002. 福島県田代山湿原について. 植生情報. (6): 3-7.

加藤君雄 1965. 八郎潟の水生植物群落の分布と生産量. 八郎潟の研究. 389-417. 八郎潟学術調査会.

加藤君雄 1976. 八郎潟調整池の水生植物群落の分布と現存量. 八郎潟調整池の生物相調査報告. 139-171. 八郎潟調整池生物調査会.

加藤君雄・内藤俊彦・飯泉 茂 1980. 小又峡周辺地域の植生. 森吉山小又峡周辺地域特別学術調査報告書. 18-56. 秋田県教

育委員会.

加藤萬太郎 1978. 秋田県第四紀層^{14}C年代と象潟泥流について. 秋田県立博物館研究報告. 3: 56-63.

Katoh, N. 1986. The establishment of *Gaultheria adenothrix* on solfataras of MT. Arao, Miyagi prefecture. *Ecol. Rev.* 21(1): 15-20.

河原孝行 2000. 樹木の種分化. 岩槻・加藤(編). 多様性の植物学. 211-242. 東京大学出版会.

川村智子 1977. スギ(*Cryptpmeria japonica*)の分布に関する花粉分析学的研究(I. 秋田県). 花粉. (11)8-20.

川村智子 1979. 東北地方における湿原堆積物の花粉分析的研究. 第四紀研究. 18(2)79-88.

Kikuchi, T. 1968. Forest communities along the Oirase valley, Aomori prefecture. *Ecol. Rev.* 17(2): 87-94.

Kikuchi, T. 1975. Vegetation of Mt. Iide. *Ecol. Rev.* 18(2): 65-91.

菊池多賀夫・菅原亀悦 1978. 自然公園蔵王連峰の植生. 蔵王国定公園・県立自然公園蔵王連峰学術調査報告. 52-66.

菊池多賀夫 2001. 地形植生誌. 230pp. 東京大学出版会.

菊池卓弥 2003a. 秋田県八郎潟調整池の水生植物. 水草研究. 79: 1-6.

菊池卓弥 2003b. 秋田県でのエゾノミズタデの新産地. 水草研究. 79: 27-28.

菊沢喜八郎 1995. 植物の繁殖生態学. 283pp. 蒼樹書房, 東京.

吉良竜夫 1939. 植物生態学. 生態学体系 第1巻. 433-427. 古今書院, 東京.

吉良竜夫 1949. 日本の森林帯. 林業解説シリーズ. 17: 1-41. 日本林業技術協会, 札幌・東京.

Kira, T. 1991. Forest ecosystems of East and Southeast Asia in a global perspective. *Ecol. Res.* 6: 185-200.

吉良竜夫・四手井綱英・沼田 真・依田恭二 1976. 日本の植生——世界の植生配置の中での位置づけ——. 科学. 46(4): 235-2247. 岩波書店, 東京.

北村 繁 1990. 男鹿半島目潟の形成年代. 東北地理. 42: 161-167.

北村四郎・村田源・堀勝 1972. 植物の分布. 原色植物図鑑草本編(上). 246-264. 保育社, 東京.

小疇 尚 1988. 第四紀後半の日本の山地の地形形成環境. 第四紀研究. 26(3): 255-263.

小疇 尚 2011. 日本の寒冷地形に関する研究. 第四紀研究. 50(3): 133-148.

小池一之・田村俊和・鎮西清高・宮城豊彦(編) 2005. 日本の地形 3 東北. 355pp. 東京大学出版会.

小泉武栄 1974. 木曽駒ヶ岳高山帯の自然景観——とくに, 植生と構造土について——. 日本生態学会誌. 24(2): 78-91.

小泉武栄 1979a. 高山の寒冷気候下における岩屑の生産・移動と植物群落 I. 白馬山系北部の高山高原植物群落. 日本生態学会誌. 29: 71-81.

小泉武栄 1979b. 高山の寒冷気候下における岩屑の生産・移動と植物群落 II. 北アルプス北部鉢ヶ岳付近における蛇紋岩強風地の植物群落. 日本生態学会誌. 29: 281-287.

小泉武栄 1980a. 高山の寒冷気候下における岩屑の生産・移動と植物群落 III. 北アルプス北部鉢ヶ岳付近の花崗斑岩地及び古生界砂岩・頁岩地の風衝植物群落. 日本生態学会誌. 30: 173-181.

小泉武栄 1980b. 高山の寒冷気候下における岩屑の生産・移動と植物群落 IV. 木曾山脈檜尾岳付近の現成および化石周氷河斜面の風衝植生. 日本生態学会誌. 30: 245-249.

小泉武栄 1982. 化石周氷河斜面, 雪食凹地ならびに山地貧養泥炭地の形成から見た晩氷期以降の多雪化について. 第四紀研究. 21(3): 245-253.

小泉武栄 1985. 高山の寒冷気候下における岩屑の生産・移動と植物群落 VI. 南アルプス赤石岳の風衝植物群落. 日本生態学会誌. 35: 253-262.

小泉武栄 1988. 高山の寒冷気候下における岩屑の生産・移動と植物群落 VII. 北アルプス蝶ヶ岳の強風地植物群落. 日本生態学会誌. 38: 201-210.

小泉武栄 1989. 北アルプス薬師岳における斜面発達と強風地植物群落. 日本生態学会誌. 39: 127-137.

小泉武栄・新庄久志 1983. 大雪山永久凍土地域の植物群落. 日本生態学会誌. 33: 357-363.

小島忠三郎 1971. 東北地方における任意地点の平均気温の推定と温量指数および積算寒度. 森林立地. 12(2): 16-24.

小島忠三郎 1975a. 主要樹種の天然分布と気候要因との関係についての数量化理論による解析——東北地方における数樹種について——. 林業試験場研究報告. 271: 1-26.

小島忠三郎 1975b. 林業を対象とした東北地方の気候図. 林業試験場研究報告. 276: 77-102.

小島圭二・田村俊和・菊池多賀夫・境田清隆 1997. 日本の自然 地域編2 東北. 206pp. 岩波書店, 東京.

小島 覚 1994. カムチャッカ半島のダケカンバ林の植生と環境. 日本生態学会誌. 44: 49-59.

駒村 誠・中村和郎 1976. 日本の気候——日本上空の気流と気候の特色——. 科学. 46(4): 211-222. 岩波書店, 東京.

Krestov. P. V. 2002. 2004. Floristic regions of the northen Asia. http://www.geopacifica.org/ Geobotanica Pacifica.

Krestov, P. V. and Nakamura, Y. 2002. Phtosociological staudy of the *Picea jezoensis* forest of the Far East. *Folia Geobotanica*. 37: 441-473.

Krestov, P. V., Omelko, A.M. and Nakamura, Y. 2008. Vegetation and natural habitats of Kamchatka. *Ber. d. Reinh.-Tüen-Ges.* 20: 195-218.

Krestov, P. V., Omelko, A.M. and Nakamura, Y. 2010. Phytogeography of higher units of forests and kurummholz in North Asia and formation of vegetation complex in the Holocene. *Phytocoenologia*. 40(1): 41-56.

Krestov, P. V., Song, J.S., Nakamura, Y. and Verkholat, V.P. 2006. A phytosociological survey of deciduous temperate forest of mainland Northeast Asia. *Phytocoenologia*. 36(1): 77-150.

久保田康裕 2011. 森林の種多様性. 日本生態学会(編). 森林生態学. 206-223. 共立出版, 東京.

工藤 岳(編)2000. 高山植物の自然史 お花畑の生態学. 222pp. 北海道大学図書刊行会.

工藤 洋 2001. 植物集団間のジーンフローに影響する生態学的要因. 日本生態学会誌. 51: 193-201.

工藤祐舜 1924. 北樺太植物調査書. 295pp. サハリン軍政部.

栗駒国定公園及び県立自然公園旭山学術調査委員会 1983. 栗駒国定公園及び県立自然公園旭山学術調査報告書. 宮城県.

桑山邦亨・望月陸夫 1964. 秋田県太平山の植物. 秋田県立秋田高等学校生物部同窓会.

町田 洋 2011. 日本列島と周辺地域のテフラを基礎とした第四紀環境変化：回顧と展望. 第四紀研究. 50(1): 1-19.

前田禎三 1951. ヒノキ林の群落組成と日本海要素について. 東大農学部演習林報告. 8: 21-44.

Maekawa, F. 1974. Origin and Characterstics of Japan's Flora. Numata. M.(ed.): The Flora and Vegetation of Japan. 33-86. Kodannsya and Elserier Scientific Pub. Tokyou, Amsterdam.

前川文夫 1977. 日本の植物区系. 玉川選書. 47. 178pp. 玉川大学出版部.

Martinez, S. R., Diaz, T. E., Gonzalez, F., Izco, J., Loidi, J., Lousa, M. and Penas, A. 2002. Vascular plant communities of Spain and Portugal. Addenda to the Syntaxonomical checklist of 2001. *Itinera Geobotanica*. 15(1-2): 5-922.

Martinez, R., Mata, D. S. and Costa, M. 1999. North American boreal and western temperate forest vegetation. *Itinera Geobotanica*. 12: 5-316.

丸山吉夫・松井 浩・瀬沼賢一 2001. 高田平野及び周辺地域におけるハンノキ湿地林の立地と種組成. 奥田重俊先生退官記念論文集「沖積地植生の研究」. 9-16. 横浜.

増田久夫 1972. 樹種分布と温度気候──北海道産主要針葉樹の天然分布と暖かさの指数──. 森林立地. 13(2): 7-16.

増沢武弘 2005. 高山帯における山岳地形と高山植物の分布──富士山・白馬岳・八ヶ岳・アポイ岳──. 植物地理・分類研究. 53：131-137.

松田義徳 2005. 市町村レベルの面積での植物相と植生の解明手法に関する検討──秋田県笹森丘陵西部の事例──. 秋田県立大学大学院遺伝資源科学修士論文.

松田行雄 2002. ミズゴケ類の分布と湿原植生. 植物地理・分類研究. 50: 1-13.

松井 健 1974. 赤色土に関する覚書. 森林立地. 16(1): 5-10.

南木睦彦 1996. ブナ分布の地史的変遷. 日本生態学会誌. 46: 171-174.

メラニー・ミッチェル 2011. ガイドツアー複雑系の世界(高橋 洋訳). 573pp. 紀伊国屋書店, 東京.

三浦 修・山中三男 1980. 八甲田山地の第四紀後期の植生変遷. 飯泉茂(編). 八甲田山地のアオモリトドマツ林の成立と変遷の生態学・花粉分析学的研究 科学研究費補助金昭和54年度研究抄録集(Ⅱ). 1-4. 仙台.

三浦 修・山中三男 1981. 東北地方北部における第四紀後期の植生. アオモリトドマツ林の生態学的研究. 109-117. 仙台.

三輪雄四郎・大田貞明・米延仁志 1991. スギ, ミズナラ埋もれ木の材質試験. 森林総研研報. 361: 193-206.

宮下進治 2012. 北海道の森林土壌とその分布状況. 44-50. コンサルタンツ北海道.

宮下 直・野田隆史 2003. 群集生態学. 187pp. 東京大学出版会.

Miyawaki, A. 1960. Pflanzensoziologische Untersuchungen über Reisfeld-Vegetation auf den japanischen Inseln mit vergleichender Betrachtung Mitteleeuropas. *Vegetatio*. 9: 345-408. Den Haag.

宮脇 昭(編)1977. 富山県の植生. 289pp. 富山県.

宮脇 昭(編)1979. 長野県の現存植生. 411pp. 長野県.

宮脇 昭(編)1985. 日本植生誌 6 中部. 604pp. 至文堂, 東京.

宮脇 昭(編)1986. 日本植生誌 7 関東. 641pp. 至文堂, 東京.

宮脇 昭(編)1987. 日本植生誌 8 東北. 605pp. 至文堂, 東京.

宮脇 昭(編)1988. 日本植生誌 9 北海道. 563pp. 至文堂, 東京.

宮脇 昭・藤原一絵 1970. 尾瀬ヶ原の植生. 152pp. 国立公園協会.

宮脇 昭・藤原一絵 1979. 柏崎周辺の植生. 横浜植生学会. 120pp.

宮脇 昭・藤原一絵・奥田重俊・箕輪隆一・弦牧久仁子・黒沢達行・小日向 孝・相沢陽一・瀬沼賢一・山本敬一・望月陸夫 1980. 柏崎周辺30Km圏の植生. 横浜植生学会. 71pp.

宮脇 昭・伊藤秀三・奥田重俊 1967. 会津駒ヶ岳・田代山周辺(福島県)の植生. 会津駒ヶ岳・田代山周辺学術調査報告.

15-43. 日本自然保護協会，東京.

宮脇 昭・中村幸人・大山弘子 1977. 上越地方(渋川-水上)の植生調査——夏緑広葉樹林を中心として——. 上越新幹線建設に伴う環境調査研究報告書. 131-165.

宮脇 昭・大場達之・奥田重俊・中山 洌・藤原一絵 1968. 越後三山・奥只見周辺の植生(新潟県・福島県). 越後三山・奥只見自然公園学術調査報告. 57-152. 日本自然保護協会，東京.

宮脇 昭・奥田重俊(編) 1990. 日本植物群落図説. 784pp. 至文堂，東京.

宮脇 昭・奥田重俊・藤原一絵 1971. 那須沼原湿原とその周辺地域の植生. 沼原湿原の現況と保存に関する生態学的考察. 38: 135-182. 日本自然保護協会，東京.

宮脇 昭・奥田重俊・藤原一絵・井上香世子 1976. サロベツ原野の植生. 47pp. 観光資源保護財団.

宮脇 昭・奥田重俊・藤原一絵・中村幸人・村上雄秀・鈴木伸一 1983. 酒田市の潜在自然植生. 132pp. 酒田市.

宮脇 昭・奥田重俊・原田 洋・佐々木 寧・鈴木邦雄・藤原一絵 1978. 八幡平(十和田・八幡平国立公園南部)の森林植生. 吉岡邦二博士追悼植物生態論集. 85-106.

宮脇 昭・奥田重俊・佐々木 寧・井上香世子・原田 洋・鈴木邦雄・藤原一絵・大野啓一 1973. 男鹿半島の植生. 男鹿半島自然公園学術調査報告. 101-144. 日本自然保護協会，東京.

宮脇 昭・奥田重俊・佐々木 寧・松井 浩・鷹野秀夫・鈴木伸一・塚越優美子・益田康子 1983. 高畠町の植生. 116pp. 山形県高畠町.

宮脇 昭・奥田重俊・藤原陸夫 1983. 日本植生便覧. 872pp. 至文堂，東京.

宮脇 昭・奥田重俊 1975. 若狭湾付近の植生. 若狭湾国定公園に対する原子力発電所開発に関する調査報告書. 25-111.

宮脇 昭・大野啓一・奥田重俊 1974. 大山の植物社会学的研究. 横浜国立大学環境科学研究センター紀要. 1(1): 89-122.

宮脇 昭・佐々木 寧 1980. 下北半島周辺の植生. 横浜植生学会. 256pp.

宮脇 昭・佐々木 寧・弦牧久仁子・山崎 惇 1979. 小野・矢彦神社社叢林の植生学的研究. 横浜植生学会.

持田幸良・山中三男 1981. 南八甲田山地亜高山帯のスギ群落およびヒノキアスナロ群落. アオモリトドマツ林の生態学的研究. 99-108. 仙台.

望月陸夫 1966. 秋田県男鹿半島の植物. 65pp. 北陸の植物の会.

望月陸夫 1976. 秋田県朝日岳の植物相と植生. 自然環境保全地域等調査報告. (2): 1-38. 秋田県.

望月陸夫 1979. 秋田県羽後町五輪坂周辺の植生と植物相. 94pp. 秋田植生研究会.

望月陸夫・越前谷 康 1984. 秋田県の社寺林調査報告. 森林. 12: 115-166. 土井林学振興会，緑地研究会.

望月陸夫・越前谷 康・高橋祥祐・後藤鉄雄 1982. 秋田県真木渓谷の植生及び植物相. 真木渓谷自然環境調査報告書. 1-84. 秋田県自然保護協会.

Momohara, A. 1997. Cenozoic history of evergreen broad-leaved forest in Japan. *Nat. Hist. Res.* Special issue. (4) 141-156.

百原 新 2008. 第三紀末から第四紀の日本列島の環境変化と日本固有フロラの形成過程. 日本植物分類学会. 8(1): 39-45.

森 邦彦 1962. 出羽丘陵月山にアオモリトドマツ林帯を確認. 日本林学会誌. 44: 320-323.

Moriguchi, Y., Matsumoto, A., Saito, M., Tsumura, Y. and Taira H. 2001. DNA analysis of clonal structure of an old growth, isolated forest *Cryptpmeria japonica* in a snowy region. *Can. J. For. Res.* 31: 377-383.

守田益宗 1981. 八甲田山の表層花粉の分布パターンと植生の関係について. 日本生態学会誌. 31(3): 317-328.

守田益宗 1982. 八甲田山の古植生図作製に関する花粉分析学的研究 特に，十和田a火山灰降下直前期について. 日本生態学会誌. 32(1): 99-106.

守田益宗 1984a. 東北地方の亜高山帯における表層花粉と植生の関係について. 第四紀研究. 23: 197-208.

守田益宗 1984b. 東北地方における亜高山帯の植生史について Ⅰ. 吾妻山. 日本生態学会誌. 34(3): 347-356.

守田益宗 1985. 東北地方における亜高山帯の植生史について Ⅱ. 八幡平. 日本生態学会誌. 35(3): 411-420.

守田益宗 1987a. 東北地方における亜高山帯の植生史について Ⅲ. 八甲田山. 日本生態学会誌. 37(2): 107-117.

守田益宗 1987b. 富沢遺跡の花粉分析的研究. 「富沢——富沢遺跡第15次発掘調査報告書」仙台市文化財調査報告書. 98: 439-460.

守田益宗 1990. 栗木ヶ原湿原の花粉分析. 栗木ヶ原湿原学術調査報告書. 23-43. 岩手県.

守田益宗 1992. 雨池湿原の花粉分析. 7pp. 秋田県稲川町.

守田益宗 1996. 大白森湿原の花粉分析. 大白森湿原学術調査報告書. 15-37. 岩手県.

守田益宗 1998. 亜高山帯針葉樹林の変遷. 安田・三好(編). 図説日本列島植生史. 179-193. 朝倉書店，東京.

守田益宗 2000. 最終氷期以降における亜高山帯植生の変遷. 植生史研究. 9(1): 3-20.

守田益宗 2001. 根室半島における後期更新世以降の植生変遷. 植生学会誌. 18: 39-44.

守田益宗 2002. 山形県白鷹湖沼群荒沼の花粉分析から見た東北地方南部の植生変遷. 第四紀研究. 41(5)375-387.

守田益宗・相沢俊二 1986. 東北地方北部の亜高山帯の植生史に関する花粉分析的研究. 東北地理. 38: 24-31.

守田益宗・関口千穂・那須浩郎・百原新 2006. 北海道の亜寒帯・亜高山帯域における湿原表層部の花粉分析. *Naturalistae*. (10): 1-18.

Mueller-Dombois, D. and Ellenberg, H. 2002. *Aims and Vegetation Ecology*. 547 pp. The Blackburn Press.

村上雄秀 2000. 日本の丘陵地生マント群落. 生態環境研究. 7(1): 25-71.

村上雄秀 2004. 日本のマント群落の群落体系. 生態環境研究. 11(1): 13-48.

村上雄秀 2005. 日本のマント群落の生態特性. 生態環境研究. 12(1): 11-30.

村上雄秀 2006. 日本の路傍・林縁生1年草群落について. 生態環境研究. 13(1): 43-58.

村田 源 1995. 日本のフロラと植生帯. 植生史研究. 3(2): 55-60.

邑田 仁 (監修)・米倉浩司 2012. 日本維管束植物目録. 379 pp. 北隆館, 東京.

長岐喜代次 1988. 秋田藩の林政談義. 144 pp. 秋田.

Naito, T. 1975. Ecological studies of the Towada-Hakkoda area. *Ecol. Rev.* 18(2) 93-126.

内藤俊彦 1985. 2.植物調査 (1)植生. 粕毛川源流部自然環境調査報告書. 21-61. 秋田県.

内藤俊彦・滝口政彦・佐々木 洋 1994. 広瀬川流域の植生. 広瀬川流域の自然環境. 311-376. 仙台.

中川久夫 1981. 最終氷期における日本の気候と地形. 第四紀研究. 20(3): 207-208.

中川久夫・中馬教允・石田琢二・松山 力・七崎 修・生出慶司・大池昭二・高橋 一 1972. 十和田火山発達史概要. 東北大学地質古生物研邦報. 73: 7-18.

中村 純 1949. 湿原の生物学的研究 (11) 八甲田山谷地温泉湿原の花粉分析的研究. 生態學研究. 12(3-4): 106-108.

中村 純 1967. 花粉分析. 232 pp. 古今書院, 東京.

中村俊夫・辻誠一郎・樋泉岳二・津村宏臣・春成秀爾 2000. 日本先史時代の^{14}C年代. 61-90. 日本第四紀学会.

中村俊彦 1991. 亜高山帯針葉樹林の変遷と更新. 植生史研究. (7): 3-14.

中村幸人 1993. 北アメリカ東部の北帯及び亜高山帯針葉樹林と日本の比較. 群落研究. (9): 12-21.

中村幸人 1997. ヒゲハリスゲ-オヤマノエンドウ群集の植物地理学的研究. 日本生態学会誌. 47: 249-260.

中村幸人 2008. 東北アジアのコケモモ-トウヒクラス針葉樹林の組成と分布. 生態環境研究. 15(1): 105-111.

Nakamura, Y. and Krestov, P.V. 2005. Coniferous forest of the temperate zone of Asia//Coniferous forests. *Ecosystem of the world*. 6: 163-220.

Nakanishi, H. 1980. Phytososiological studies on the herbaceous vegetation of rocky coasts in Japan. *J. Sci. Hiroshima Univ. Ser. B. Div. 2(Botany)*. 17(1): 51-124.

Nakanishi, H. 1985. Phytosociological studies on *Quercus dentata* scrub of rocky coasts in Japan. *J. Phytogeogr. & Taxon.* 33(1): 1-20.

中西弘樹 1988. 海浜地形と海浜植生に関する用語について. 植物地理・分類研究. 36(2): 123-126.

中静 透 2003. 冷温帯林の背腹性と中間温帯論. 植生史研究. 11(2): 30-43.

中静 透 2004. 森のスケッチ. 日本の森林/多様性の生物学シリーズ①. 236 pp. 東海大学出版会.

中静 透・山本進一 1987. 自然撹乱と森林群集の安定性. 日本生態学会誌. 37: 19-30.

奈良一秀 2008. 菌根菌による植生遷移促進機構. 撹乱と遷移の自然史. 95 - 111. 北海道大学出版会.

那須浩郎・百原 新・沖津 進 2002. 十和田八戸テフラ直下の埋没林から復元した後氷期におけるトウヒ属バラモミ節, トドマツ, グイマツの分布立地. 第四紀研究. 41(2): 109-122.

日本生態学会 (編) 2011. 森林生態学. 293 pp. 共立出版, 東京.

野手啓行・沖津 進・百原 新 1998. 日本のトウヒ属バラモミ節樹木の現在の分布と最終氷期以後の分布変遷. 植生史研究. 6(1): 3-13.

野手啓行・沖津 進・百原 新 1999. ヤツガダケトウヒとヒメバラモミの生育地. 日本林学会誌. 81(3): 236-244.

野嵜玲児・奥富 清 1990. 東日本における中間温帯性自然林の地理的分布とその森林帯的位置づけ. 日本生態学会誌. 40: 57-69.

野嵜玲児・黒原亜矢子・亀井裕幸 2001. ナラガシワ群落について——沖積低地の自然植生の一型として. 奥田重俊先生退官記念論文集「沖積地植生の研究」. 23-32. 横浜.

野嵜玲児 2012. 日本の森林と東アジアのナラ林生態系. 森林技術. 848: 2-7.

小笠原和雄・鈴木時夫・結城嘉美 1956. 雪と植生, 特に月山雪田について. 山形県総合開発資料 月山朝日山系総合調査報告書——1956—. 214-240. 山形県.

Ogata, K. 1967. A Systematic Study of the Genus *Acer*. 東京大学演習林報告. 63: 89-99.

小椋純一 2006. 日本の草地面積の変遷. 京都精華大学紀要. 30: 160-172.

大場達之 1968. 日本の高山寒冷気候下における超塩基岩地の植生. 神奈川県立博物館研究報告 (自然科学). 1: 37-64.

大場達之 1969. 日本の高山荒原植物群落. 神奈川県立博物館研究報告(自然科学). 1(2): 13-70.

大場達之 1973a. 日本の亜高山広葉草本――低木群落. 神奈川県立博物館研究報告(自然科学). 6: 62-93.

大場達之 1973b. 清津川上流域の植生. 日本自然保護協会調査報告. (43): 57-126. 日本自然保護協会, 東京.

大場達之 1974a. 日本の亜高山広葉草原1. 神奈川県立博物館研究報告(自然科学). 7: 23-56.

大場達之 1974b. 葛根田川上流域の植生. 日本自然保護協会調査報告. (48): 150-196. 日本自然保護協会, 東京.

Ohba, T. 1974. Vergleichende Studien über die Vegetation Japan 1 Carici rupestris-Kobresietea bellardii. *Phytocoenologia*. 1: 339-401. Stuttgart-Lehre.

Ohba, T. 1975. Syntaxonomischer Über die Japanischen Solfataren-Pflanzengesellschaften. *Phytocoenologia*. 2: 270-292. Stuttgart-Lehre.

大場達之 1976. 日本の亜高山広葉草原2. 神奈川県立博物館研究報告(自然科学). 9: 9-36.

大場達之 1979. 日本の海岸植生類型1-砂浜海岸の植物群落. 海洋と生物. 4: 55-64.

大場達之 1980a. 日本の海岸植生類型2――塩沼海岸の植物群落(2). 海洋と生物. 6: 52-55.

大場達之 1980b. 日本の海岸植生類型5――岩石海岸の植物群落(1). 海洋と生物. 8: 187-189.

大場達之 1980c. 日本の海岸植生類型11――岩石海岸の植物群落(4). 海洋と生物. 11: 449-451.

大場達之 1982. 高山における群落と環境――植物の空間配分と地理区分――. 特定「植物の種と群落の多様性の解析」研究班連絡ニュース. 1-10. 日本植物学会.

大場達之 1985. 維管束植物による相模川流域の環境評価Ⅱ・植生. 神奈川県立博物館研究報告(自然科学). 16: 45-82.

大場達之 1995. 植物群落の評価――保護を要する植物群落の評価基準――. 群落研究. 12: 31-51.

大場達之 1999. 奥羽山脈・和賀山塊の植生. 和賀山塊の自然. 8-76. 和賀山塊自然学術調査会, 秋田.

Ohba, T., Miyawaki, A. und TüXen, R. 1973. Pflanzengesellschaften der Japanischen Dünen-Küsten. *Vegetatio*. 26: 1-143. Den Haag.

大場達之・菅原久夫 1977. ヒゲシバ群集. 神奈川県立博物館研究報告(自然科学). 10: 51-55.

大場達之・菅原久夫 1978. 海岸前線の先駆群落――ハマツメクサ群綱――. 北陸の植物. 25(4): 173-189.

大場達之・菅原久夫 1979a. 磯の肥沃環境における多年草群落. 神奈川県立博物館研究報告(自然科学). 11: 45-60.

大場達之・菅原久夫 1979b. 済州島の海岸植生. 植物地理・分類研究. 27(1)1-12.

Ohba, T. and Sugawara, H. 1979a. Bemerkung über die japanischen vorwald-gesellschaften. Vegetation und Landschaft Japans. Festschrift Für Dr. Drs. H. c. Reinhold Tüxen zum 80. Geburtstag. 267-279. Yokohama.

Ohba, T. and Sugawara, H. 1979b. Beitrag zur Systemtik der Kliff-Fluren an den japanischen Meeres-Küsten. *Phytocoenologia*. 6: 230-251. Stuttgart-Lehre.

大場達之・菅原久夫 1980a. ノイバラ群綱の分類. 神奈川県立博物館研究報告(自然科学). 12: 15-34.

大場達之・菅原久夫 1980b. 日本の海岸植生の新群落単位――1. 神奈川県立博物館研究報告(自然科学). 12: 7-13.

大場達之・菅原久夫 1982. ヨモギ群綱の分類(1). 神奈川県立博物館研究報告(自然科学). 13: 143-169.

大場達之・菅原久夫・大野啓一 1978. 国道291号周辺の植生――谷川岳の植生予報――. 国道291号自然環境調査報告書. 81-163.

Ohno, K. 1991. A Vegetation-ecological Approch to the Classification and Evaluation of Potential Natural vegetation of the Fagetea crenatae Region in Tohoku(northern Honshu), Japan. *Ecol. Res.* 6: 29-49.

大野啓一 1997. 景観生態学の基盤としての群植物社会学の理論と方法論. 横浜国大環境研紀要. 23: 127-137.

大野啓一 1999. 多次元的群落分類のすすめ. *Actinia*. (12): 95-102.

大野啓一 2001. 河口干潟のアイアシ群集に関する植物社会学的研究. 奥田重俊先生退官記念論文集「沖積地植生の研究」. 61-68. 横浜.

大沢雅彦 1983. 東アジアの比較植生帯論. 現代生態学の断面. 206-213. 共立出版, 東京.

Ohsawa, M. 1995. Latitudinal comparison of Altitudinal changes in forest Structure, leaf-type, and speicies richiness in humid monsoon Asia. *Vegetatio*. 121: 3-10.

岡田宏明 1984. 寒冷地域の気候変化と先史人類. 福田ほか(編). 寒冷地域の自然環境. 213-230. 北海道大学図書刊行会.

岡上正夫・大谷義一 1981. 雲霧帯高度の推定法について. 森林立地. 18(1): 31-34.

岡本 透・大丸裕武・池田重人・古永秀一郎 2000. 下北半島北東部に分布するヒバ埋没林の成因に関する人為的影響. 第四紀研究. 39(3): 215-226.

沖津 進 1985. 北海道におけるハイマツ帯の成立過程から見た植生帯構成について. 日本生態学会誌. 35: 113-121.

沖津 進 1987. ダケカンバ帯. 伊藤浩司(編). 北海道の植生. 168-199. 北海道大学図書刊行会.

沖津 進 1996. カムチャツカ半島中部ダリナヤ-プロスカヤ山の森林限界付近に分布する高山ツンドラ植生. 植物地理・分類研究. 44: 53-62.

沖津　進 1999a. サハリン最北端シュミット半島に分布するエゾマツ，グイマツの共存条件とそれから推定される最終氷期の北海道における両種の共存状態. 植生史研究. 7(1): 3-10.

沖津　進 1999b. 北東アジアの北方林域における森林の分布と境界決定機構. 植生学会誌. 16: 83-97.

沖津　進 2000a. 植生学の論文における植物の学名の取り扱い. 植生情報. 4: 7-13.

沖津　進 2000b. 北日本の主要な森林の北東アジアにおける植生地理学的位置づけ. 国士舘大学地理学報告. 9: 1-11.

沖津　進 2001. シホテ-アリニ山脈流域の主要樹種分布および種間関係からみたチョウセンゴヨウ—落葉広葉樹混交林の成立機構. 奥田重俊先生退官記念論文集「沖積地植生の研究」. 173-182. 横浜.

沖津　進 2002a. 最終氷期の本州における針広混交林の成立に果たすチョウセンゴヨウの生態的役割. 植生史研究. 11(1): 3-12.

沖津　進 2002b. 北方植生の生態学. 212pp. 古今書院，東京.

沖津　進 2005. 北海道の植生垂直分布と極東ロシアの対応植生. 植物地理・分類研究. 53: 121-129.

沖津　進・百原　新 1997. 日本列島におけるチョウセンゴヨウ(*Pinus koraiensis* Sieb. et Zucc.)の分布. 千葉大学園芸学部学術報告. 51: 137-145.

沖津　進・百原　新 1998. 本州中部亜高山針葉樹林の岩礫地におけるチョウセンゴヨウ(*Pinnus koraiensis* Sieb. et Zucc.)およびその混交樹種の生育立地. 森林立地. 40(2): 75-81.

奥田・丸山・相沢・松井・瀬沼・市川・高橋・小島・山本・岩野・加藤・山岸・吉沢 1978. 弥彦・角田地域の植生. 角田浜地区の陸域生態系基礎調査報告書. 80-137.

奥田重俊 1968. 五葉山の高山性および亜高山性植生. 国立科学博物館専報. (1): 77-83.

奥田重俊 1972. 朝日岳・雪倉岳付近の原生林. 植物と自然. 6(5): 29-31. ニュー・サイエンス社，東京.

奥田重俊 1977. 河原の植物群落. 採集と飼育. 39(7): 332-337.

奥田重俊 1978. 関東平野における河辺植生の植物社会学的研究. 横浜国立大学環境科学研究センター紀要. 4(1): 43-112.

Okuda, S. 1979. Das Lonicero-Ulmetum japanicae, eine neue Ulmenwald-assoziation, zugleich eine vergleichende betracchtung der japanischen Ulmengesellschaften. Vegetation und Landschaft Japans. Festschrift Für Dr. Drs. H. c. Reinhold Tüxen zum 80. Geburtstag. 203-211. Yokohama.

奥田重俊 1983. わが国におけるギシギシ属数種の住み分け的関係. 現代生態学の断面. 85-95. 共立出版，東京.

奥田重俊 2001. 河畔林の植物社会学的研究. 奥田重俊先生退官記念論文集「沖積地植生の研究」. 1-8. 横浜.

奥田重俊・藤原一絵・宮脇　昭 1970. 津軽半島・岩木山・十二湖の植生. 日本自然保護協会調査報告. 1-40. 日本自然保護協会，東京.

奥田重俊・瀬沼賢一 2001. 日本の湿地大型スゲ群落の植物社会学的体系. 奥田重俊先生退官記念論文集「沖積地植生の研究」. 47-60. 横浜.

奥富　清・星野義延 1983. 関東・東北地方のミズナラ林の植物社会学的研究. 植物地理・分類研究. 31(1): 34-45.

大森博雄・柳町治 1991. 東北山地における主要樹種の温度領域から見た「偽高山帯」の成因. 第四紀研究. 30(1): 1-18.

Onimaru, K. and Yabe, K. 1996. Comparisions of nutrient recovery and specific leaf area variation between *Carex lasiocarpa* var. *occultans* and *Carex thunbergii* var. *appendiculata* with reference to nutrent conditions and shading by *Phragmites australis*. *Ecol. Res.* 11: 139-147.

小野有五 1982. 氷河地形による最終氷期の降雪量の復元と海水準変動. 第四紀研究. 21(3): 229-243.

小野有五 1983. 多雪山地亜高山帯の地形と森林立地. 森林立地. 25(2): 16-25.

小野有五 1988. 最終氷期における東アジアの雪線高度と古気候. 第四紀研究. 26(3): 271-280.

小野有五 1990. 北の陸橋. 第四紀研究. 29: 132-192.

小野有五・堀信行他 1983. 古環境による日本とその周辺の古気候復元. 気象研究ノート(日本気象学会). 147: 21-45.

小野有五・五十嵐八枝子 1991. 北海道の自然史　　氷期の森林を旅する. 219pp. 北海道図書刊行会.

Ooi, N., Minaki, M. and Noshiro, S. 1990. Vegetation change around the last glacial maximum and effects of the Aira-Tn ash, at the Itai-Teragatani site, central Japan. *Ecol. Res.* 5: 81-91.

大住克博 2003. 北上山地の広葉樹林の成立における人為撹乱の役割. 植生史研究. 11(2): 53-59.

大住克博・杉田久志・池田重人 (編) 2005. 森の生態史　　北上山地の景観とその成り立ち. 221pp. 古今書院，東京.

大角泰夫 1975. 高山帯における植生—土壌を規定する因子. 森林立地. 17(1): 6-12.

大角泰夫・熊田恭一 1971. 高山土壌に関する研究(第4報). 日本土壌肥料学雑誌. 270-272.

大竹宏一・樫村利道 1993. 赤井谷地湿原ドームの生態的特性. 福島大学教育学部論集. (51): 7-15.

大谷義一・森澤　猛・山野井克己・大丸祐武・後藤義明 1995. 気候変動が雪田植生のフェノロジーに及ぼす影響　1. 積雪境界線移動と地温形成のモデリング. 日本生態学会誌. 45: 225-235.

太田敬之・正木　隆・杉田久志・金指達郎 2007. 年輪解析による秋田佐渡スギ天然林の成立過程の推定. 日本林学会誌. 89

（6）: 383-389.

大田 哲 1956. 落葉広葉樹林型亜高山森林植生帯の分布考察. 日本林学会誌. 38(12): 482-487.

大田 哲 1957a. 北部裏日本の亜高山森林植生帯について. 日本林学会誌. 39(7): 274-278.

大田 哲 1957b. 新構想による日本森林帯論並びにそれに基づく推移帯及び間帯に関する考察. 日本林学会誌. 39(9): 347-356.

Pott, R. 1994. Die Pflanzengesellscaften Deutschlands 2. Auflage. Ulmer, Stuttgart. 622pp.

Rodwell, J. S. 1995. Aquatic communities, swampus and tall-herb fens. British Plant Communities Vol.4. 283pp.

佐伯直臣 1930. 仁別の植生. 10-35. 秋田営林署.

佐伯直臣 1932. 秋田地方における低地植生の推移と特殊植物に就いて. 林曹会報. 144pp. 秋田.

佐伯直臣 1950. 東北の植生. 258pp. 北方文化連盟, 角館.

齋藤員郎 1974. 吾妻山の植生に関する生態学的研究III 亜高山帯針葉樹林の類型と構造. 山形大学紀要(自然科学). 8(3): 453-464.

齋藤員郎 1977. 東北日本亜高山帯針葉樹林の類型と分布. 山形大学紀要(自然科学). 9(2): 265-293.

齋藤員郎 1982a. 最上川源流域(大樽川・松川源流域)の植生の概況. 最上川. 332-345. 山形県総合学術調査会.

齋藤員郎 1982b. 最上川源流域の亜高山帯針葉樹林の類型. 最上川. 346-359. 山形県総合学術調査会.

齋藤員郎 1988a. 東北日本におけるヒノキアスナロ個体群の分布の実態. ヒノキアスナロ林の分布と群落種組成の成因に関する研究(齋藤員郎編)昭和60-62年度科学研究費補助金(一般研究C)研究成果報告. 1-26.

齋藤員郎 1988b. ヒノキアスナロ群落成立のメカニズム. ヒノキアスナロ林の分布と群落種組成の成因に関する研究(齋藤員郎編)昭和60-63年度科学研究費補助金(一般研究C)研究成果報告. 57-65.

Saito, K., Ishizuka, K., Chiba, T. and Komizunai, M. 1977. Forest Vegetation on the Mt. Hayachine in the Kitakami mountains, Northeastrn Jaoan. *Saito Ho-on Kai Museum Res. Bull.* (45): 39-55.

齋藤員郎・河合洋子・阿部 均 1976. 蔵王山硫気孔原植生の生態学的研究. 山形大学紀要(自然科学). 9(1): 91-111.

齋藤員郎・寒河江秀寿 1988. 船形山西山腹の自然植生とその分布構造. 山形大学紀要(自然科学). 12(1): 35-51.

Saito, K., Sugawara, K. and Fukuda, H. 1980. Natural and semi-natural vegetation on Mt. Goyo in the Kitakami massif, North Honshu, Japan. *Saito Ho-on kai Museum Res. Bull.* (48): 25-42.

斎藤信夫 1979. 増川岳の森林植生. 北陸の植物. 26: 97-103.

斎藤信夫 1985. ブナ帯の岩隙植物群落. 青森県生物学会. (22): 22-27.

斎藤信夫 1997a. 青森県のケヤキ優占林の種組成と分布傾向. 植生学会誌. 14: 141-149.

斎藤信夫 1997b. 青森県三八・上北地方におけるミズナラ林の種組成と分布. 植物地理・分類研究. 45: 109-114.

斎藤信夫 1998. 青森県津軽半島のミズナラ林の種組成と分布傾向. 植生学会誌. 15: 107-115.

斎藤信夫 1999. 青森県西津軽地方のミズナラ林の種組成と分布. 植生学会誌. 16: 131-140.

斎藤信夫 2004. 青森県のミズナラ・コナラ林の分布. 青森県自然誌研究. (9): 39-44.

阪口 豊 1982. 尾瀬ヶ原盆地の成因と湿原の発達. 生物科学. 34(1): 36-43.

阪口 豊 1989. 尾瀬ヶ原の自然史. 中公新書. 229pp. 中央公論社, 東京.

阪口 豊・高橋 裕・鎮西清高 1976. 日本の地形—その生い立ちと特色—. 科学. 46(4): 223-234. 岩波書店, 東京.

酒井 昭 1984. 寒冷地域の森林の機構的特性. 福田正巳(他編). 寒冷地域の自然環境. 19-38. 北海道図書館刊行会.

酒井 博・佐藤徳雄・奥田重俊・秋山 侃 1980. わが国における牧草地の雑草群落とその動態, 第2報. 秋田県・山形県における雑草群落区分. 雑草研究. 25(1): 17-23.

酒井 博・佐藤徳雄・奥田重俊・秋山 侃 1981. わが国における牧草地の雑草群落とその動態, 第4報. 秋田県・山形県における雑草群落区分. 雑草研究. 25(1): 24-29.

崎尾 均・山本福壽(編) 2002. 水辺林の生態学. 206pp. 東京大学出版会.

笹賀一郎・佐藤冬樹・野村 睦・植村 滋・藤原滉一郎 1999. 強風寒冷地における厳冬期環境とササを中心とした植生群落の分布. 第110回日本林学会学術講演集. 569-570.

佐々木明彦・刈谷愛彦 2000. 三国山地平標山の亜高山帯に分布する泥炭質土層の生成開始期. 季刊地理学. 52(4): 283-294.

佐々木明彦・刈谷愛彦 2003. 日本海側多雪高山で完新世に何が起こったか—地形・土壌を用いた景観形成史の復元—. 寒冷地形談話会講演要旨集.

佐々木 洋 1986. 東北地方に於ける風穴の地理的分布. 東北地理. 38: 34-35.

佐々木高明 1971. 稲作以前. 316pp. 日本放送出版協会, 東京.

佐々木 寧・石川茂雄 1969. 屏風山の生態学的研究VI 屏風山北部における海岸植生. 青森県生物学会誌. 11(2): 44-46.

佐々木 寧 1979. 長野県のケヤキ林. 長野県の現存植生—長野県土の環境保全、環境創造の将来計画に対する植物社会学

的、生態学的提案. 185-197. 長野県.

佐々木 寧 1980. スギ林. 日本植生誌1屋久島. 85-97. 至文堂, 東京.

佐々木好之（編）1972a. 植物社会学. 生態学講座4. 143pp. 共立出版, 東京.

佐々木好之（編）1972b. 植物社会学・図表. 生態学講座4. 共立出版, 東京.

佐々保雄 1954. 男鹿半島寒風山における構造土. 地質学雑誌. 60: 533-534.

佐瀬 隆 1981. 八戸浮石層直下の埋没土の植物珪酸体分析. 第四紀研究. 20(1): 15-20.

佐瀬 隆・細野 衛 1999. 青森県八戸市, 天狗岱のテフラ-土壌累積層の植物珪酸体群集に記録された氷期-間氷期サイクル. 第四紀研究. 38(5): 353-364.

佐瀬 隆・細野 衛・三浦英樹 2011. 植物珪酸体群集変動からみた北海道における最終間氷期以降のササの地史的動態. 植生史研究. 20(2): 57-70.

佐瀬 隆・細野 衛・鬼丸和幸・星野フサ・渡邊真紀子 2002. 北海道, 美幌峠および周辺域における晩氷期以降の植物珪酸体群集からみた植物相と土壌相の変遷. 美幌博物館研究報告. 9: 25-48.

佐瀬 隆・井上克弘・張一飛 1995. 洞爺火山灰以降の岩手火山テフラ層の植物珪酸体群集と古環境. 第四紀研究. 34(2): 91-100.

佐瀬 隆・山縣耕太郎・細野 衛・木村 準 2004. 石狩低地帯南部, テフラ-土壌累積層に記録された最終間氷期以降の植物珪酸体群の変遷. 第四紀研究. 43(6): 389-400.

佐藤広行 2011. ノガリヤス属（イネ科）で見られる「誤同定」. 植物地理・分類研究. 59(1): 51-54.

佐藤 謙 2007. 北海道高山植生誌. 688pp. 北海道大学出版会.

澤口晋一 1985. 北上山地の現成のアースハンモック. 東北地理. 37: 131-132.

澤口晋一 1992. 北上川上流域における最終氷期半の化石周氷河現象. 季刊地理学. 44: 18-28.

澤口晋一 2006. 北上川流域における周氷河インボリューションの形成年代. 季刊地理学. 58: 228-236.

瀬沼賢一 2004. 新潟平野その周辺地域におけるハンノキ林とサクラバハンノキ林の種組成, 分布及び立地特性. 植物地理・分類研究. 52: 57-66.

渋谷篤弘・長野敬・養老孟司 1992. 生態学からみた進化. 講座進化7. 329pp. 東京大学出版会.

四手井綱英 1952. 奥羽地方の森林帯（予報）. 日本林学会東北支部会誌. 2-7.

四手井綱英 1956. 裏日本の亜高山地帯の一部に針葉樹林帯の欠如する原因についての一つの考え方. 日本林学会誌. 38(9): 356-358.

四手井綱英 1957. 再び奥羽の森林帯について. 日本林学会誌. 39(3): 107-109.

Shidei, T. 1974. Climate and the disutribution of vegetation. Numata. M.(ed.): The Flora and Vegetation of Japan. 20-27. Kodannsya and Elserier Scientific Pub. Tokyo, Amsterdam.

島野光司 1998. 何が太平洋型ブナ林におけるブナの更新をさまたげるのか？ 植物地理・分類研究. 46: 1-21.

島野光司 1999. 日本海型ブナ林における雪の動き. 植物地理・分類研究. 47: 97-106.

Shimano, K. 2006. Differences in beech (*Fagus Crenata*) regeneration between two typs of Japanese beech forest and along a snow gradient. *Ecol. Res.* 21: 651-663.

清水長正 2004. 日本における風穴の資料. 駒沢地理. (40): 121-148.

清水建美 1980. 植物地理学寸評. 長野県植物研究会誌. 17: 7-9.

清水建美 1990. 針葉樹の分類・地理, とくに2, 3の亜高山生の属について その1. 植生史研究. (6): 25-30.

清水建美 1992. 針葉樹の分類・地理, とくに2, 3の亜高山生の属について その2. トウヒ属. 植生史研究. (9): 3-11.

Shimoda, M. 1983. Deinostemato-Eriocauletum hondoensis (Nov.): communities of emerged pond shores in Hirosima prefecture, Japan. *Ecol. Res.* 33: 121-134.

下田路子・橋本卓三 1993a. ミズニラ池（仮称）の植生と水質の変化. 植物分類研究. 41: 103-106.

下田路子・橋本卓三 1993b. ため池の水草の分布と水質. 水草研究会会報. 49: 12-15.

Shimwell, D. W. 1971. *Description & Classification of Vegetation*. Sideick & Jackson Biology Series. 321pp. Sideick & Jackson, London.

新野直吉 1989. 改訂版秋田の歴史. 400pp. 秋田魁新報社.

白石 進・磯田圭哉・渡辺敦史・河崎久男 1996. 蔵王山系馬の神岳に生存するカラマツのDNA分類学的解析. 日本林学会誌. 78(2): 175-182.

白石 進・磯田圭哉・渡邊淳史・河崎久男 1996. 蔵王山系馬ノ神岳に生存するカラマツのDNA分類学的解析. 日本林学会誌. 78(2): 175-182.

白石建雄 1990. 秋田県八郎潟の完新世直史. 地質学論集. 36: 47-69.

白石建雄・工藤英美 1977. 秋田県北部日本海沿岸地帯の段丘群. 秋田大学教育学部研究紀要（自然科学）. 27: 86-96.

種生物学会(編) 2006. 森林の生態学. 383pp. 文一総合出版，東京.

相馬寛吉・辻誠一郎 1988. 植物化石からみた日本の第四紀. 第四紀研究. 26(3): 281-291.

菅原亀悦・千葉高男・石塚和雄・斎藤員郎 1981. 北限地帯におけるイヌブナ林の分布. 北上山地森林植生の生態学的研究（石塚和雄編）文部省科学研究費一般研究(1978-1981)報告集. 9-15.

菅原亀悦・石塚和雄・斎藤員郎 1981. 早池峰山北東麓におけるブナ林とミズナラ林について. 北上山地森林植生の生態学的研究(石塚和雄編)文部省科学研究費一般研究(1978-1983)報告集. 25-28.

菅原亀悦・竹原明秀 1990. 栗木ヶ原湿原の植生. 栗木ヶ原湿原学術調査報告書. 44-74. 岩手県.

杉田久志 1987. 亜高山帯針葉樹林の分布状態と積雪深および亜高山帯域の広さとの関係──上越山地を中心とする地域について──. 日本生態学会誌. 37: 175-181.

Sugita, H. 1992. Ecological geography of the range of the *Abies mariesii* forest in northeast Honshu, Japan, with special reference to the phytosiographic conditions. *Ecol. Res.* 7: 119-132.

鈴木兵二・伊藤秀三・豊原源太郎 1985. 植生調査法 II──植物社会学的研究法──. 生態学研究法講座　3. 188pp. 共立出版，東京.

鈴木秀夫 1975. 氷河時代. 講談社現代新書. 189pp.

鈴木敬治・竹内貞子 1989. 中〜後期更新世における古植物相. 第四紀研究. 28(4): 303-316.

鈴木伸一 2001. 日本におけるコナラ林の群落体系. 植生学会誌. 18: 61-74.

鈴木伸一 2002. コナラ林との比較におけるミズナラ林の植物社会学的研究. 生態環境研究. 9(1): 1-23.

鈴木伸一 2007. 青森県太平洋側におけるコナラ群落. 生態環境研究. 14(1): 43-52.

鈴木時夫 1957. 視野の尺度による植物社会の環境の差異──月山の雪田植生よりかえりみて──. 日本生態学会誌. 6(4): 184-189.

鈴木時夫 1966. 日本の自然林の植物社会学的体系の概観. 森林立地. 8: 1-12.

鈴木時夫・岡本省吾・本多啓七 1963. 奥黒部の亜高山帯森林植生. 日本生態学会誌. 13(6): 216-226.

鈴木時夫・結城嘉美 1956. 月山及び蔵王山の森林植生について. 山形県総合開発資料　月山朝日山系總合調査報告書──1956──. 259-298. 山形県.

鈴木時夫・結城嘉美・大木正夫・金山俊昭 1956. 月山の植生. 山形県総合開発資料　月山朝日山系總合調査報告書──1955──. 144-199. 山形県.

田端英雄 2000. 日本の植生帯区分は間違っている. 科学. 70(5): 421-430.

橘 ヒサ子 1982. 最上川源流地域(吾妻山)の湿原植生. 最上川. 360-382. 山形県総合学術調査会.

橘 ヒサ子 1988. 泥炭地植生の生態. 宮脇 昭(編). 日本植生誌北海道. 142-149. 至文堂，東京.

多田隆治 2012. 日本海堆積物と東アジア・モンスーン変動. 第四紀研究. 51(3): 151-164.

平 英彰 1977. 立山・剣岳地方(海抜2,050m)に分布する天然スギについて. 日本林学会誌. 59(12): 449-452.

平 英彰 2001. 更新形態と遺伝的変異からみたスギの変遷. 植物地理・分類研究. 49: 111-116.

平 英彰 2004. 垂直分布の上限に生育するスギ. 森林科学. 40: 48-52.

平 英彰・津村義彦・大庭喜八郎 1993. 猫又山の標高2,050m地点のスギ天然林の生育状況とアイソザイム分析. 日本林学会誌. 75(6): 541-545.

平 慎三 1978. 常緑広葉樹林の日本海側北限地帯における分布と類型. 吉岡邦二博士追悼植物生態論集. 332-345. 仙台.

高田 順 1975. 秋田県北野のシラカンバ林. 生物秋田. 19: 10-15.

高田 順 1980. 鳥海山麓冬師の植生. 秋田県立博物館研究報告. 5: 107-132.

高田 順 1989. 横手盆地における残存林の植生. 秋田県立博物館研究報告. 14: 21-37.

高田 順・越前谷 康・高橋祥祐・望月陸夫 1974. 秋田市金足女潟の植生. 32pp. 秋田自然史研究会.

高原 光 1998a. 近畿地方の植生史. 安田・三好(編). 図説日本列島植生史. 124.

高原 光 1998b. スギ林の変遷. 安田・三好(編). 図説日本列島植生史. 207-223.

高原 光 2010. 植生の変化を復元するための時間・空間スケール. 第四紀研究. 49(3): 181-188.

高橋英樹 2000. 極地植物と高山植物の類縁関係. 工藤 岳(編). 高山植物の自然史. 21-36.

高橋啓二 1960. 植物分布と積雪. 森林立地. 2(1): 19-24.

高橋啓二・日比野紘一郎 1970a. 桃洞におけるスギ天然性林の成立過程と環境(I). 蒼林. 21(252): 1-5.

高橋啓二・日比野紘一郎 1970b. 桃洞におけるスギ天然性林の成立過程と環境(II). 蒼林. 22(254): 16-23.

高橋啓二・日比野紘一郎 1971a. 桃洞におけるスギ天然性林の成立過程と環境(III). 蒼林. 25(5): 30-37.

高橋啓二・日比野紘一郎 1971b. 桃洞におけるスギ天然性林の成立過程と環境(完). 蒼林.

高橋伸幸 1992. 大雪山における湿原の成立. 季刊地理学. 44: 1-17.

高橋祥祐 1980. 夜明島川源流地域の植生. 自然環境保全地域等調査報告. 1-25. 秋田県.

高橋祥祐・藤原陸夫 1979. 鞍山風穴の植生. 自然環境保全地域等調査報告. (4): 1-11. 秋田県.

高橋祥祐・藤原陸夫 1980. 小又風穴の植生. 自然環境保全地域等調査報告. (4): 33-41. 秋田県.

高橋友和・平 英彰・津村義彦 2006. スギ天然林の遺伝解析. 林木の育種. (221): 6-9.

高橋利彦・佐瀬 隆・細野 衛・奥野 充・中村俊夫 2000. 北部北上山地から見出された最終氷期の材化石. 植生史研究. 8(1): 39-43.

Takaoka, S. and Kariya, Y. 1997. Dynamic features of the subalpine meadow developement on Mount Aizukomagatake, central Honshu, Japan. *Jpn. J. For. Enviroment.* 39(2): 101-110.

高谷泰三郎・井上 守・斎藤信夫・柿崎敬一 1982. 津軽半島の自然　植物. 調査報告第 12 集　自然—1. 41-88. 青森県郷土館.

高谷泰三郎・斎藤信夫・小林範士・柿崎敬一 1991. 赤石川流域の自然—植物. 調査報告書第 28 集　自然—3. 23-37.

高谷泰三郎・斎藤信夫・小林範士・柿崎敬一・大田正文 1996. 白神山地の自然—笹内川流域・十二湖周辺—　植物. 調査報告第 37 集　自然—4. 14-41. 青森県郷土館.

武田義明・生田篤子 1986. 東北地方太平洋側地域の夏緑広葉樹林について. 神戸大学教育学部研究集録. 76: 21-55.

武田義明・植村 滋・中西 哲 1983. 北海道のミズナラ林について. 神戸大学教育学部研究集録. 71: 105-122.

竹原明秀 1991. 芝谷地の植生. 国指定天然記念物芝谷地湿原植物群落に関する調査報告. 23-57. 大館市教育委員会.

竹原明秀 1993. 長走風穴および周辺地域の植生. 国指定天然記念物長走風穴高山植物群落調査報告書. 21-93. 大館市教育委員会. .

竹原明秀 1995. 和賀川上流域のヤナギ林およびユビソヤナギの分布. 自然史研究年報. 1: 11-21. 長野生物研究所.

竹原明秀 1997. 岩手県湯田町のサクラバハンノキ生育地の植生. 自然史研究年報. 2: 36-43. 長野生物研究所.

竹原明秀 1998. 尾瀬ヶ原中田代中央部の植生. 自然史研究年報. 3: 39-47. 長野生物研究所.

竹原明秀・内藤俊彦 1986. 宮城県内のユビソヤナギ. 植物研究雑誌. 61(4): 127-128.

竹原明秀・菅原亀悦 1996. 大白森湿原の植生. 大白森湿原学術調査報告書. 39-70. 岩手県.

竹内貞子 2000. 東北地方における後期新生代の植物相および植生の変遷—故 鈴木敬治, 故 相馬寛吉両先生の業績をもとにして—. 植生史研究. 8(1): 3-13.

滝谷美香・萩原法子 1997. 西南北海道横津岳における最終氷期以降の植生変遷. 第四紀研究. 36: 217-234.

田村俊和 2004. 気候地形発達し研究における「斜面不安定期」の概念. 季刊地理学. 56(2): 67-80.

田村俊和・高田将志・八木浩司・西城 潔 1989. 和賀岳自然環境保全地域の地形と表層物質. 和賀岳自然環境保全地域調査報告書. 32-74. 環境庁自然保護局. .

田中 博・村 規子・野原大輔 2004. 福島県下郷中山風穴における風穴循環の成因. 地理学評論. 77(1): 1-18.

田中 壌 1887. 校正大日本植物帯調査報告 (復刻版 1998). 農商務省. 238 pp. 大日本山林会.

橘ヒサ子・斎藤雄孝 1978. 山形県低地湿原の植物生態学的研究 I. 眺山湿原の植生. 山形大学紀要 (自然科学). 9(3): 409-431.

Tateoka, T. 1973. A taxonomic studies of the genus *Calamagrostis* on Mount Yakeishidake. *Bot. Mag.* 86: 103-120. Tokyo.

館岡亜緒 1983. 植物の種分化と分類. 269 pp. 養賢堂, 東京.

Tatewaki, M. 1933. The Phytogeography of the Middle Kuriles. *J. F. Agr. Hokkaido Imp. Univ.* 29(5): 191-363.

箭脇 操 1955. 汎針広混交林帯. 北方林業. 7: 8-11.

Tatewaki, M. 1963. HULTENIA. *J. F. Agr. Hokkaido Univ. Vol.L Ⅲ*. Pt.2: 131-199 Sapporo.

寺田和雄・大田貞明・鈴木三男・能城修一・辻 誠一郎 1994. 十和田火山東麓における八戸テフラ直下の埋没林への年輪年代学の適用. 第四紀研究. 33(3): 153-164.

寺田和雄・辻 誠一郎 1999. 秋田県大館市池内における十和田八戸テフラに埋積した森林植生と年輪年代学の適用. 植生史研究. 6(2): 39-47.

富樫兼治朗 1937. 日本海北部沿岸地方における砂防造林. 林曹会再刊. 204 pp. 秋田.

戸丸信弘 2001. 遺伝子の来た道: ブナ集団の歴史と遺伝的変異. 種生物学会 (編). 森の遺伝子　遺伝子が語る森林のすがた. 85-109. 文一総合出版, 東京.

富谷松之助 1995. 川原毛地獄山の風景. 107 pp. 秋田.

東北森林管理局 2013. 東北国有林の保護林. 371 pp.

遠山三樹夫・持田幸良 1978. 北海道胆振東部の落葉樹林. 吉岡邦二博士追悼植物生態論集. 139-149. 仙台.

陶山佳久 2005. 八甲田山のオオシラビソ—分布変遷の果てに—. 森林科学. 43: 110-114.

土屋 巌 2001. 鳥海山心字雪で観察された近年の雪氷現象. 雪氷. 63(3): 319-329.

辻村東国 1977. 硫気孔原植生の植生帯上の位置による相違. 日本生態学会誌. 27: 319-322.

辻村東国 1982. 硫気孔原植物ヤマタヌキランの生態学的研究. 日本生態学会誌. 32: 213-218.

辻 誠一郎 1977. 秋田県玉川温泉地域の沖積世鹿湯層の花粉分析. 東北地理. 29(3): 162-167.

辻 誠一郎 1981. 秋田県の低地における完新世後半の花粉群集. 東北地理. 33(2): 81-88.

辻 誠一郎・日比野紘一郎 1975. 秋田県女潟における花粉分析的研究. 第四紀研究. 14(3): 151-158.

辻 誠一郎・宮地直道・吉川昌伸 1983. 北八甲田山における更新世末期以降の火山灰層序と植生変遷. 第四紀研究. 21(4): 301-313.

辻 誠治 2001. 日本のコナラ二次林の植生学的研究. 東京植生研究会. 52pp.

塚田松雄 1967. 過去一万二千年間：日本の植生変遷史I. 植物学雑誌. 80: 323-336.

塚田松雄 1980. スギの歴史：過去1万5千年間. 科学. 50: 538-546. 岩波書店, 東京.

塚田松雄 1984. 日本列島における約2万年前の植生図. 日本生態学会誌. 34: 203-208.

津村義彦 2001a. 遺伝子の地図. 種生物学会(編). 森の遺伝子——遺伝子が語る森林のすがた. 139-156. 文一総合出版, 東京.

津村義彦 2001b. 集団遺伝学知見から考えられるわが国の針葉樹の分布変遷. 植生史研究. 10(1): 3-16.

津村義彦 2012. 日本の森林樹木の地理的遺伝構造(1). 森林遺伝育種. 1: 17-22.

Tsuyuzaki, S., Haraguchi, A. and Kanda, F. 2004. Effects of scale-dependent facrors on herbaceous vegetation patterns in a wetland, northern Japan. *Ecological Research*. 19: 349-355.

生方正俊 2003. 北海道におけるミズナラの遺伝資源保存および天然林施業に関する生態遺伝学的研究. 林木育種センター研究報告. 19: 25-120.

内山 隆 2003. 日本の冷温帯林および中間温帯林の成立史. 植生史研究. 11(2): 61-71.

植田邦彦・藤井紀行 2000. 高山植物のたどった道. 工藤 岳(編). 高山植物の自然史. 3-20. 北海道大学図書刊行会.

植村 滋 1993. 北海道の森林と植物. 東・阿部・辻井(編). 生態学から見た北海道. 25-39. 北海道大学図書刊行会.

植村 滋・武田義明・中西 哲 1986. 北海道の温帯植物の気候環境傾度に対する反応特性. 日本生態学会誌. 36: 141-152.

梅沢忠夫 1950. 生態学的概念の再編成. 生物の集団と環境. 91.

薄葉 満 1998. 東北地方におけるウキシバとアシカキの分布と生育環境. 植物地理・分類研究. 46: 167-176.

薄井 宏 1958. 太平洋-日本海気候域境界における森林植生——男体山をのぞく奥日光の山岳森林. 日本林学会誌. 40(8): 332-342.

和田 覚 2003. 秋田県雄物川流域沖積平野に分布するナラガシワ. 東北森林科学会第8回大会講演要旨. 24.

和栗秀一 2007. 犾馬・日本列島北方の在来馬. 1092pp. 十和田冀北会.

若松伸彦・菊池多賀夫 2006. 奥羽山脈栗駒山に断片的にみられるオオシラビソ林の立地環境について. 森林立地. 48(1): 33-41.

渡部 晟・磯村朝次郎 1996. 八郎潟及びその周辺地域における貝殻・木材の^{14}C年代. 秋田県立博物館研究報告. 21: 37-46.

渡辺満久 1991. 北上低地帯における河成段丘面の編年および後期更新世における岩屑供給. 第四紀研究. 30(1): 19-42.

渡邊定元 1966. 東亜温帯林に位置づけについて. 森林立地. 8(1): 13-15.

渡邊定元 1994. 樹木社会学. 450pp. 東京大学出版会.

綿野泰行 2001. 種を超えた遺伝子の流れ：ハイマツ-キタゴヨウ間におけるオルガネラDNAの遺伝子浸透. 種生物学会(編). 森の遺伝子 遺伝子が語る森林のすがた. 111-138. 文一総合出版, 東京.

Watano, Y., Imazu, M. and Shimizu, T. 1996. Spatial distribution of CpDNA and MtDNA haplotypes in a hybrid zone between *Pinus pumila* and *P. parviflora* var. *pentaphylla*(Pinaceae). *J. Plant Res*. 109: 403-408.

William K. Michener *et al*. 2001. 生態学インフォマティクス：Long-Term Ecological Reserch における展望. 日本生態学会誌. 51: 291-303.

矢原徹一 1992. 植物の性の生態学. 講座進化7. 173-201. 東京大学出版会.

山中英二 1983. 飯豊山地の高山湿草地土の^{14}C年代とそれに関係した二・三の問題. 第四紀研究. 21(4): 315-321.

山中三男 1963. 南八甲田山ニ三湿原の花粉分析学的研究. 日本生態学会誌. 13(6): 248-251.

山中三男 1965. 青森県小川原湖付近の第四紀堆積物の花粉分析. 第四紀研究. 4(3-4): 156-161.

Yamanaka, M. 1969. Palynological syudies of peat moors in Mt. Chokai. *Ecol. Rev.* 17(3): 203-208.

Yamanaka, M. 1971a. Palynological study of recent sediment in the lowland in Aomori prefecture. Annual report of JIBP-CT(P) of fiscal year 1971. 96-99.

Yamanaka, M. 1971b. Pollen analytical studies of moors in the lowlands in Iwate prefecture. *Ecol. Rev.* 17(4): 273-278.

山中三男 1972. 岩手県低地帯湿原の花粉分析的研究(II)春子谷地湿原. 日本生態学会誌. 22(4): 170-179.

山中三男 1978. 東北地方の第四紀堆積物の花粉分析III, 北上山地, 蛇塚湿原. 吉岡邦二博士追悼植物生態論集. 489-498. 仙台.

山中二男 1979. 日本の森林植生. 219pp. 地人書館, 東京.

山中三男 1981. 岩手県外山川葉水の段丘堆積物の花粉分析(予報). 北上山地森林植生の生態学的研究(石塚和雄編)文部省科学研究費一般研究(1978-1970)報告集. 29-30.

山中三男 1988. 花粉分析からみた東北地方におけるヒノキ科の変遷. ヒノキアスナロ林の分布と群落種組成の成因に関する研究(齋藤員郎編)昭和60-65年度科学研究費補助金(一般研究C)研究成果報告. 51-56.

山中三男・持田幸良・松尾弘・赤坂正一・兼平文憲・藤田俊雄 1981. 北限高海抜地(標高1,100m)にみられるスギ──南八甲田山地横沼東方のスギ群落について──. 日本林学会東北支部会誌. 33: 140-141.

Yamanaka, M., Saito, K., and Ishizuka, K. 1973. Historical and ecological studies of *Abies mariesii* on Mt. Gassan, the Dewa mountains, Northeast Japan. *Jpn. J. Ecol.* 23(4): 171-185.

山中三男・菅原 啓・石川慎吾 1988. 南八甲田山の山地帯にみられるアオモリトドマツ林の変遷. 日本生態学会誌. 38: 147-157.

山野井徹 1997. クロボクの成因に関する新しい説. 新潟応用地質研究会誌. 49: 9-18.

山野井徹ほか 2001. 山形県米沢市の掘立川遊水地に現れた地層. 第四紀研究. 40(5): 415-421.

山谷孝一 1960. ヒバ天然性林下のポドゾル土壌について. 森林立地. 2(2): 50-54.

山谷孝一 1962. ヒバ林地帯における土壌と森林成育との関係. 林野土壌調査報告. 12: 1-155. 東京.

山谷孝一 1974. 東北地方の環境区分と林地利用. 森林立地. 15(2): 12-18.

山谷孝一 1976. 針葉樹林下の土壌. URBAN KUBOTA. 6-7.

山谷孝一 1983. 東北地方の森林土壌. 日本の森林土壌. 213-233. 日本林業技術協会.

山崎 惇 1983. 東日本ブナクラス域におけるコナラ林の概観(Ⅳ). 長野県植物研究会誌. (16): 23-24.

山崎次男 1954. 花粉分析法による秋田スギの成因に関する考察. 第63回日本林学会大会講演集. 134-137.

安田正次・沖津 進 2001. 上越山地平ヶ岳」湿原の乾燥化に伴うハイマツ・チシマザサの侵入. 地理学評論. 74A(12): 709-719.

安田正次・沖津 進 2006. 上越国境山地における積雪の長期変動──平ヶ岳の植生変化に関連して. 地理学評論. 79(10): 503-515.

安田喜憲 1999. 気候変動と文明の盛衰. 科学. 69(7): 572-577. 岩波書店, 東京.

安田喜憲・三好教夫 1998. 図説日本列島植生史. 302pp. 朝倉書店, 東京.

米地文夫 1972. 鳥海山・飛島総合学術調査報告. 263-272. 山形県学術調査会.

吉田明弘 2003. 山形県飯豊町谷地平における植生変遷と水分状態の変化. 季刊地理学. 55(4): 230-239.

吉田明弘 2006. 青森県八甲田山田代湿原における約13,000年前以降の古環境. 第四紀研究. 45(6): 423-434.

吉田明弘・佐々木明彦・大山幹成・箱崎真隆・伊藤昌文 2014. 晩氷期の鳥海山における植生復元およびグイマツの立地環境. 植生史研究. 23(1): 21-26.

吉田明弘・竹内貞子 2009. 最終氷期末期以降の秋田県八郎潟周辺の植生変遷と東北地方北部における時間空間的な植生分布. 第四紀研究. 48(6): 417-426.

Yoshida, A. and Takeuti, S. 2009. Quantitative reconstruction of palaeoclimate from pollen profiles in northeastern Japan and the timing of a cold reversal event during the Last Termination. *J. Quaternary Sci.* 24(8): 1006-1015.

吉田明弘・吉木岳哉 2008. 岩手山南東麓春子谷地湿原の花粉分析からみた約13,000年前以降の植生変遷と気候変化. 地理学評論. 81(4): 228-237.

吉田 義・伊藤七郎・白瀬美智男・堀内俊秀・真鍋健一・鈴木啓治・竹内貞子・野中俊夫・楡井良政・楡井典子 1981. 阿武隈山地中央部における第四系と植物化石群──最終氷期における東北南部の植生変遷の一例──. 第四紀研究. 20(3): 143-163.

吉川虎雄・杉村 新・貝塚爽平・大田陽子・阪口 豊 1973. 日本地形論. 415pp. 東京大学出版会.

吉野正敏 1986. 小気候. 298pp. 地人書館, 東京.

吉岡那二 1973. 植物地理学. 生態学講座 12. 84pp. 共立出版, 東京.

吉岡邦二 1957. 東北地方森林群落の研究 (6) 庄内地方の森林群落. 福島大学学芸学部理科報告. (6): 35-50.

吉岡邦二 1958. 日本松林の生態学的研究. 198pp. 日本林業技術協会.

Yoshioka, K., Saito, K. and Tachibana, H. 1965. Solfatara vegetation at Osoreyama. *Ecol. Rev.* 16(3): 137-151. Sendai.

お わ り に

　自然についてわからないことが圧倒的に多いなかで、自然はわれわれの世代のためにだけあるのでなく、未来の社会を支える世代の生存のためのものでもある。かつて農林業が農山村の大きな産業であった時代には、農山村の人々にとって山は生活の基盤であったため大切にされてきたし、自由に入れる村人みんなのものであった。しかし、高度経済成長以降の容赦のないグローバルな経済合理性の結果、農山村の産業の衰退が激しく、都市域に人と富が集中し、地理的に著しく不均衡な社会・経済的格差を生み出している。このことは、生態学的に自然の大規模災害に対して極端に脆弱な社会経済基盤の国土が造られてしまったことを意味している。科学技術の発達により経済が発展しその恩恵に浴した今日、社会は高齢化と人口減少に直面し「新たな人と人との絆」を築き上げ、自然との関係を見直さなければならなくなってきている。

　われわれ多くの日本人には理解しにくいが、今世界で最大の問題は森林の急減による地球上に現存する生物の多様性の喪失で、これが何を引き起こすか予見できないことにある。地球上の生命ネットワークにほころびが見えはじめ、新たな社会・経済システムへの転換が求められる時代であるのに、人類は何を目指すべきか戸惑い、時代の転換は容易なことでない。足元を見れば「自然を大事にしてわれわれの子孫のために引き継ぐ」大切さは表層を漂っているにすぎず、生命ネットワークの危機を地域住民に伝える人材は極端に不足する事態に追い込まれている。

　自然保護には、将来地域に生活する住民を見据えた対応が求められる。しかし、自然は多様で撹乱が多く、人間による長期的コントロールは不可能である。そのうえ現代の社会・経済の枠組は、自然保護を本当に難しくし先の展望が開けないでいる。少なくとも自然保護のためには、自然を利用する人々を規制・監視する分断された安易な保護政策では対処できない。自然保護には、地域に生活する人々と地方の自然史の研究者によって担われる地域住民サイドの別のベクトルが不可欠であることだけは確かである。

　この「自然と人を尊重する自然史のすすめ」を終えるにあたり、地域に住む人々の未来のために次の提言をしておきたい。

　<u>自然を尊重しともに歩むためには、自然環境のデータベースと長期植生変化のモニタリングの体制を確立し運営することと、それを支える新たな発想を持った人材を育てること</u>

　地域の自然を大きく損ねることなく将来世代に引き渡すためには、これまでの社会的枠組を超え、地域の自然を知るための長期に安定した自然環境データベースと長期モニタリングの体制と運営がどうしても必要になる。このような生物的自然のリスク予見システムの確立があって、はじめて自然とわれわれ社会の危機を身近な問題としてつなぐことができる。生態系の生産者としての植物は、人間にとって自然環境変化の一番わかりやすいシグナルであり、野生動物生息域の変化と深く関係している。なかでも最も把握しやすいのは植物集団が形成する植生であり、森林のように広域な長期的変化は植生以外の方法で調査を持続していくことは困難である。

　近年、生態学インフォマティクスとして、アメリカ生態学会が運営する Ecological Archives が紹介され（William K. Michener *et al.* 2001）、データ収集は投稿論文と同様に扱い研究業績のひとつとなっ

ているとしている。日本でもこのような生態学の健全な方策を講じなければ、自然史の研究者は育たなくなり、これまでの研究者のデータは集積再利用されることなく散逸してしまうだけになる。このためデータベースおよび長期モニタリングの運用は、その長期性、公益性から公的機関が担うべきで、専門性を持った人材が育ち人事交流に柔軟な「自然環境情報センター（仮称）」が望ましい組織である。組織運営に地域住民の参画を得て、地方研究者のデータや国や県など行政機関が所有する郷土の自然情報を革新的に統合・共有することがこれからの方向である。地方の過疎と高齢化が今後ますます進行するなかで、関係者が知恵を出し合い、自然保護の在り方を再検討して自然と人の新たな関係を模索していく必要がある。

　一方、自然史の研究者にとって、調査における法令の規制と許可手続きの煩雑さ、規制措置、監視が問題となる。今日のフィールド調査では、許可証を持っていても登山者に注意されるなど規制されたロープ内や木道内から調査できる範囲に限定されてしまう。さらには、農山村では住民からときに不審の目を向けられ、野生動物との遭遇も多く、自然史は調査しにくい時代に入っている。このため、調査結果が不十分であるだけでなく、フィールドでなければできないこれからの人材の育成にも支障がでてしまう。自然史関係のデータベースや長期モニタリングの調査成果は、地域住民に隠された自然の変化やリスクを評価・公開し、生活を守っていく対策に役立つもので、少なくとも自然史関係の学会員に対しては、関係機関が優遇措置を講じる必要がある。個々人の費用で郷土の自然を調査する地方研究者を社会が温かい目で理解し支援する体制の確立がどうしても必要である。

　本書を公にするには多くの人々のお世話になった。最初に子供時代からの付き合いで植物分類学に大変造詣が深く植物社会学を理解している藤原陸夫氏がいたことである。調査に同行しただけでなく植物分類の指導がなければ、本書をまとめあげることはできなかった。次に植物生態学に失望していた頃1973年目黒の自然教育園で奥富清先生による植物社会学の講義、引き続き同年奥田重俊先生による植生調査法と植生図の作成方法の実習は、私の目を覚まさせその後の歩みを決定付けた。また方法論は相違するものの生態学の初歩を教示してくれた石塚和雄先生、東北の植物群落に対してアドバイスしてくれた齋藤員郎先生、入手困難な文献を取り寄せてくれた蒔田明史先生のお世話になった。ここに紙面を借りて感謝を申し上げる。いうまでもないことであるが、本書の内容は、群落の本質を知りたいため独自に挑戦した私にすべての責任がある。

　現地調査においては秋田自然史研究会の多くの会員に協力頂いた。初期の頃調査をともにした高田順、コケ類の同定を一手に引き受けてくれ調査にも同行した高橋祥祐、風穴・岩壁の調査を率先してリードした白沢芳一、快く調査を手伝ってくれた菊池卓弥、なかでもフロラや植生に深い理解のある松田義徳、不安な山行きの多くの調査に同行してくれ森林生態に詳しい和田覚、森林土壌を教示してくれた秋田営林局土壌調査室千葉技官（当時）、多くの皆様に長い間大変お世話になってしまった。さらに調査の便宜を図ってくれたうえ調査に同行してくれた秋田県自然保護課なかでも青木満（当時）、泉祐一・佐藤義憲（故人）このほか協力して頂いた自然公園管理員など多くの皆様にも厚く御礼を申し上げる。

　本書の出版に際しては、心配して手を差し伸べてくれた林務時代同僚であった川喜多進氏の人柄に、良い出版物にするため忍耐強く努力してくれた海青社の宮内社長に心より感謝したい。また現地調査の熊対策のため同行した山好きの佐藤昌春氏、妻恒子、出版を心待ちにしてくれた長女圭子、ともに長い間ありがとう。

　子供時代に植物採集に夢中になり、その後幾多の紆余曲折があるものの植物の世界は私の半面の人

生である。中学一年の担任で好きなことに人生をかける決断と行動力を示し日本画家として大成した横山津恵、自然観察の大切さを教えた理科の藤原立宏両先生は、その後の私の人生に大きな影響を与えた。秋田県林務部に奉職し多くの山野を歩き、信じたくないがいつの間にか齢を重ね80歳代に手が届く年齢になってしまった。秋田という限られた地理的範囲でさえも、植物的自然を調査して植生のパターンとプロセスを明らかにすることは容易なことでない。つくづく、人生は短く夢幻なのかもしれないと思うようになり、遣り残したことの多くは次の世代に期待するしかなくなっている。しかし、私にとって植物群落の調査研究は、晩年十分楽しみと生きがいを与えてくれ、天が授けた人生最後の仕事であったと思う。知的好奇心旺盛な高齢者に、ぜひ晩学に取り組むことを勧めたい。ただ高齢になるにしたがって、歳相応に老化していくことは逆らえない事実で、パソコンの長時間作業はいろいろな障害をもたらすし、体のあちこちにもガタがくることを知ることとなった。

　はじめにで述べたことを繰り返すが、自然に関する学問をわれわれの手に取り戻し、野山に出て自然に対する理解を深めなければならない。災害の多い狭い国土に住むわれわれは、郷土の自然の変化に敏感になる必要がある。地方で研究者の役割は大きく、ぜひ楽観的に考え、あきらめないでもらいたい。自然史のデータさえしっかりしていれば、パターンやプロセスの推論は主観的で結構であり物語といわれてもよいのである。必ず論は、切磋琢磨され深化し塗り替えられる運命にあり、自然史を豊かにしていく。何よりも自然史は自由にこそ研究の真髄があるのだから。

索　引

●著者紹介

越前谷　康〔ECHIZENYA Yasushi〕

略　歴
1939年　秋田市に生まれる
1962年　岩手大学農学部林学科卒、同年秋田県農林部
2000年　秋田県林務部退職後 東北植生研究会主宰

専　門　植生学

Encouragement of Natural History to Respect Nature and Man

しぜんとひとをそんちょうするしぜんしのすすめ
自然と人を尊重する自然史のすすめ
北東北に分布する群落からのチャレンジ

発　行　日————2018 年 12 月 20 日　初版第 1 刷
定　　　価————カバーに表示してあります
著　　　者————越前谷　　康
発　行　者————宮内　　久

海青社
Kaiseisha Press

〒520-0112　大津市日吉台2丁目16-4
Tel. (077) 577-2677　Fax (077) 577-2688
http://www.kaiseisha-press.ne.jp
郵便振替　01090-1-17991

環境を守る森をつくる
原田 洋・矢ケ崎朋樹 著

環境保全林は「ふるさとの森」や「いのちの森」とも呼ばれ、生物多様性や自然性など、土地本来の生物的環境を守る機能を併せ持つ。本書ではそのつくり方から働きまでを、著者の研究・活動の経験をもとに解説。
〔ISBN978-4-86099-324-5/四六判/158頁/本体1,600円〕

環境を守る森をしらべる
原田 洋・鈴木伸一・林 寿則・目黒伸一・吉野知明 著

都市部や工場などに人工的に造成された環境保全林が、地域本来の植生状態にどれくらい近づいたかを調べて評価する方法を紹介。環境保全林の作り方を述べた小社刊「環境を守る森をつくる」の続刊。
〔ISBN978-4-86099-338-2/四六判/158頁/本体1,600円〕

森 林 教 育
大石康彦・井上真理子 編著

森林資源・自然環境・ふれあい・地域文化といった森林教育の内容と、それらに必要な要素（森林、学習者、ソフト、指導者）についての基礎的な理論から、実践の活動やノウハウまで幅広く紹介。カラー16頁付。
〔ISBN978-4-86099-285-9/A5判/256頁/本体2,130円〕

森をとりもどすために
林 隆久 編

森林の再生には、植物の生態や自然環境にかかわる様々な研究分野の知を構造化・組織化する作業が要求される。生存基盤科学の構築を目指す京都大学生存基盤科学研究ユニットによる取り組みを紹介する。
〔ISBN978-4-86099-245-3/四六判/102頁/本体1,048円〕

森 へ の 働 き か け　森林美学の新体系構築に向けて
湊 克之・小池孝良ほか4名編

森林の総合利用と保全を実践してきた森林工学・森林利用学・林業工学を踏まえながら、生態系サービスの高度利用のための森づくりをめざし、生物保全学・環境倫理学の視点を加味した新たな森林利用学のあり方を展望する。
〔ISBN978-4-86099-236-1/A5判/381頁/本体3,048円〕

H・フォン・ザーリッシュ 森 林 美 学
小池孝良・清水裕子・伊藤太一・芝 正己・伊藤精晤 監訳

ザーリッシュは、木材生産と同等に森林美を重視した自然的な森づくりの具体的な技術を体系化し、明治神宮造営にも影響を与えたと言われる。本書は彼の主張と実践を示した書の第2版（1902年刊）を元に翻訳した。
〔ISBN978-4-86099-259-0/A5判/384頁/本体4,000円〕

樹 木 医 学 の 基 礎 講 座
樹木医学会 編

樹木、樹林、森林の健全性向上に必要な科学的知見を、「樹木の系統や分類」「樹木と土壌や大気の相互作用」「樹木と病原体、昆虫、哺乳類や鳥類の相互作用」の3つの側面から分かりやすく解説した。カラー口絵16頁付。
〔ISBN978-4-86099-297-2/A5判/364頁/本体3,000円〕

広 葉 樹 資 源 の 管 理 と 活 用
鳥取大学広葉樹研究刊行会 編

森林のもつ公益的機能への期待は年々大きくなっている。本書は、鳥取大広葉樹研究会の研究成果を中心に、地域から地球レベルで環境・資源問題を考察し、適切な森林の保全・管理・活用について論述。
〔ISBN978-4-86099-258-3/A5判/242頁/本体2,800円〕

広 葉 樹 の 文 化　雑木林は宝の山である
広葉樹文化協会編

里山の雑木林は現代社会の劇的な変化によってその共生を解かれ放置状態にある。里山の雑木林を見直して、環境・資源・文化の各面から活用する「フォレストアート運動」に賛同する人々により活用方法を模索する。
〔ISBN978-4-86099-257-6/四六判/240頁/本体1,800円〕

ク リ と 日 本 文 明
元木 靖 著

生命の木「クリ」と日本文明との関わりを、古代から現代までの歴史のながれに視野を広げて解き明かす。クリに関する研究をベースに文明史の観点と地理学的な研究方法を組み合わせて、日本の文明史の特色に迫る。
〔ISBN978-4-86099-301-6/A5判/242頁/本体3,500円〕

木 の 文 化 と 科 学
伊東隆夫 編

研究者・伝統工芸士・仏師・棟梁など木に関わる専門家によって遺跡、仏像彫刻、古建築といった「木の文化」に関わる三つの主要なテーマについて行われた同名のシンポジウムを基に最近の話題を含めて網羅的に編纂した。
〔ISBN978-4-86099-225-5/四六判/225頁/本体1,800円〕

読みたくなる「地図」東日本編　日本の都市はどう変わったか
平岡昭利 編

明治期と現代の地形図の比較から都市の変貌を読み解く。北海道から北陸地方まで49都市を対象に、地域に関わりの深い研究者が解説。「考える地理」の基本的な書物として好適。地図の拡大表示が便利なPDF版も発売中!!
〔ISBN978-4-86099-313-9/B5判/133頁/本体1,600円〕

読みたくなる「地図」西日本編　日本の都市はどう変わったか
平岡昭利 編

明治期と現代の地形図の比較から都市の変貌を読み解く。近畿地方から沖縄まで43都市を対象に、地域に関わりの深い研究者が解説。「考える地理」の基本的な書物として好適。地図の拡大表示が便利なPDF版も発売中!!
〔ISBN978-4-86099-314-6/B5判/127頁/本体1,600円〕

「ネイチャー・アンド・ソサエティ研究」シリーズ （全5巻、A5版、各本体3,800円）

① 自然と人間の環境史　宮本真二・野中健一 編
〔ISBN978-4-86099-271-2/396頁〕

② 生き物文化の地理学　池谷和信 編
〔ISBN978-4-86099-272-9/374頁〕

③ 身体と生存の文化生態　池口明子・佐藤廉也 編
〔ISBN978-4-86099-273-6/372頁〕

④ 資源と生業の地理学　横山 智 編
〔ISBN978-4-86099-274-3/350頁〕

⑤ 自然の社会地理　淺野敏久・中島弘二 編
〔ISBN978-4-86099-275-0/315頁〕

①巻では自然の改変や災害への人類の適応、②巻では生き物資源の利用と管理の基本原理、③巻ではヒトの生活の多様性、④巻では生業をキーとした資源管理、⑤巻では社会における人と自然の関係をそれぞれテーマに、自然と社会に関する諸問題を地理学的視点から捉える。

＊表示価格は本体価格（税別）です。PDF版も小社HP eStoreで発売中。